工业和信息化
精品系列教材

网页设计与制作

案例教程

(HTML5+CSS3+JavaScript)

微课版 | 第 2 版

李志云 田洁 / 主编

周宁宁 武际斌 韩凤文 冉九红 杨娜 / 副主编

Website Design and Building

人 民 邮 电 出 版 社

北 京

图书在版编目（CIP）数据

网页设计与制作案例教程 : HTML5+CSS3+JavaScript: 微课版 / 李志云，田洁主编. -- 2版. -- 北京 : 人民邮电出版社，2024.1
工业和信息化精品系列教材
ISBN 978-7-115-62569-4

Ⅰ. ①网… Ⅱ. ①李… ②田… Ⅲ. ①超文本标记语言－程序设计－教材②网页制作工具－教材③JAVA语言－教材 Ⅳ. ①TP312.8②TP393.092.2

中国国家版本馆CIP数据核字(2023)第160479号

内 容 提 要

本书共六大模块、26 个案例，以案例驱动组织学习内容，按照“应用为主，理论够用”的原则编写。前 24 个案例为小案例，每个案例通过制作网页、网站或实现某种功能，介绍 HTML5、CSS3 和 JavaScript 基础知识。最后两个案例是综合案例，按照真实网站开发流程，介绍小米商城网站和美丽山东网站的设计与制作。小米商城网站案例模仿真实的小米商城网站开发，将真实的小米商城网站适当简化处理，便于初学者学习。美丽山东网站案例充分运用 CSS3 的过渡、变形和动画等属性实现图片的移动、遮罩和翻转等动画效果，代码简洁、高效，页面表现力强。

本书可以作为高职高专院校计算机相关专业“网页设计”或“Web 前端开发”课程的教材，也可以作为网页设计爱好者的学习参考书。

◆ 主　　编　李志云　田　洁
副 主 编　周宁宁　武际斌　韩凤文　冉九红　杨　娜
责任编辑　马小霞
责任印制　王　郁　马振武
◆ 人民邮电出版社出版发行　　北京市丰台区成寿寺路 11 号
邮编　100164　　电子邮件　315@ptpress.com.cn
网址　https://www.ptpress.com.cn
三河市君旺印务有限公司印刷
◆ 开本：787×1092　1/16
印张：17　　2024 年 1 月第 2 版
字数：345 千字　　2025 年 1 月河北第 7 次印刷

定价：59.80 元

读者服务热线：(010) 81055256　印装质量热线：(010) 81055316
反盗版热线：(010) 81055315

前言 PREFACE

本书全面贯彻党的二十大精神，以社会主义核心价值观为引领，传承中华优秀传统文化，内容体现时代性和创造性，注重立德树人，以正能量案例引导学生形成正确的世界观、人生观和价值观。

本书在第 1 版的基础上进行了一系列的调整与优化，如增加大量新的案例，将网页制作技术升级为 HTML5 和 CSS3，网页编辑工具改为更高效、快捷的 HBuilderX，提供更优质的配套教学资源等。

本书以案例驱动组织全部内容，从内容安排、知识点组织、教与学、做与练等多方面体现高职高专教育特色。本书的主要特点体现在以下 3 个方面。

1. 项目贯穿、案例驱动

本书以完成网站项目组织内容，将完成网站项目所需的知识和技能分解到小案例中，帮助读者在完成小案例的基础上，循序渐进，最终完成综合网站项目。

2. 以岗定课、课岗直通

本书根据网页设计相关岗位需求，介绍新的、主流的网页设计知识，摒弃过时的、不实用的知识，帮助读者做到无缝衔接课堂所学与岗位需求。

3. 产教融合、校企合作

本书案例是与道普信息技术有限公司的杨娜工程师合力开发的。另外，国基北盛（南京）科技发展有限公司也对本书的资源制作提供了大力支持和帮助。

本书主要内容及参考学时如表 1 所示。

表 1　本书主要内容及参考学时

模块	案例	主要内容	参考学时
模块一 使用 HTML5 搭建网页	案例 1　第一个 HTML5 网页	创建第一个 HTML5 网页、网页相关概念、常用的网页编辑软件和常用的浏览器	2
	案例 2　公司介绍网页	创建公司介绍网页、HTML5 文档的基本结构、HTML 标记及其属性、HTML 文本标记	2
	案例 3　新闻列表网页	创建新闻列表网页、无序列表、有序列表、列表嵌套和自定义列表	2
	案例 4　简单公司网站	创建简单的网站、HTML 超链接标记、HTML 图像标记、绝对路径和相对路径	2
模块二 使用 CSS3 美化网页	案例 5　新闻详情网页	美化新闻详情网页、引入 CSS 样式和 CSS 常用文本属性等	2
	案例 6　百度搜索结果网页	创建百度搜索结果网页、CSS 常用选择器和 CSS 的高级特性	2
	案例 7　手机展示网页	创建手机展示网页、盒子模型的概念和盒子模型的相关属性	2
	案例 8　山东介绍网页	创建山东介绍网页、设置背景色及背景图像、设置不透明度和设置渐变效果	2
	案例 9　美丽风光网页	创建美丽风光网页、元素的类型、块元素间的外边距和元素的浮动	2

续表

模块	案例	主要内容	参考学时
模块二 使用 CSS3 美化网页	案例 10　笔记本电脑展示网页	创建笔记本电脑展示网页、元素的定位、定位类型和 z-index 属性	2
	案例 11　公司新闻块	创建公司新闻块、列表样式设置和超链接样式设置	2
	案例 12　导航条	创建水平和竖直导航条、元素类型的转换	2
模块三 创建表格和表单	案例 13　手机型号表	创建表格、表格标记、合并单元格和定义表格 CSS 样式	2
	案例 14　登录表单	创建登录表单、表单标记和 input 控件	2
	案例 15　调查问卷表单	创建调查问卷表单、select 控件和 textarea 控件	2
模块四 使用 CSS3 实现 动画效果	案例 16　图片遮罩效果	创建图片遮罩动画效果、过渡属性和遮罩动画原理	2
	案例 17　图片变形效果	创建照片墙页面和 2D 变形	2
	案例 18　图片翻转效果	创建图片翻转动画效果、翻转动画原理和 3D 变形	2
	案例 19　魔方动画效果	创建魔方动画效果、定义动画的关键帧和设置动画属性	2
模块五 使用 JavaScript 添加动态效果	案例 20　输出信息	编写 JavaScript 代码输出信息、JavaScript 的常见应用、JavaScript 的语法规则、JavaScript 的引入方式和输入/输出方法	2
	案例 21　表单验证	实现注册表单验证、变量、数据类型、运算符、函数和 DOM 简介	2
	案例 22　简单计算器	简单计算器的实现、分支语句、数据类型转换、事件与事件调用	2
	案例 23　限时促销	限时促销的实现、面向对象简介、Date 对象、BOM 简介	2
	案例 24　轮播图	轮播图的实现、设置元素样式和获取元素尺寸	2
模块六 综合案例	案例 25　小米商城网站	前期工作、制作网站主页、制作网站登录页和网站注册页	8
	案例 26　美丽山东网站	网站规划、切片工具的使用方法、制作网站主页、制作网站其他页面	8
合计		学时总数	64

本书提供的配套教学资源有教学计划、教材微课、教学课件、教案、源代码、习题答案、试卷、网站案例等，授课教师可通过人邮教育社区网站下载使用。

本书由李志云、田洁担任主编，周宁宁、武际斌、韩凤文、冉九红、杨娜担任副主编，臧金梅和董文华参与了部分教材资源的制作，全书由李志云统稿。由于编者水平有限，书中难免存在不妥之处，敬请读者批评指正。编者电子邮箱：lizhiyunwf@126.com。

编　者

2023 年 2 月

目录 CONTENTS

模块一 使用 HTML5 搭建网页

模块二 使用 CSS3 美化网页

模块三 创建表格和表单

模块四 使用 CSS3 实现动画效果

模块五 使用 JavaScript 添加动态效果

模块一 使用HTML5搭建网页

HTML5 是当前流行的创建网页的标准语言。自 2014 年 HTML5 标准规范创建完成后，HTML5 迅速普及，大量网页设计人员使用 HTML5 技术搭建网站或对已有网站进行重构。本模块使用 HTML5 实现 4 个案例，在这些案例中介绍 HTML 文档的基本结构、常用的文本标记、列表标记、超链接标记和图像标记等，帮助读者熟练运用 HTML5 标记构建 HTML5 页面。

知识目标

- 掌握使用编辑工具创建简单网页的步骤。
- 了解网页相关概念。
- 掌握 HTML5 文档的基本结构。
- 掌握常用的 HTML5 文本标记、列表标记、超链接标记和图像标记的使用方法。

技能目标

- 能使用网页编辑软件编辑网页代码。
- 会使用 HTML5 标记搭建网页结构。

素质目标

- 培养耐心细致的职业素养。
- 培养精益求精的工匠精神。

情景导入

计算机应用技术专业学生李华听了入学后的专业介绍之后，打算将来从事网站开发的工作。他上网搜索了相关岗位要求并咨询了在软件开发公司工作的学长王强，王强告诉他先从 HTML 学起。盖房子需要先搭建房子结构，再对房子进行装修，而 HTML 就用于搭建网页结构；后续学习的 CSS 用于定义网页样式，类似于对房子进行修饰美化；而 JavaScript 用于对网页添加一些动态效果，譬如轮播图效果等。接下来我们就和李华一起来学习 HTML5，使用 HTML5 搭建网页吧。

案例 1 第一个 HTML5 网页

我们在上网浏览网站时，会发现网站是由若干网页构成的，这些网页是如何创建的呢？“九层之台，起于累土；千里之行，始于足下”，下面从简单的案例开始介绍 HTML5，帮助读者了解创建 HTML5 网页的步骤及页面的基本结构，在本案例的知识点中介绍网页相关的概念、常用的网页编辑软件和常用的浏览器等内容。

1.1 案例描述

创建一个简单的 HTML5 网页，在该网页显示“志向和热爱是伟大行为的双翼。——歌德”，网页浏览效果如图 1-1 所示。

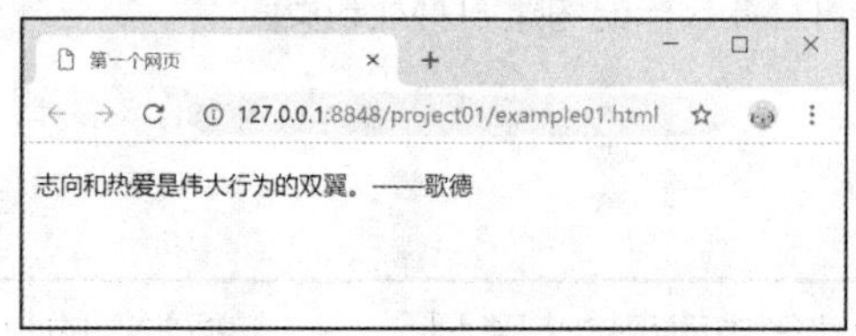

图 1-1 第一个 HTML5 网页

1.2 案例实现

创建 HTML5 网页的具体步骤如下。

1. 启动 HBuilderX

双击 HBuilderX.exe 文件或桌面上的 HBuilderX 快捷图标，启动 HBuilderX，进入 HBuilder 界面，如图 1-2 所示。

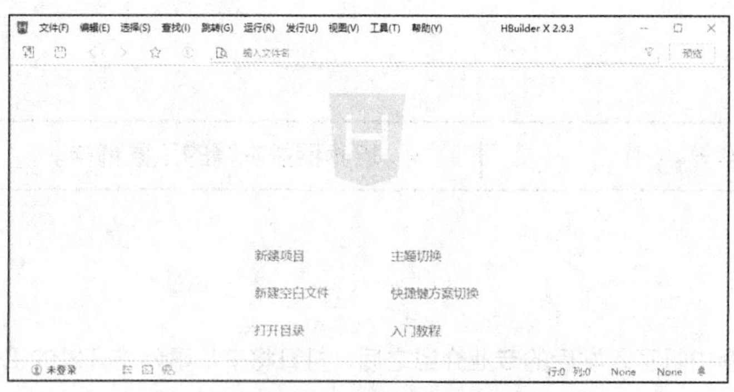

图 1-2 HBuilderX 界面

微课 1-1：案例实现

2. 新建项目

项目用来存储一个网站的所有文件，这些文件包括网页文件、图像及音视频文件、脚本文件、样式表文件等。

从菜单栏中选择“文件”|“新建”|“项目”命令，出现“新建项目”对话框，输入项目名称 project01，设置项目存放位置为 E:/网页设计/源代码，选择模板类型为“空项目”，单击“创建”

按钮，如图 1-3 所示。

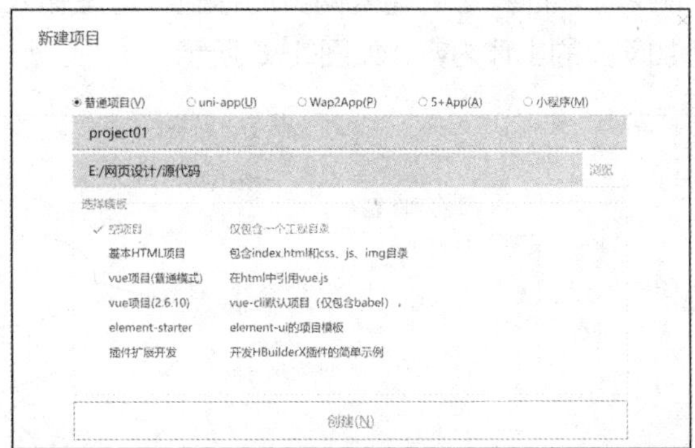

图 1-3　新建项目

此时一个项目创建完成，在 HbuilderX 界面的左侧视图中显示了该项目，如图 1-4 所示。若左侧视图没显示在 HBuilderX 界面中，则可选择菜单栏中的“视图”|“显示项目管理器”命令使其显示。

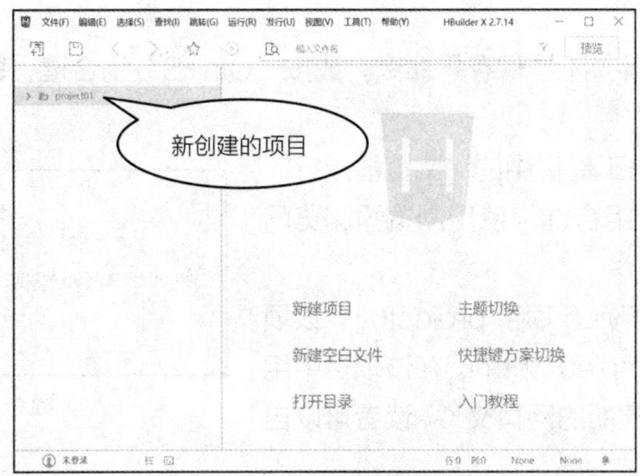

图 1-4　项目创建完成

3. 在项目中创建网页文件

在左侧视图中右击项目名称，在弹出的快捷菜单中选择“新建”｜“html 文件”命令，出现“新建 html 文件”对话框，输入文件名 example01.html，单击“创建”按钮，如图 1-5 所示。

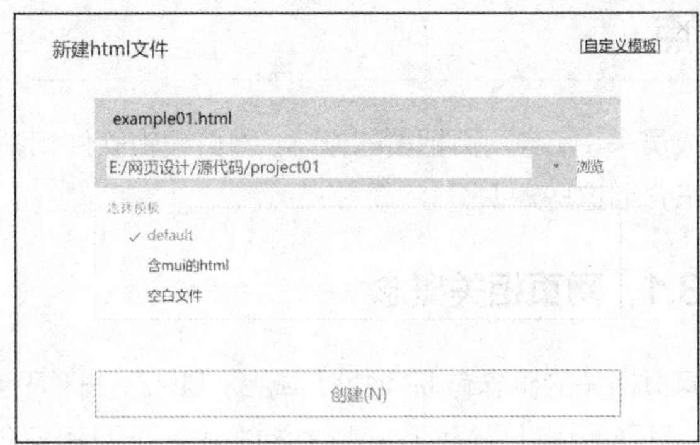

图 1-5　新建网页文件

4. 输入网页代码

在网页文件代码的<title>与</title>之间输入网页的标题，这里输入“第一个网页”，然后在<body>与</body>之间添加网页的主体内容，如图 1-6 所示。

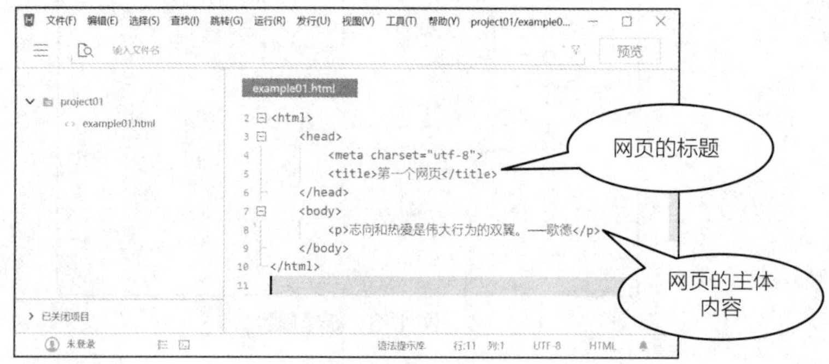

图 1-6　输入网页代码

这里的<p>和</p>是 HTML 段落标记，在案例 2 中会详细介绍。

5. 保存文件

在菜单栏中选择“文件”｜“保存”命令，或按“Ctrl+S”组合键，即可保存文件。

6. 浏览网页

在 HBuilderX 中单击工具栏中的“浏览器运行”按钮，或按“Ctrl+R”组合键，使用浏览器浏览网页，效果如图 1-7 所示。

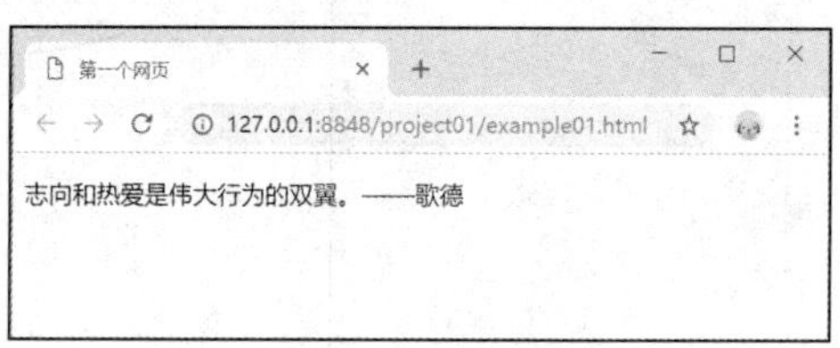

图 1-7　浏览网页

至此，创建了一个 HTML5 项目 project01，该项目包含一个网页文件 example01.html。在该项目中用同样的方法还可以继续创建新的网页文件，读者可以自行练习。

注意　也可打开保存网页文件的文件夹，双击网页文件来浏览网页，前提是计算机中已经安装了浏览器软件。

1.3 相关知识点

对于从事网页设计的人员来说，与网页相关的概念、网页编辑软件和浏览器等都是必须了解的，下面就来介绍这些知识。

微课 1-2：Web 前端开发的前世今生

1.3.1 网页相关概念

与网页相关的概念有 IP 地址，域名，URL，HTTP 与 HTTPS，网站、网页与主页，HTML 与 HTML 5，Web 标准等，下面就来介绍这些概念。

1. IP 地址

IP 地址（Internet Protocol Address）用于确定 Internet 上的每台主机，它是每台主机唯一的标识。在 Internet 上，每台计算机或网络设备的 IP 地址都是全世界唯一的。

IP 地址的格式是×××.×××.×××.×××，其中×××是 0~255 的任意整数。例如，某台主机的 IP 地址是 61.172.201.232，本机的 IP 地址是 127.0.0.1。

2. 域名

由于 IP 地址是数字编码的，不易记忆，所以我们平时上网使用的大多是诸如 www.ryjiaoyu.com 的地址，即域名地址。www 表示万维网，ryjiaoyu.com 是人邮教育网站的域名。

3. URL

统一资源定位符（Uniform Resource Locator，URL）其实就是 Web 地址，俗称“网址”。在万维网上的所有文件都有唯一的 URL，只要知道资源的 URL，就能对其进行访问。

URL 的格式为“协议名://主机域名或 IP 地址/路径/文件名称”。例如，http://www.ryjiaoyu.com/book/details/6948 就是一本书详情页的 URL。

4. HTTP 与 HTTPS

超文本传输协议（Hyper Text Transfer Protocol，HTTP）是互联网上应用最为广泛的一种网络协议。所有的万维网文件都必须遵守这个协议。设计 HTTP 的最初目的是提供一种发布和接收 HTML 页面的方法。

超文本传输安全协议（Hyper Text Transfer Protocol Secure，HTTPS）是由 HTTP+安全套接字层（Secure Socket Layer，SSL）构建的、可进行身份认证的加密传输协议，比 HTTP 更安全。

5. 网站、网页与主页

简单地说，网页就是把文字、图像、声音、视频等融媒体形式的信息，以及分布在 Internet 上的各种相关信息相互链接构成的一种信息表达方式。

在浏览网站时看到的每个页面都像书中的一页，因此称之为“网页”。

一系列在逻辑上可以视为一个整体的网页叫作网站，或者说，网站就是一组相互链接的页面集合，具有共享的属性。

主页（也称首页）是网站被访问的第一个页面，其中包含指向其他页面的超链接，通常用 index.html 表示。

6. HTML 与 HTML5

超文本标记语言（Hyper Text Markup Language，HTML）是网页的一种规范（或者说是一种标准），它通过标记定义网页显示的内容。HTML 提供许多标记，如段落标记、标题标记、超链接标记和图像标记等。网页中需要显示什么内容，就用相应的 HTML 标记进行描述。图 1-8 和图 1-9 所示分别是小米商城网站的主页和主页源代码。

HTML 产生于 1990 年，1997 年 HTML4 成为互联网标准，并广泛应用于互联网应用的开发。

HTML5 是第 5 代超文本标记语言。HTML5 第一份正式草案于 2008 年 1 月公布，并得到了各大浏览器开发商的广泛支持。2014 年 10 月 29 日，万维网联盟（World Wide Web Consortium，W3C）宣布，HTML5 标准规范制定完成，并公开发布。HTML5 可以跨平台使用，具有良好的移植性；增加了新的结构性标记，具有更直观的结构；增加了新的表单元素；能方便地嵌入音频和视频；能使用 Canvas 元素结合 JavaScript 在网页上绘制图像等。

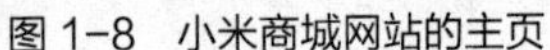
图 1-8　小米商城网站的主页

图 1-9　主页源代码

7. Web 标准

为了使网页在不同的浏览器中显示相同的效果，在开发应用程序时，浏览器开发商和 Web 开发商都必须遵守 W3C 与其他标准化组织共同制定的一系列 Web 标准。

W3C 是最著名的国际标准化组织之一。

Web 标准并不是某一个标准，而是一系列标准的集合，主要包括结构标准、表现标准和行为标准。结构主要指的是网页的 HTML 结构，即网页文档的内容；表现指的是网页元素的版式、颜色、大小等外观样式，是指用 CSS 设置的样式；行为指的是网页模型的定义及交互代码的编写，主要是指用 JavaScript 脚本语言实现的网页行为效果。

1.3.2　常用的网页编辑软件

市面上的网页编辑软件有很多，目前常用的有 HBuilderX、Visual Studio Code 和 Adobe Dreamweaver 等，下面简单介绍其各自特点。

1. HBuilderX

HBuilderX 是由数字天堂（北京）网络技术有限公司（DCloud）推出的一款支持 HTML5 的 Web 开发编辑器，是一款优秀的国产免费软件，在前端开发、移动开发方面提供了丰富的功能和良好的用户体验。HBuilderX 本身主体是用 Java 编写的。速度快是 HBuilderX 的最大优势之一，它通过完整的语法提示和代码块等，大幅提升 HTML、CSS、JavaScript 等代码编辑效率。

本书所有代码均使用 HBuilderX 编写。

2. Visual Studio Code

Visual Studio Code 简称 VS Code，是微软公司推出的开发现代 Web 应用和云应用的跨平台源代码编辑器，可用于 Windows、macOS 和 Linux 操作系统，是最受欢迎的源代码编辑器之一。它速度快、量级轻且功能强大。

3. Adobe Dreamweaver

Adobe Dreamweaver 是软件开发商 Adobe 公司推出的一套拥有可视化编辑界面，可用于编辑网站和移动应用程序的代码编辑器。它支持通过代码、拆分、设计、实时视图等多种方式来创作、编辑和修改网页，对于初级 Web 开发人员来说，无须编写任何代码就能快速创建 Web 页面。其成熟的代码编辑工具也更适用于高级 Web 开发人员的创作。Adobe Dreamweaver 是一个比较好的

HTML 代码编辑器。

1.3.3 常用的浏览器

浏览器是网页运行的平台，网页文件必须使用浏览器打开才能呈现网页效果。目前，常用的浏览器有 Edge 浏览器、火狐（Firefox）浏览器、Chrome 浏览器、Safari 浏览器和 Opera 浏览器等，如图 1-10 所示。

Edge浏览器　火狐浏览器　Chrome浏览器　Safari浏览器　Opera浏览器

图 1-10　常用的浏览器图标

1. Edge 浏览器

Edge 浏览器是微软公司推出的新一代浏览器，是 IE 的替代产品，其功能全面，支持扩展程序，界面简洁，注重实用性，对 HTML5 有很好的支持。

2. 火狐浏览器

火狐浏览器是一个开源网页浏览器。火狐浏览器由 Mozilla 基金会和开源开发者一起开发。由于是开源的，所以它可以集成很多小插件，具有可拓展等特点。该浏览器发布于 2002 年，它也是世界上使用较广泛的浏览器。

由于火狐浏览器对 Web 标准的执行比较严格，所以在实际网页制作过程中，火狐浏览器是最常用的浏览器之一，对 HTML5 的支持度也很好。

3. Chrome 浏览器

Chrome 浏览器是由谷歌公司开发的开放源代码的浏览器。该浏览器的目标是提升网页的稳定性、传输速度和安全性，并提供简单、有效的使用界面。Chrome 浏览器完全支持 HTML5 的功能。

注意　本书中的所有网页在浏览时一律采用 Chrome 浏览器。

4. Safari 浏览器和 Opera 浏览器

Safari 浏览器是苹果公司开发的浏览器，Opera 浏览器是 Opera 软件公司开发的浏览器，这两款浏览器都对 HTML5 有很好的支持。

案例小结

本案例介绍了使用 HBuilderX 开发工具创建一个简单的 HTML5 网页。创建网页时最好先创建一个项目，再在项目中创建网页，这样可便于组织和管理网页。在知识点中介绍了网页设计的基础知识，包括网页相关概念、常用的网页编辑软件和常用的浏览器等。

习题与实训

一、单项选择题

1. HTML 的中文全称是（　　）。

A. 文件传输协议　　B. 超文本传输协议

C. 超文本标记语言　　　　D. 统一资源定位符

2. HTTP 的中文全称是（　　）。

A. 文件传输协议　　　　B. 超文本传输协议

C. 超文本标记语言　　　　D. 统一资源定位符

3. 下面的应用软件中，不可以用于网页制作的是（　　）。

A. Visual Studio Code　　　　B. HBuilderX

C. Adobe Dreamweaver　　　　D. 3ds Max

二、判断题

1. 使用 Chrome 浏览器浏览网页时，在网页的任意空白处单击鼠标右键，选择“查看网页源代码”命令可以查看网页的 HTML 代码。（　　）

2. HTTP 是由 SSL+HTTP 构建的、可进行身份认证的加密传输协议，要比 HTTPS 安全。（　　）

3. HTML5 可以跨平台使用，具有良好的移植性。（　　）

4. Web 标准并不是某一个标准，而是一系列标准的集合，主要包括结构标准、表现标准和行为标准。（　　）

5. 一个项目中只能有一个网页文件。（　　）

三、实训练习

1. 创建个人介绍网页，网页内容为学号、姓名、性别、课程学习目标等，保存后浏览网页。

2. 拓展练习：项目和网页文件的基本操作。

在 HBuilderX 环境中，可以对项目或网页文件进行重命名、移除项目、删除网页文件等操作。其操作方法是右击项目或网页文件名称，选择相应的命令。请读者自行练习。

扩展阅读

HTML5 标准方案的制定（扫码观看）

1-3：HTML5 标准方案的制定

案例 2　公司介绍网页

上网时，我们看到的大多数网页内容都非常繁杂。就网页上的文本来说，不仅有段落，还有标题、水平线、特殊字符等。本案例通过创建小米公司介绍网页，介绍如何将这些文本内容添加到网页上，在知识点中介绍 HTML5 文档的基本结构、HTML 标记及其属性、HTML 文本标记等内容。

2.1 案例描述

创建小米公司介绍网页，网页上有标题、水平线、段落文本，还有版权信息等，网页浏览效果如图 2-1 所示。

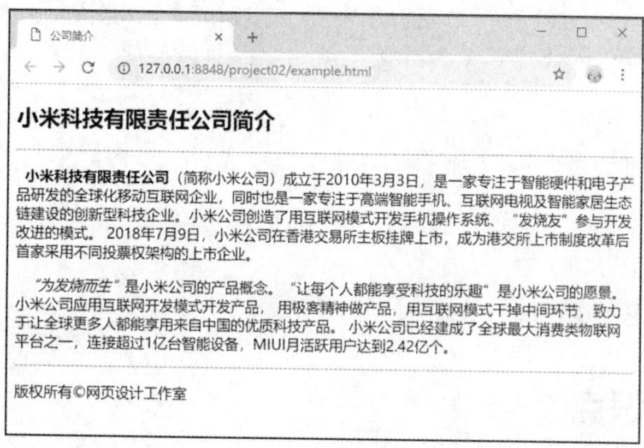

图 2-1　公司简介

2.2 案例实现

创建小米公司介绍网页的步骤如下。

微课 2-1：案例实现

1. 案例分析

图 2-1 所示的网页内容由 4 部分构成，分别为标题、水平线、段落文本和版权信息。标题使用<h2>标记定义，水平线使用<hr>标记定义，段落文本使用<p>标记定义，版权信息中的版权符号使用特殊字符©定义。

2. 新建项目

在 HBuilderX 中新建项目 project02，设置项目存放位置为 E:/网页设计/源代码，选择模板类型为“空项目”，单击“创建”按钮。

3. 在项目中创建网页文件

在 project02 中新建 HTML 文件，设置文件名为 example.html。

4. 输入网页代码

根据案例分析，使用相应的 HTML 标记来构建网页结构，代码如下。

```
<html>
 <head>
     <meta charset="utf-8">
     <title>公司简介</title>
 </head>
 <body>
     <h2>小米科技有限责任公司简介</h2>
     <hr>
     <p>  <strong>小米科技有限责任公司</strong>（简称小米公司）成立于 2010 年 3
```

```
月 3 日，是一家专注于智能硬件和电子产品研发的全球化移动互联网企业，同时也是一家专注于高端智能手机、互联网电视及智能家居生态链建设的创新型科技企业。小米公司创造了用互联网模式开发手机操作系统、“发烧友”参与开发改进的模式。2018 年 7 月 9 日，小米公司在香港交易所主板挂牌上市，成为港交所上市制度改革后首家采用不同投票权架构的上市企业。
        </p>
        <p>  <em>“为发烧而生”</em>是小米公司的产品概念。“让每个人都能享受科技的乐趣”是小米公司的愿景。小米公司应用互联网开发模式开发产品，用极客精神做产品，用互联网模式干掉中间环节，致力于让全球更多人都能享用来自中国的优质科技产品。小米公司已经建成了全球最大消费类物联网平台之一，连接超过 1 亿台智能设备，MIUI 月活跃用户达到 2.42 亿个。
        </p>
        <hr>
        <p>版权所有&copy; 网页设计工作室</p>
    </body>
</html>
```

5. 保存并浏览网页

网页浏览效果如图 2-1 所示。

2.3 相关知识点

2.3.1 HTML5 文档的基本结构

使用 HBuilderX 新建网页文件时会自动生成一些源代码，这些源代码构成了 HTML5 文档的基本结构，HTML5 文档的基本结构代码如下。

微课 2-2：HTML5 文档的基本结构

```
<!DOCTYPE html>
<html>
 <head>
     <meta charset="utf-8">
     <title></title>
 </head>
 <body>
 </body>
</html>
```

其中主要包括<!DOCTYPE>文档类型声明、<html>根标记、<head>头部标记、<body>主体标记。

1. <! DOCTYPE >

<!DOCTYPE>位于文档的最前面，用于向浏览器说明当前文档使用哪种标准规范。HTML5 文档中的文档类型声明非常简单，代码如下。

```
<!DOCTYPE html>
```

必须在文档开头使用<!DOCTYPE>为 HTML 文档指定文档类型，只有这样，浏览器才能将该网页作为有效的 HTML 文档，并按指定的文档类型进行解析。<!DOCTYPE>既可以用大写字母，又可以用小写字母，这对整个文档格式并没有影响。

2. <html>

<html>标记标志着 HTML 文档的开始，</html>标记标志着 HTML 文档的结束，在它们之间

的是文档的头部和主体内容。

3. <head>

<head>标记用于定义 HTML 文档的头部信息，也称为头部标记。<head>标记紧跟在<html>标记之后，主要用来封装其他位于文档头部的标记，如<title>、<meta>、<link>和<style>等，用来描述文档的标题、作者以及样式表等。

一个 HTML 文档只能含有一对<head>标记。

4. <body>

<body>标记用于定义 HTML 文档所要显示的内容，也称为主体标记。浏览器中显示的所有文本、图像、音频和视频等信息都必须位于<body>标记内。

一个 HTML 文档只能含有一对<body>标记，且<body>标记必须在<html>标记内，位于<head>标记之后，与<head>标记是并列关系。

2.3.2 HTML 标记及其属性

前面介绍的<html>标记、<head>标记和<body>标记都是 HTML 文档的基本标记，除了这些标记，HTML5 还提供了大量其他标记。下面对标记及标记的属性进行简要说明。

1. 标记

在 HTML 文档中，带有“< >”的元素称为 HTML 标记。HTML 文档由标记和标记中的内容组成。标记可以产生所需的各种效果。HTML 标记也称为 HTML 元素，本书中统称为 HTML 标记。

标记常用的格式如下。

```
<标记>受标记影响的内容</标记>
```

例如：

```
<title>公司简介</title>
```

标记的规则如下。

（1）标记以“<”开始，以“>”结束。

（2）标记一般由开始标记和结束标记组成，结束标记带有“/”，这样的标记称为双标记。

（3）少数标记只有开始标记，无结束标记，这样的标记称为单标记，如<hr />。在 HTML5 中，单标记可以省略“/”，即写成<hr>的形式。

（4）标记不区分大小写，但一般用小写。

（5）可以同时使用多个标记共同作用于网页中的内容，各标记之间的顺序不限。

2. 标记的属性

许多标记还包括一些属性，以便对标记作用的内容进行更详细的控制。标记可以通过不同的属性实现各种效果。

属性在标记中的使用格式如下。

```
<标记 属性 1="属性值 1"  属性 2="属性值 2"... >受标记影响的内容</标记>
```

例如：

```
<a  href="https://www.mi*.com/">小米商城</a>
```

超链接标记<a>的属性 href 用于设置超链接的目标地址。

属性的规则如下。

（1）所有属性必须包含在开始标记里，不同属性用空格隔开。有的标记无属性。

（2）属性值用双引号引起来，放在相应的属性之后，用等号分隔；未设置属性值时采用其默认值。

（3）属性之间的顺序不限。

3. 标记的嵌套

标记里面还可以包含其他标记，称为标记嵌套。例如：

```
<p><strong>小米公司</strong>是一家互联网公司</p>
```

在上述代码中，<p>标记里面包含了<strong>标记，<p>标记称为父标记，<strong>标记称为子标记。在标记嵌套时，必须先结束里面的标记，再结束外面的标记，不要出现交叉嵌套。

4. 注释标记

如果需要在 HTML 文档中添加一些便于阅读和理解，但又不需要显示在页面中的注释文字，就需要使用注释标记。其基本语法格式如下。

```
<!-- 注释文字 -->
```

例如：

```
<a  href="https://www.mi*.com/">小米商城</a>        <!-- 给文字设置超链接 -->
```

下面详细介绍 HTML5 中的文本标记。

2.3.3 HTML 文本标记

HTML 文本标记有标题标记<h1>~<h6>，段落标记<p>，水平线标记<hr>，换行标记
，字体样式标记<strong>、<em>、<del>、<ins>和特殊字符等。下面详细讲解这些标记。

微课 2-3：HTML 文本标记

1. 标题标记

标题标记的语法格式如下。

```
<hn>标题文字</hn>
```

说明 标题标记用于定义文档中的标题，其中 n 为 1~6 的数字，h1 表示一级标题，h6 表示六级标题，一级标题的文字最大，六级标题的文字最小。

用标题标记定义的标题文字在浏览器中默认都以粗体显示，而且标题文字单独显示为一行。

例 2-1 在项目 project02 中新建一个网页文件，在代码中使用标题标记，将文件保存为 example01.html。代码如下。

```
<!DOCTYPE html>
<html>
 <head>
     <meta charset="utf-8">
     <title>标题标记</title>
 </head>
 <body>
     <h1>自强不息 厚德载物</h1>
     <h2>自强不息 厚德载物</h2>
     <h3>自强不息 厚德载物</h3>
     <h4>自强不息 厚德载物</h4>
```

```
        <h5>自强不息 厚德载物</h5>
        <h6>自强不息 厚德载物</h6>
        <p>自强不息 厚德载物</p>
    </body>
</html>
```

浏览网页，效果如图 2-2 所示。

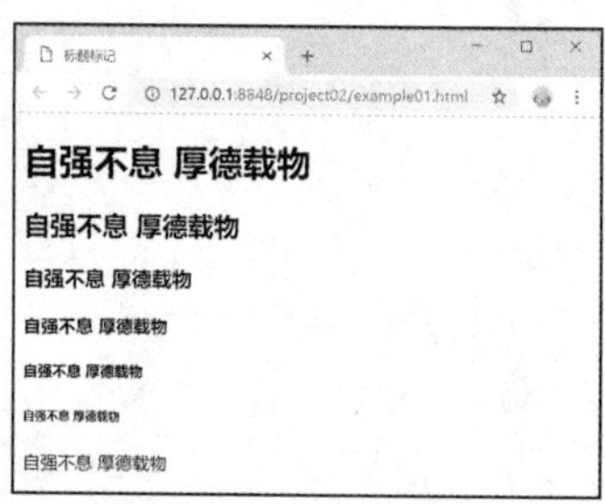

图 2-2 标题标记

2. 段落标记

段落标记的语法格式如下。

```
<p>段落文字</p>
```

说明 “p”是英文“paragraph”（段落）的缩写。<p>和</p>之间的文字表示一个段落，多个段落需要用多对<p>标记定义。

<p>标记示例见 2.2 节。

3. 水平线标记

水平线标记的语法格式如下。

```
<hr>
```

说明 “hr”是英文“horizontal rule”（水平线）的缩写。水平线标记的作用是绘制一条水平线。该标记为单标记。

<hr>标记示例见 2.2 节。

4. 换行标记

换行标记的语法格式如下。

```
<br>
```

说明 “br”是英文“break”的缩写。换行标记的作用是强制换行。该标记为单标记。

例 2-2 在项目 project02 中新建一个网页文件，在代码中使用换行标记，将文件保存为 example02.html。代码如下。

```
<!DOCTYPE html>
<html>
```

```
<head>
    <meta charset="utf-8">
    <title>换行标记</title>
</head>
<body>
    <h3>冬夜读书示子聿</h3>
    <h4>[宋]陆游</h4>
    <p>
        古人学问无遗力，<br>
        少壮工夫老始成。<br>
        纸上得来终觉浅，<br>
        绝知此事要躬行。
    </p>
</body>
</html>
```

浏览网页，效果如图 2-3 所示。

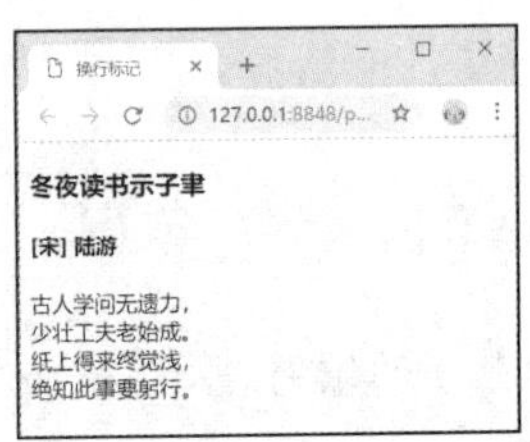

图 2-3　换行标记

注意　使用
标记换行后，换行后的文字和上面的文字保持相同的属性，仍然是同一个段落，也就是说，
使文字换行不分段。

5. 字体样式标记

字体样式标记用于设置文字的粗体、斜体、删除线和下画线效果。

（1）<strong>文本内容</strong>：文本以粗体显示。

（2）<em>文本内容</em>：文本以斜体显示。

（3）<del>文本内容</del>：文本添加删除线显示。

（4）<ins>文本内容</ins>：文本添加下画线显示。

例 2-3　在项目 project02 中新建一个网页文件，在代码中使用字体样式标记，将文件保存为 example03.html。代码如下。

```
<!DOCTYPE html>
<html>
 <head>
     <meta charset="utf-8">
     <title>字体样式标记</title>
 </head>
 <body>
     <h3>冬夜读书示子聿</h3>
     <hr>
```

```
        <h4>[宋]陆游</h4>
        <p>
            <strong>古人学问无遗力，</strong><br>
            <em>少壮工夫老始成。</em><br>
            <del>纸上得来终觉浅，</del><br>
            <ins>绝知此事要躬行。</ins>
        </p>
    </body>
</html>
```

浏览网页，效果如图 2-4 所示。

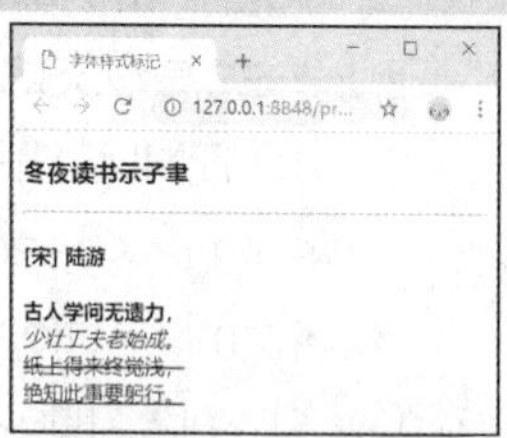

图 2-4　字体样式标记

6. 特殊字符

在网页设计过程中，除了文字，有时还需要插入一些特殊字符，如版权符号、注册商标、货币符号等。这些字符需要用一些符号代码来表示。表 2-1 列出了常用特殊字符的符号代码。

表 2-1　常用特殊字符的符号代码

特殊字符	符号代码	备注
空格		表示一个英文字符的空格
>	>	大于号
<	<	小于号
©	©	版权符号
®	®	注册商标
¥	¥	人民币符号
……	……	……

特殊字符示例见 2.2 节。

注意　输入特殊字符的符号代码时，必须区分大小写，而且字母后面的分号不能省略。

案例小结

本案例介绍了使用标题标记、水平线标记和段落标记等创建公司介绍网页，在知识点中主要介绍了 HTML5 文档的基本结构以及常用的文本标记，熟练使用这些文本标记可以更好地创建基于文本内容的页面。

习题与实训

一、单项选择题

1. 网页的主体内容写在哪个标记内部？（　　）

A. <body>　　B. <head>　　C. <p>　　D. <html>

2. 以下标记中，用于设置页面标题的是（　　）。

A. <title>　　B. <caption>　　C. <head>　　D. <html>

3. HTML 指的是（　　）。

A. 超文本标记语言（Hyper Text Markup Language）

B. 家庭工具标记语言（Home Tool Markup Language）

C. 超链接和文本标记语言（Hyperlink and Text Markup Language）

D. 样式表（CSS）和 JavaScript

4. 用 HTML5 编写一个简单的网页时，网页的基本结构是（　　）。

A. <html> <head>...</head> <frame>...</frame> </html>

B. <html> <title>...</title> <body>...</body> </html>

C. <html> <title>...</title> <frame>...</frame> </html>

D. <html> <head>...</head> <body>...</body> </html>

5. 以下标记中，没有对应的结束标记的是（　　）。

A. <body>　　B.
　　C. <html>　　D. <title>

6. <title>和</title>必须包含在下述哪对标记中？（　　）

A. <body>和</body>　　B. <table>和</table>

C. <head>和</head>　　D. <p>和</p>

7. 用于将文本以粗体显示的 HTML 标记是（　　）。

A. <bold>　　B. <bb>　　C. <strong>　　D. <bld>

8. 在下列 HTML 标记中，哪个用于换行？（　　）

A.
　　B. <enter>　　C. <break>　　D. <b>

9. 在下列 HTML 标记中，哪个用于定义文字最大的标题？（　　）

A. <h6>　　B. <h5>　　C. <h2>　　D. <h1>

二、判断题

1. 网页文件是用一种标记语言书写的，这种语言称为超文本标记语言（Hyper Text Markup Language，HTML），制作一个网站就等于制作一个网页。（　　）

2. 网站的首页文件通常是“index.html，index.htm，Default.htm，Default.html”，它必须存放在网站的根目录中。（　　）

3. HTML5 标记是不区分大小写的，但通常用小写。（　　）

4. 如果文本中需要换行，则可以使用换行标记
。（　　）

5. <hr>标记可以在网页中生成一条水平分隔线，它不需要结束标记。（　　）

6. 标题标记<h1>~<h6>都有换行的功能。（　　）

2-4：实训参考步骤

三、实训练习

1. 创建幽默段子文本页面，效果如图 2-5 所示。网页中的标题为“幽默段子”，副标题为“来源：笑话集”，其他为水平线和段落文字。

2. 创建古诗欣赏文本页面，效果如图 2-6 所示。网页中的标题为“过零丁洋”，副标题为“文天祥[宋代]”和“注释”，其他为段落文字。

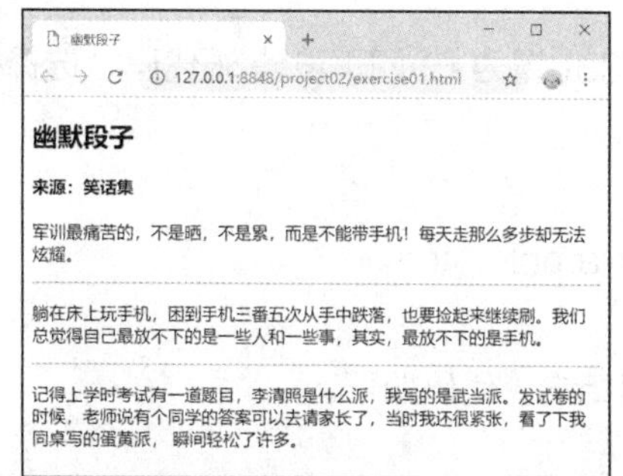

图 2-5　幽默段子

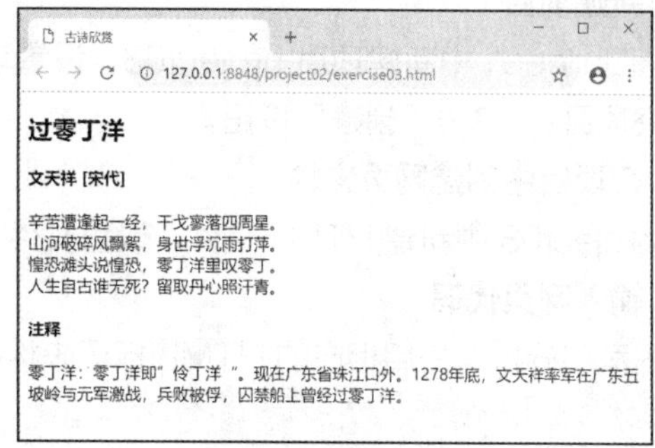

图 2-6　古诗欣赏

案例 3　新闻列表网页

我们知道在 Word 文档中有很多内容可以采用项目列表的形式来呈现，也就是每项内容前有圆点或者方块等项目符号。在网页设计时，通过列表标记也可以实现类似的效果。本案例创建一个新闻列表网页，在知识点中介绍无序列表、有序列表、列表嵌套和自定义列表等内容。

3.1　案例描述

创建新闻列表网页，网页中有标题、水平线和列表项等内容，列表项采用无序列表来呈现，网页浏览效果如图 3-1 所示。

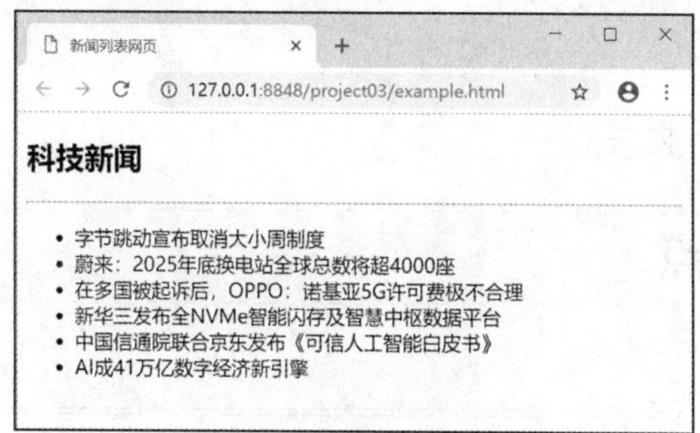

图 3-1　新闻列表网页

3.2　案例实现

创建新闻列表网页的步骤如下。

1. 案例分析

微课 3-1：案例实现

图 3-1 所示的网页内容由 3 部分构成，分别为标题、水平线和新闻条目。标题使用<h2>标记定义，水平线使用<hr>标记定义，新闻条目使用无序列表标记<ul>和<li>定义。

2. 新建项目

在 HBuilderX 中新建项目 project03，设置项目存放位置为 E:/网页设计/源代码，选择模板类型为“空项目”，单击“创建”按钮。

3. 在项目中创建网页文件

在 project03 中新建 HTML 文件，设置文件名为 example.html。

4. 输入网页代码

根据案例分析，使用相应的 HTML 标记来构建网页结构，代码如下。

```
<!DOCTYPE html>
<html>
 <head>
     <meta charset="utf-8">
     <title>新闻列表网页</title>
 </head>
 <body>
     <h2>科技新闻</h2>
     <hr >
     <ul>
          <li>字节跳动宣布取消大小周制度</li>
          <li>蔚来：2025 年底换电站全球总数将超 4000 座</li>
          <li>在多国被起诉后，OPPO：诺基亚 5G 许可费极不合理</li>
          <li>新华三发布全 NVMe 智能闪存及智慧中枢数据平台</li>
          <li>中国信通院联合京东发布《可信人工智能白皮书》</li>
          <li>AI 成 41 万亿数字经济新引擎</li>
     </ul>
 </body>
</html>
```

5. 保存并浏览网页

网页浏览效果如图 3-1 所示。

3.3 相关知识点

3.3.1 无序列表

无序列表的基本语法格式如下。

```
<ul>
    <li>列表项 1</li>
    <li>列表项 2</li>
    <li>列表项 3</li>
    ......
</ul>
```

微课 3-2：HTML 列表标记

说明 “ul”是英文“unordered list”（无序列表）的缩写。浏览器在显示无序列表时，将以特定的项目符号对列表项进行排列。

例 3-1 在项目 project03 中新建一个网页文件，在代码中使用无序列表标记，将文件保存为 example01.html。代码如下。

```
<!DOCTYPE html>
<html>
<head>
    <meta charset="utf-8">
    <title>无序列表</title>
 </head>
 <body>
    <h2>互联网公司</h2>
    <hr>
    <ul>
        <li>腾讯</li>
        <li>百度</li>
        <li>阿里巴巴</li>
        <li>字节跳动</li>
    </ul>
 </body>
</html>
```

浏览网页，效果如图 3-2 所示。

图 3-2 无序列表

注意 <li>与</li>相当于一个容器，可以容纳所有的网页元素。但是<ul>和</ul>中只能嵌套<li>和</li>，直接在<ul>和</ul>中输入文字的做法是不允许的。

3.3.2 有序列表

有序列表的基本语法格式如下。

```
<ol>
    <li>列表项 1</li>
    <li>列表项 2</li>
    <li>列表项 3</li>
    ......
</ol>
```

说明 “ol”是英文“ordered list”（有序列表）的缩写。浏览器在显示有序列表时，将用数字编号对列表项进行排列。

例 3-2 在项目 project03 中新建一个网页文件，在代码中使用有序列表标记，将文件保存为 example02.html。代码如下。

```
<!DOCTYPE html>
<html>
<head>
     <meta charset="utf-8">
     <title>有序列表</title>
 </head>
 <body>
     <h2>互联网公司</h2>
     <hr>
     <ol>
          <li>腾讯</li>
          <li>百度</li>
          <li>阿里巴巴</li>
          <li>字节跳动</li>
     </ol>
 </body>
</html>
```

浏览网页，效果如图 3-3 所示。

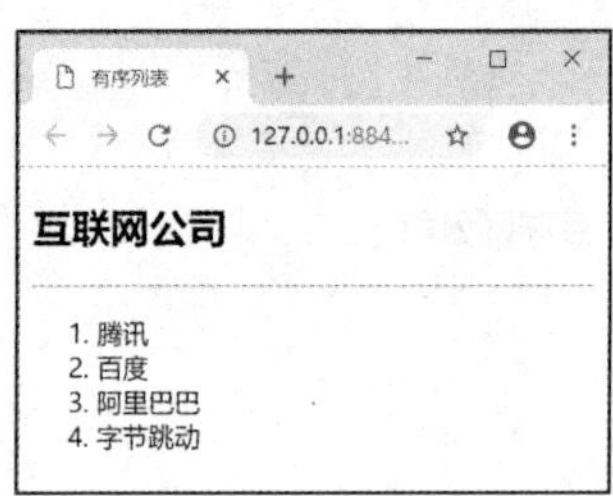

图 3-3 有序列表

3.3.3 列表嵌套

在 HTML 中可以实现列表的嵌套，也就是说，无序列表或有序列表的列表项中还可以包含有序列表或无序列表。

例 3-3 在项目 project03 中新建一个网页文件，在代码中实现列表嵌套，将文件保存为 example03.html。代码如下。

```
<!DOCTYPE html>
<html>
 <head>
     <meta charset="utf-8">
     <title>列表嵌套</title>
 </head>
 <body>
     <h2>互联网公司</h2>
     <hr>
     <ul>
          <li>腾讯</li>
```

```
            <li>百度</li>
            <li>阿里巴巴
                <ul>
                    <li>淘宝</li>
                    <li>支付宝</li>
                    <li>阿里云</li>
                </ul>
            </li>
            <li>字节跳动</li>
        </ul>
 </body>
</html>
```

浏览网页，效果如图 3-4 所示。

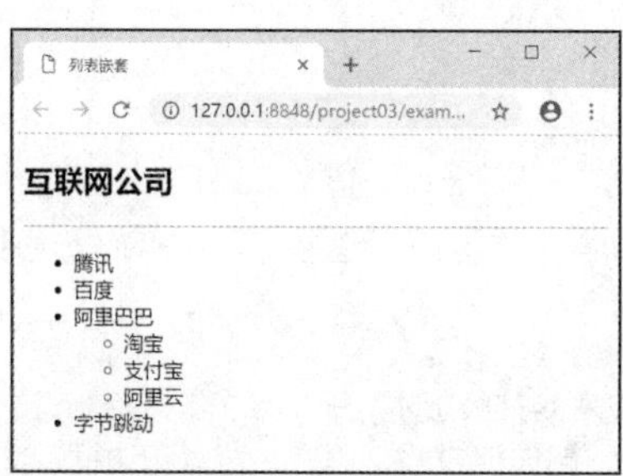

图 3-4　列表嵌套

可以看出，无序列表嵌套时，外层和内层会自动使用不同的项目符号，这里外层的项目符号是实心圆点（disc），内层的项目符号是空心圆点（circle）。

3.3.4　自定义列表

自定义列表用于对条目或术语进行解释或描述。与无序列表和有序列表不同，自定义列表的列表项前没有任何项目符号。

自定义列表的基本语法格式如下。

```
<dl>
    <dt>条目 1</dt>
      <dd>数据</dd>
      <dd>数据</dd>
      ......
    <dt>条目 2</dt>
      <dd>数据</dd>
      <dd>数据</dd>
      ......
......
</dl>
```

说明　“dl”是英文“definition list”（定义列表）的缩写；“dt”是英文“definition term”的缩写，表示条目名称；“dd”是英文“definition data”的缩写，表示条目的数据内容。

<dl>标记中可以有多对<dt>标记，每对<dt>标记后可以有多对<dd>标记。

自定义列表在显示时没有项目符号，但<dd>标记内的内容会自动缩进一定的距离，使列表结构更加清晰。

例 3-4 在项目 project03 中新建一个网页文件，在代码中使用自定义列表标记，将文件保存为 example04.html。代码如下。

```
<!DOCTYPE html>
<html>
 <head>
     <meta charset="utf-8">
     <title>自定义列表</title>
 </head>
 <body>
     <h2>Web 开发技术</h2>
     <hr>
     <dl>
          <dt>HTML5</dt>
          <dd>HTML5 是构建 Web 内容的一种语言，是互联网的核心技术之一。2014 年 10 月 29 日，HTML5 标准规范制订完成，并公开发布。</dd>
          <dt>CSS3</dt>
          <dd>CSS3 是 CSS 技术的升级版本，于 1999 年开始制订。2001 年 5 月 23 日，W3C 完成了 CSS3 的工作草案，主要包括盒子模型、列表、超链接方式、语言、背景和边框、文字特效、多栏布局等模块。</dd>
          <dt>JavaScript</dt>
          <dd>JavaScript 是一种嵌入网页中的脚本语言，被广泛用于 Web 应用开发，常用来为网页添加各式各样的动态功能，为用户提供更流畅、美观的浏览效果。</dd>
     </dl>
 </body>
</html>
```

浏览网页，效果如图 3-5 所示。

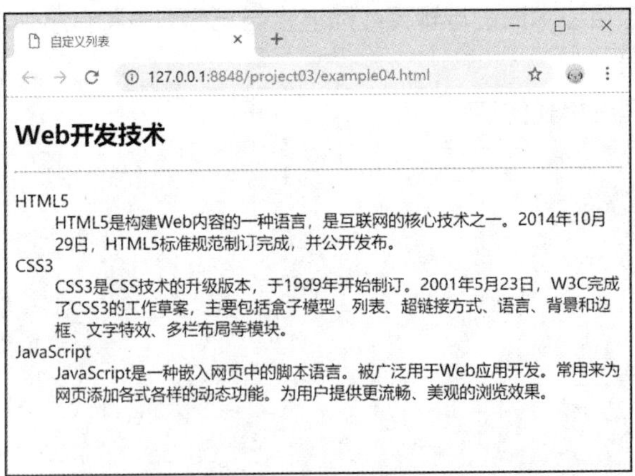

图 3-5　自定义列表

注意　<dt>标记中不仅可以放入文字，还可以放入图片。

案例小结

本案例主要介绍了使用无序列表标记创建新闻列表网页，在知识点中介绍了 HTML5 的无序列表、有序列表、列表嵌套和自定义列表，熟练使用各种列表可以使内容有序、整齐地显示到网页上。

习题与实训

一、单项选择题

1．无序列表标记是（　　）。

A．<ul>　　B．<ol>　　C．<dl>　　D．<al>

2．有序列表标记是（　　）。

A．<ul>　　B．<ol>　　C．<dl>　　D．<al>

3．自定义列表标记是（　　）。

A．<ul>　　B．<ol>　　C．<dl>　　D．<al>

二、判断题

1．<li>与</li>相当于一个容器，可以容纳所有的网页元素。（　　）

2．无序列表可以和无序列表嵌套，但无序列表不能与有序列表嵌套。（　　）

3．<dl>标记中可以有多对<dt>标记，每对<dt>标记后可以有多对<dd>标记。（　　）

三、实训练习

创建小米产品列表页面，浏览效果如图 3-6 所示。网页中的标题文字为“小米产品”，其他是嵌套的无序列表。

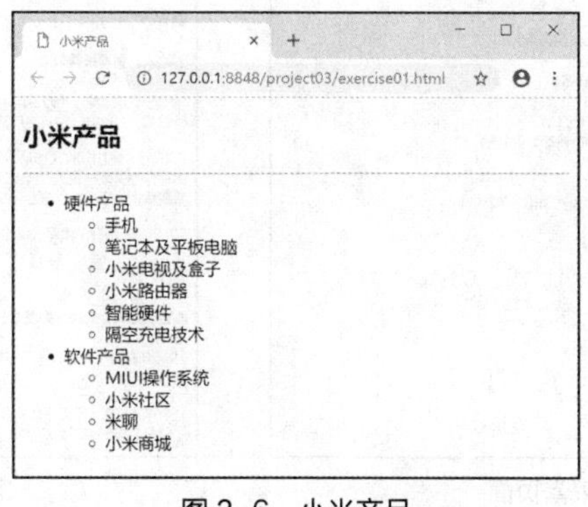

图 3-6　小米产品

3-3：实训
参考步骤

案例 4　简单公司网站

复杂的网页中不仅有文字，还有图像、超链接等。本案例介绍创建一个包含 4 个页面的网站，综合使用文本标记、列表标记、超链接标记和图像标记等标记构建网页内容，在知识点中介绍超链接的各种类型和图像标记等内容。通过本案例的学习，读者可掌握简单网站的创建方法。

4.1 案例描述

综合使用文本标记、图像标记、超链接标记等 HTML 标记，创建简单的小米公司网站，页面浏览效果如图 4-1～图 4-4 所示。

图 4-1　网站首页

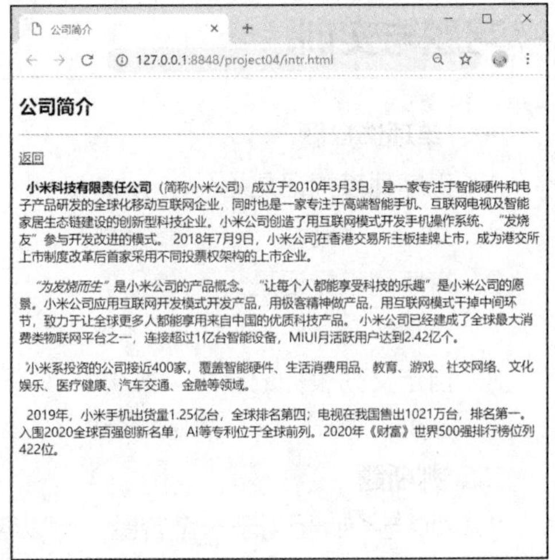

图 4-2　公司简介页面

图 4-3　所获荣誉页面

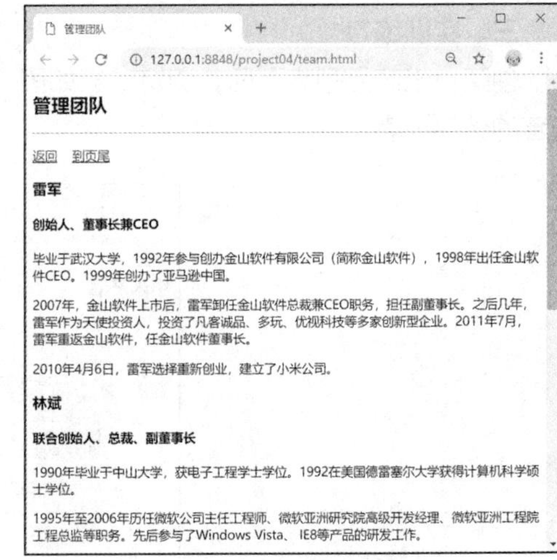

图 4-4　管理团队页面

要求如下。

（1）从首页可以进入其他页面，从其他页面可以返回首页。

（2）在首页中创建友情链接，链接到小米官网。

（3）在所获荣誉页面中，荣誉条目采用无序列表表示。

（4）在管理团队页面中，创建“到页头”和“到页尾”的锚点链接。

4.2 案例实现

创建简单小米公司网站的步骤如下。

4.2.1 新建项目

在 HBuilderX 中新建项目 project04，设置项目存放位置为 E:/网页设计/源代码，选择模板类型为“基本 HTML 项目”，单击“创建”按钮，如图 4-5 所示。创建的项目包括一个网页文件 index.html 和 css、js、img 这 3 个目录，这 3 个目录分别用来存放样式表文件、脚本文件和图像文件。将 img 目录名改为 images，将素材图片放入 images 目录中。

微课 4-1：案例实现

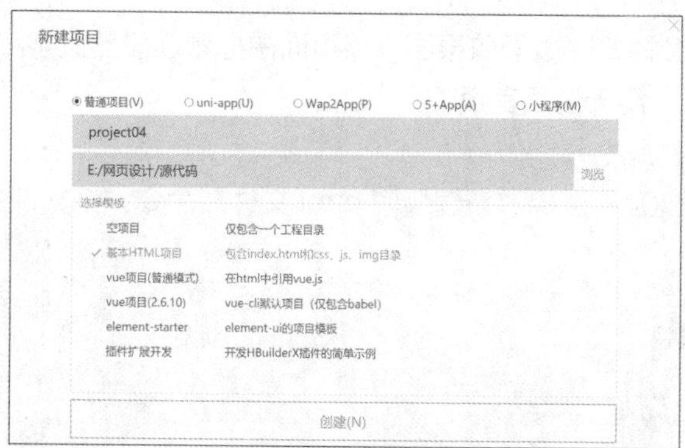

图 4-5　新建项目

4.2.2 创建网站首页

创建网站首页的步骤如下。

1. 首页分析

分析图 4-1 所示的网站首页效果图，该页面由标题、无序列表、超链接和图片等构成。其中超链接使用<a>标记定义，图片使用<img>标记定义。

2. 首页创建

单击项目中的 index.html 文件，打开该文件，添加如下代码。

```
<!DOCTYPE html>
<html>
 <head>
     <meta charset="utf-8">
     <title>小米网</title>
 </head>
 <body>
     <h2>小米科技有限责任公司</h2>
     <hr>
     <ul>
```

```
            <li><a href="#">公司介绍</a></li>
            <li><a href="#">所获荣誉</a></li>
            <li><a href="#">管理团队</a></li>
        </ul>
        <p><img src="images/xiaomi.jpg" alt="小米公司" title="小米公司"></p>
        <hr>
        <p>友情链接：<a  href="https://www.mi*.com">小米官网</a>
    </body>
  </html>
```

浏览网页，效果如图 4-1 所示。

4.2.3 创建公司简介页面

创建公司简介页面的步骤如下。

1. 页面分析

分析图 4-2 所示的公司简介页面效果图，该页面由标题、段落文字和超链接等构成。“返回”超链接使用<a>标记定义，用于返回首页。

2. 页面创建

右击项目名称 project04，选择“新建” | “html 文件”命令，将文件名称改为 intr.html，并添加如下代码。

```
<!DOCTYPE html>
<html>
 <head>
     <meta charset="utf-8">
     <title>公司简介</title>
 </head>
 <body>
     <h2>公司简介</h2>
     <hr>
     <p><a href="index.html">返回</a></p>
     <p>  <strong>小米科技有限责任公司</strong>（简称小米公司）成立于 2010 年 3 月 3 日，是一家专注于智能硬件和电子产品研发的全球化移动互联网企业，同时也是一家专注于高端智能手机、互联网电视及智能家居生态链建设的创新型科技企业。小米公司创造了用互联网模式开发手机操作系统、“发烧友”参与开发改进的模式。2018 年 7 月 9 日，小米公司在香港交易所主板挂牌上市，成为港交所上市制度改革后首家采用不同投票权架构的上市企业。</p>
     <p>  <em>“为发烧而生”</em>是小米公司的产品概念。“让每个人都能享受科技的乐趣”是小米公司的愿景。小米公司应用互联网开发模式开发产品，用极客精神做产品，用互联网模式干掉中间环节，致力于让全球更多人都能享用来自中国的优质科技产品。小米公司已经建成了全球最大消费类物联网平台之一，连接超过 1 亿台智能设备，MIUI 月活跃用户达到 2.42 亿个。</p>
     <p>  小米系投资的公司接近 400 家，覆盖智能硬件、生活消费用品、教育、游戏、社交网络、文化娱乐、医疗健康、汽车交通、金融等领域。</p>
     <p>  2019 年，小米手机出货量 1.25 亿台，全球排名第四；电视在我国售出 1021 万台，排名第一。入围 2020 全球百强创新名单，AI 等专利位于全球前列。2020 年《财富》世界 500 强排行榜位列 422 位。</p>
  </body>
 </html>
```

浏览网页，效果如图 4-2 所示。

4.2.4 创建所获荣誉页面

创建所获荣誉页面的步骤如下。

1. 页面分析

分析图 4-3 所示的所获荣誉页面效果图，该页面主要由标题和列表组成。标题使用标题标记<h2>定义；“返回”超链接使用<a>标记定义，用于返回首页；列表使用<ul>标记定义。

2. 页面创建

右击项目名称 project04，选择“新建”|“html 文件”命令，将文件名称改为 honor.html，并添加如下代码。

```
<!DOCTYPE html>
<html>
 <head>
     <meta charset="utf-8">
     <title>所获荣誉</title>
 </head>
 <body>
     <h2>所获荣誉</h2>
     <hr>
     <p><a href="index.html">返回</a></p>
     <ul>
          <li>2020 年 1 月,《2019 年上市公司市值 500 强》位列第 53 位。</li>
          <li>2020 年 1 月,《2019 胡润中国 500 强民营企业》以市值 1940 亿元位列第 24 位。</li>
          <li>2020 年 5 月,《2020 中国品牌 500 强》位列第 114 位。</li>
          <li>2020 年 6 月,《2020 年中国十大智能翻译机品牌排行榜单》第 3 名。</li>
          <li>2020 年 6 月,《2020 年 5 月中国十大智能电视品牌排行榜》第 1 名。</li>
          <li>2020 年 6 月,《2020 年 BrandZ 最具价值全球品牌 100 强》第 81 位。</li>
          <li>2020 年 6 月,《2020“618”中国电商消费十大 3C 数码品牌排行榜单》前 10 名。</li>
          <li>2020 年 7 月,《财富》2020 年中国 500 强排行榜第 50 位。</li>
          <li>2020 年 8 月,《财富》2020 年世界 500 强排行榜第 422 位。</li>
          <li>2020 年 10 月,《2020 胡润中国 10 强消费电子企业》以 4340 亿人民币排名第 2 位。</li>
     </ul>
 </body>
</html>
```

浏览网页，效果如图 4-3 所示。

4.2.5 创建管理团队页面

创建管理团队页面的步骤如下。

1. 页面分析

分析图 4-4 所示的管理团队页面效果图，该页面主要由各级标题和段落文字组成。标题可以分别使用标题标记<h2>、<h3>和<h4>定义；“返回”超链接使用<a>标记定义，用于返回首页；段落文字使用<p>标记定义；“到页尾”和“到页头”使用<a>标记建立锚点链接。

2. 页面创建

右击项目名称 project04，选择“新建”|“html 文件”命令，将文件名称改为 team.html，并

添加如下代码。

```
<!DOCTYPE html>
<html>
 <head>
     <meta charset="utf-8">
     <title>管理团队</title>
 </head>
 <body>
     <h2 id="top">管理团队</h2><!-- 定义页头的锚点位置 -->
     <hr>
     <p><a href="index.html">返回</a>    <a href="#bottom">到页尾</a></p><!-- 链接到页尾 bottom 处 -->
     <h3>雷军</h3>
     <h4>创始人、董事长兼 CEO</h4>
     <p>毕业于武汉大学，1992 年参与创办金山软件有限公司（简称金山软件），1998 年出任金山软件 CEO，1998 年出任金山软件 CEO。1999 年创办了亚马逊中国。</p>
     <p>2007 年，金山软件上市后，雷军卸任金山软件总裁兼 CEO 职务，担任副董事长。之后几年，雷军作为天使投资人，投资了凡客诚品、多玩、优视科技等多家创新型企业。2011 年 7 月，雷军重返金山软件，任金山软件董事长。</p>
     <p>2010 年 4 月 6 日，雷军选择重新创业，建立了小米公司。</p>
     <h3>林斌</h3>
     <h4>联合创始人、总裁、副董事长</h4>
     <p>1990 年毕业于中山大学,获电子工程学士学位。1992 在美国德雷塞尔大学获得计算机科学硕士学位。</p>
     <p>1995 年至 2006 年历任微软公司主任工程师、微软亚洲研究院高级开发经理、微软亚洲工程院工程总监等职务。先后参与了 Windows Vista、IE8 等产品的研发工作。</p>
     <p>2006 年底加入谷歌公司，任谷歌中国工程研究院副院长、谷歌全球工程总监。全权负责谷歌中国移动搜索与 Android 本地化应用的团队组建及工程研发工作。</p>
     <h3>黎万强</h3>
     <h4>联合创始人、高级副总裁</h4>
     <p>毕业于西安工程大学，2010 年联合创办小米公司，并先后主管 MIUI、小米网及小米市场、小米影业等业务，在软硬件产品设计、研发和市场营销、创意等领域均有杰出表现，“手机控”“F 码”“米粉节”等网络、微博热门词的创造者。</p>
     <p>黎万强于 2000 年加入金山软件，并创办金山软件设计中心，历任金山软件设计中心设计总监、互联网内容总监、金山词霸总经理等职务。在金山期间，参与了金山毒霸、金山词霸、WPS、Office 等多个知名软件项目的设计与开发，是国内最早的人机交互界面设计专家及领军人物之一，开创了中国软件与互联网人机交互应用新局面。</p>
     <p>2019 年 11 月 29 日，黎万强因个人原因离开小米公司。</p>
     <h3>洪锋</h3>
     <h4>联合创始人、高级副总裁</h4>
     <p>洪锋是 MIUI 产品负责人。洪锋毕业于上海交通大学，取得计算机科学与工程学士学位，后取得美国普渡大学计算机科学硕士学位。</p>
     <p>创立小米之前，洪锋在谷歌公司和 Siebel 公司负责了一系列产品和工程主管工作，主导或参与了谷歌音乐、谷歌拼音输入法，谷歌日历、谷歌 3D 街景等项目。</p>
     <p id="bottom"><a href="#top">到页头</a></p><!-- 定义页尾的锚点位置 --><!-- 链接到页头 top 处 -->
 </body>
</html>
```

浏览网页，效果如图 4-4 所示。

至此，4 个页面创建完成。最后，打开 index.html 文件，修改其代码，将公司介绍、所获荣誉、管理团队等文字的超链接的目标地址修改成相应的页面文件，代码如下。

```
<ul>
    <li><a href="intr.html">公司介绍</a></li>
    <li><a href="honor.html">所获荣誉</a></li>
    <li><a href="team.html">管理团队</a></li>
</ul>
```

最后，浏览各个网页，看是否能从首页进入其他页面，从其他页面能否返回首页。

4.3 相关知识点

在 4.2 节中用到了超链接标记和图像标记等内容，下面具体介绍。

微课 4-2：HTML 超链接标记

4.3.1 HTML 超链接标记

超链接是几乎所有网站都有的重要内容。超链接一般有以下几种类型。

（1）页面间的超链接：该超链接指向当前页面以外的其他页面，单击该超链接将完成页面之间的跳转。

（2）锚点链接：该超链接一般指向页面内的某一个地方，单击该超链接可以完成页面内的跳转。

（3）空链接：单击该超链接时不进行任何跳转。

超链接的语法格式如下。

```
<a  href="目标地址"  target="目标窗口的打开方式"  title="提示文字">热点文字</a>
```

说明 （1）href：定义超链接指向的文档的 URL，这里的 URL 可以是绝对 URL，也可以是相对 URL。绝对 URL 也指绝对路径，相对 URL 也指相对路径，关于绝对路径和相对路径的内容我们稍后介绍。

（2）target：定义超链接的目标文件在哪个窗口打开。其常用取值有_blank 和_self。_blank 表示在新的浏览器窗口打开；_self 表示在原来的窗口打开。

（3）title：定义鼠标指针移动到超链接文字上时显示的提示文字。通常在网页中显示新闻列表时，将鼠标指针移动到新闻条目上可显示完整的新闻标题，此时显示的就是用 title 设置的内容。例如，<a href="new1.html" title="小米科技有限责任公司 2023 年新年贺词：风正劲 帆高扬 新的一年创造新的辉煌">小米公司 2023 年新年贺词…</a>

1. 页面间的超链接

在 4.2 节的案例实现中，从首页 index.html 中链接到其他页面的就是页面间的超链接，其代码如下。

```
<ul>
    <li><a href="intr.html">公司介绍</a></li>
    <li><a href="honor.html">所获荣誉</a></li>
    <li><a href="team.html">管理团队</a></li>
</ul>
```

当从其他页面返回首页时，用到的也是页面间的超链接，其代码如下。

```
<p><a href="index.html">返回</a></p>
```

在浏览器中浏览带有页面间的超链接的页面时，将鼠标指针移动到超链接的文字上，超链接的文字会变成蓝色，且自动添加下画线，鼠标指针变成小手的形状，单击该超链接会跳转到其他页面。

也可以把首页 index.html 中的代码修改为如下代码。

```
<ul>
    <li><a href="intr.html" target="_blank" title="小米科技有限责任公司">公司介绍</a></li>
    <li><a href="honor.html" target="_blank" title="小米科技有限责任公司所获荣誉">所获荣誉</a></li>
    <li><a href="team.html" target="_blank" title="小米科技有限责任公司管理团队">管理团队</a></li>
</ul>
```

此时浏览网页，单击超链接时会在新的窗口打开目标页面，将鼠标指针移动到超链接的文字上时会显示相应的提示信息。

2. 锚点链接

当同一页面中内容较多，浏览时需要不断拖动滚动条来查看内容时，为了提高信息检索速度，可以在页面上创建锚点链接来快速定位到要查看的内容。

创建锚点链接分两步。

第一步：定义锚点的位置，使用 id="锚点名称"来标注。

第二步：创建指向锚点的超链接，使用格式<a href="#锚点名称">热点文字</a>。

在 4.2 节的案例实现中，管理团队页面 team.html 中的“到页头”和“到页尾”就是锚点链接，其代码如下。

```
<h2 id="top">管理团队</h2>  <!-- 定义页头的锚点位置 -->
    <hr>
    <p><a href="index.html">返回</a>    <a href="#bottom">到页尾</a></p> <!-- 链接到页尾 bottom 处 -->
......
<p id="bottom"><a href="#top">到页头</a></p><!-- 定义页尾的锚点位置 --><!-- 链接到页头 top 处 -->
```

本案例中的锚点链接是在同一个页面上创建的，实际上，锚点链接也可以用在不同的页面上，只需在设置超链接的目标地址时，在锚点名称前加上页面文件的 URL 即可。感兴趣的读者可以自行尝试。

3. 空链接

在制作网页时，如果暂时无法确定超链接的目标地址，就可以将其建立为空链接。

空链接的语法格式如下。

```
<a href="#">热点文字</a>
```

单击空链接时不进行任何跳转。

微课 4-3：HTML 图像标记

4.3.2 HTML 图像标记

1. 常用的 Web 图像格式

网页中图像太大会造成载入速度缓慢，太小又会影响图像的质量。下面介绍网页中常用的 3 种图像格式。

（1）GIF 格式

GIF 格式最突出的优势之一就是它支持动画。同时，GIF 格式也是一种无损的图像格式，也就是说，修改图片之后，图片质量几乎没有损失。而且 GIF 格式支持透明，因此很适合在互联网上使用。但 GIF 格式只能处理 256 种颜色，在网页制作中，GIF 格式常用于 Logo、小图标和其他相对单一的图像。

（2）PNG 格式

PNG 格式包括 PNG-8 格式、PNG-24 格式和 PNG-32 格式。相对于 GIF 格式，PNG 格式的优势是文件更小，支持 alpha 不透明度，并且颜色过渡更平滑，但 PNG 格式不支持动画。通常，PNG-8 格式的图片比同等质量下 GIF 格式图片的文件更小，而半透明的图片只能使用 PNG-24 格式或 PNG-32 格式。

（3）JPG 格式

JPG 格式显示的颜色比 GIF 格式和 PNG 格式要多得多，可以用来保存具有超过 256 种颜色的图像。但 JPG 格式是一种有损压缩的图像格式，这就意味着每修改一次图片都会造成一些图像数据丢失。JPG 格式是专为照片设计的文件格式，在网页制作过程中对类似照片的图像，如横幅广告、商品图、较大的插图等，都可以保存为 JPG 格式。

简言之，在网页中，小图片或网页基本元素（如图标、按钮等）使用 GIF 格式或 PNG-8 格式，半透明图片使用 PNG-24 格式或 PNG-32 格式，类似照片的图像则使用 JPG 格式。

2. 图像标记

图像标记的语法格式如下。

```
<img src="图像路径" alt="替换文本" title="提示文本" width="图像宽度" height="图像高度" >
```

说明 （1）src 属性：设置图像的来源，指定图像文件的路径和文件名，它是<img>标记的必需属性。

（2）alt 属性：设置图像不能显示时的替换文本。

（3）title 属性：设置鼠标指针移动到图像上时显示的文本。

（4）width 属性：设置图像的宽度。

（5）height 属性：设置图像的高度。

例 4-1 在项目 project04 中新建一个网页文件，在代码中使用图像标记，将文件保存为 example01.html。代码如下。

```
<!DOCTYPE html>
<html>
 <head>
     <meta charset="utf-8">
     <title>图像标记</title>
 </head>
 <body>
     <h1>雷军</h1>
     <h3>小米科技有限责任公司创始人、董事长</h3>
```

```
        <p><img src="images/logo.png" width="200" alt="logo" title="logo"></p>
        <p>雷军，男，汉族，1969 年 12 月 16 日出生于湖北省仙桃市，无党派，大学学历，理学学士学位，高级工程师，著名天使投资人。</p>
        <p>雷军作为我国互联网代表人物及全球年度电子商务创新领袖人物，曾获中国经济年度人物及十大财智领袖人物、中国互联网年度人物等多项国内外荣誉，并当选《福布斯》（亚洲版）2014 年度商业人物，同时兼任金山软件、YY、猎豹移动等 3 家上市公司董事长。雷军曾任两届海淀区政协委员，2012 年当选北京市人大代表，2013 年 2 月当选全国人民代表大会代表。2017 年 12 月，雷军荣获 2017“质量之光”年度质量人物奖。</p>
    </body>
</html>
```

浏览网页，效果如图 4-6 所示。

图 4-6　图像标记

注意　（1）各浏览器对 alt 属性的解析不同，有的浏览器不能正常显示 alt 属性的内容。

（2）width 属性和 height 属性默认的单位都是 px（像素），也可以使用百分比。百分比实际上是相对于当前窗口的宽度和高度。

（3）如果不给<img>标记设置 width 属性和 height 属性，则图像按原始尺寸显示；若只设置其中的一个属性，则另一个属性会按原图等比例自动设置。

（4）设置图像的 width 属性和 height 属性可以实现对图像的缩放，但这样做并不会改变图像文件的实际大小。如果要加快网页的下载速度，最好使用图像处理软件将图像调整到合适大小再置入网页中。

3. 给图像创建超链接

图像不仅能够给浏览者提供信息，而且可以用来创建超链接。给图像创建超链接与给文字创建超链接的方法一样，在图像标记前后使用<a>和</a>标记即可。

例 4-2　在 project04 项目中新建一个网页文件，给图像创建超链接，将文件保存为 example02.html。代码如下。

```
<!DOCTYPE html>
<html>
 <head>
     <meta charset="utf-8">
     <title>给图像创建超链接</title>
```

```
    </head>
    <body>
        <p><a href="https://www.mi*.com"><img src="images/logo.jpg" alt="小米 LOGO">
</a></p>
        <p><a href="images/mi1.png"><img src="images/mi1.png" width="500" alt="小米手机">
</a></p>
    </body>
</html>
```

浏览网页，分别单击网页中的两个图像，效果如图 4-7～图 4-9 所示。

图 4-7　给图像创建超链接

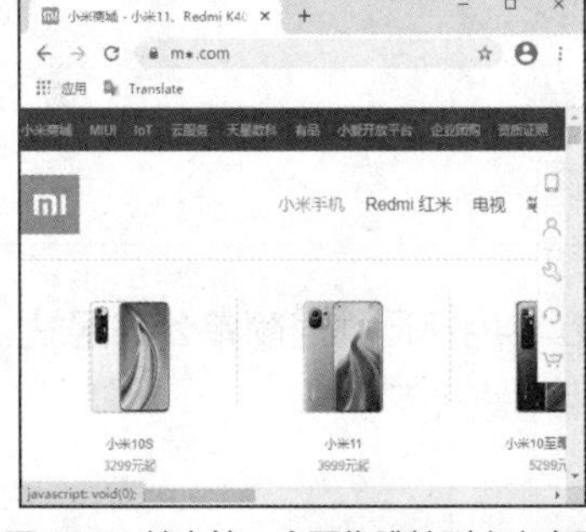
图 4-8　单击第一个图像跳转到小米官网

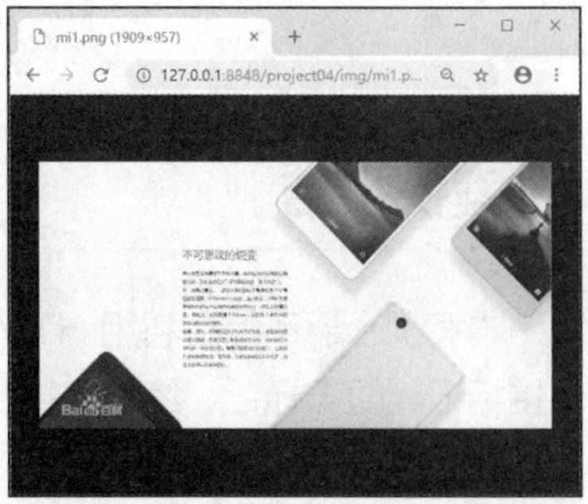
图 4-9　单击第二个图像跳转到图像本身

在例 4-2 的代码中，给第一个图像创建了到小米官网的超链接，单击第一个图像时跳转到小米官网；给第二个图像创建了到图像本身的超链接，单击第二个图像时跳转到图像本身，即图像原图。

4.3.3　绝对路径和相对路径

在计算机中查找文件时，需要明确文件所在的位置。网页中的文件路径通常分为绝对路径和相对路径，具体介绍如下。

1. 绝对路径

绝对路径包括本地绝对路径和网络绝对路径两种。

（1）本地绝对路径：一般从盘符开始，到文件名称结束。

（2）网络绝对路径：包括协议名、网站域名、文件路径名和文件名等。

绝对路径之所以称为绝对，是因为所有页面引用同一个文件时，使用的路径都是一样的。

例如：

```
D:/Web/project04/images/logo.png
```

是本地绝对路径，表示在磁盘上的文件的物理地址。

```
https://www.ryjiaoyu.com/book/details/45476
```

是网络绝对路径，表示完整的网络地址。

2. 相对路径

相对路径以当前文件位置为参考点，到文件名称结束。保存于不同目录的网页引用同一个文件，所使用的路径将不相同，故称为相对路径。

例如：

```
<img src=“../fj.jpg”alt="图像">
```

表示引用上级文件，..表示退回上一级目录。

```
<img src= “./fj.jpg"  alt="图像">
```

表示引用同级文件，.表示当前目录，此时./可以省略。

```
<img src= “images/fj.jpg" alt="图像">
```

表示引用下级文件，fj.jpg 是子目录 images 中的文件。

```
<img src= "../../fj.jpg" alt="图像">
```

表示引用上上级文件。

注意 引用网站内部文件时通常使用相对路径，这样可便于网站的移植和发布。

案例小结

本案例介绍了综合利用 HTML5 常用标记创建简单公司网站，在知识点中介绍了 HTML5 的超链接标记、图像标记、绝对路径和相对路径等。

习题与实训

一、单项选择题

1．在下列的 HTML 代码中，哪个可以插入图像？（　　）

A．<img href="image.gif" alt="">　　B．<image src="image.gif" alt="">

C．<img src="image.gif" alt="">　　D．<img>image.gif</img>

2．建立超链接时，要在新窗口中显示网页，需要设置的属性是（　　）。

A．target="_blank"　　B．border="1"　　C．name="target"　　D．#

3．包含图像的网页文件，其扩展名应该是（　　）。

A．.jpg　　B．.gif　　C．.pic　　D．.html

4．最常用的网页图像格式有（　　）。

A．GIF、TIFF　　B．TIFF、JPG　　C．GIF、JPG　　D．TIFF、PNG

5．在网页中，使用哪个标记来创建超链接？（　　）

A．<a>...</a>　　B．<p>...</p>　　C．<link>...</link>　　D．<li>...</li>

6．下列路径中属于绝对路径的是（　　）。

A．address.htm　　B．staff/telephone.htm

C．https://www.baidu.com/　　D．/Xuesheng/chengji/mingci.htm

二、判断题

1．对网页中图片的大小，可以在 HTML5 代码中直接指定其宽、高，但最好在图像处理软件中事先处理好图像的大小。（　　）

2．JPEG 格式能提供良好的损失极少的压缩比，这种格式可以用于透明和多帧的动画。（　　）

3．书写图片路径时尽量使用绝对路径，因为可以更稳定、更简洁。（　　）

4．在网页中插入图片的相对路径时，“../”用于指定上一级文件夹。（　　）

5. 在超链接中，如果暂时没有确定目标地址，则通常将<a>标记的 href 属性定义为“*”。(　　)

6. 在 HTML5 中，创建锚点链接，用户能够快速定位到目标内容。(　　)

7. 在常用的图像格式中，GIF 格式只能处理 256 种颜色。(　　)

8. PNG 格式是一种支持透明的图像格式。(　　)

9. 如果不给<img>标记设置 width 属性和 height 属性，图片就会按照原始尺寸显示。(　　)

三、实训练习

1. 创建小米产品介绍页面，效果如图 4-10 所示。网页中有标题“小米手机 10”、图像和段落文字等。

2. 创建宋词赏析页面，页面中包含“水调歌头”“蝶恋花”“念奴娇”3 个锚点链接，单击每个锚点链接时定位到相应的内容处，如图 4-11 所示。

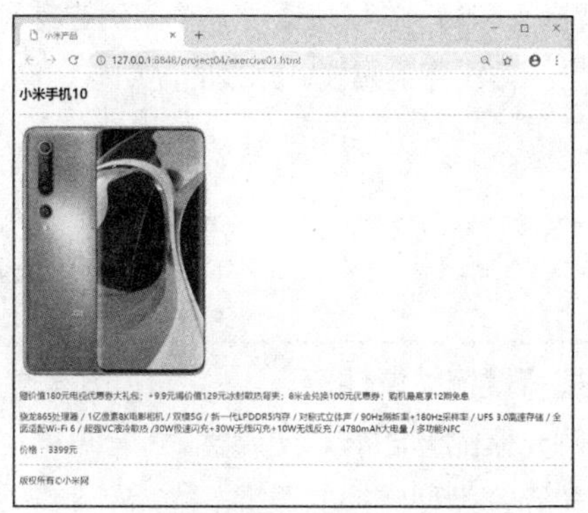

图 4-10　小米产品

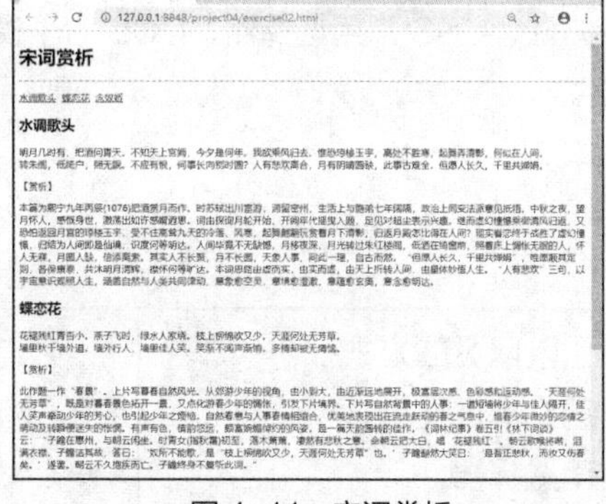

图 4-11　宋词赏析

4-4：实训参考步骤

3. 创意设计：创建个人简介网站，包含主页和 3 个子页面，对自己进行全面介绍。

扩展阅读

HTML5 代码书写规范（扫码观看）

4-5：HTML5 代码书写规范

模块二 使用CSS3美化网页

随着网页技术的发展，网页不仅用于呈现网页内容，如何使网页更美观、给人们带来更多美的享受和视觉冲击，一直是网页设计人员孜孜追求的目标。CSS 的作用就是在网页中定义网页元素的样式，美化网页。目前 CSS 已从 CSS1 发展到 CSS3，本模块介绍的就是 CSS3。本模块通过 8 个案例的实现，介绍 CSS 的基本使用方法、CSS 常用选择器、CSS 盒子模型、CSS 背景属性、元素的浮动与定位、元素类型的转换等内容。

知识目标

- 掌握将 CSS 引入网页的方式。
- 掌握 CSS 常用文本属性。
- 掌握 CSS 常用选择器。
- 理解盒子模型的概念及相关属性。
- 掌握背景相关属性。
- 理解元素的浮动与定位属性。
- 理解元素类型转换的原理。

技能目标

- 能熟练使用盒子布局网页内容。
- 能熟练使用 CSS 美化网页内容。

素质目标

- 在编辑代码中培养认真细致、精益求精的工匠精神。
- 在美化网页中培养欣赏美、感受美的能力。

情景导入

李华通过前面的学习，知道了如何将网页内容呈现到网页上，但他觉得前面的网页做得不够漂亮，譬如页面中的标题没有居中，文字的颜色也是单调的黑色等。总之，他想让网页更美观。这时，就需要 CSS 登场了，CSS 可是有名的“美颜利器”呢！

案例 5　新闻详情网页

使用 HTML 标记创建网页存在很大的局限和不足，如元素的美化、布局网页等。为了制作更美观、大方，易于维护的网站，就需要使用 CSS。CSS 是目前流行的网页表现语言，所谓表现，就是赋予结构化文档内容显示的样式，包括版式、颜色和大小等。也就是说，页面中显示的内容放在结构里，而修饰、美化放在表现里，做到结构与表现分离。这样当页面使用不同的表现时，可以显示不同的外观。本案例介绍使用 HTML5 搭建页面结构，使用 CSS3 完成页面的美化，在知识点中介绍引入 CSS 样式的方法和常用的 CSS 属性等内容。

5.1 案例描述

利用 HTML5 标记搭建页面结构，并使用 CSS3 设置内容样式，制作新闻详情页面，浏览效果如图 5-1 所示。要求如下。

（1）标题采用二级标题，文字颜色为#FF9600，字体采用方正剪纸字体，且文字带有阴影效果，在浏览器中居中显示。

（2）副标题采用微软雅黑字体，大小为 12px，文字颜色为灰色（#666），在浏览器中居中显示。

（3）段落文字采用微软雅黑字体，大小为 14px，文字颜色为黑色，行高为 25px，首行缩进 2 个字符。

（4）图像在浏览器中居中显示。

图 5-1　新闻详情页面

5.2 案例实现

创建并美化新闻详情网页的步骤如下。

1. 案例分析

图 5-1 所示的网页内容由 4 部分构成，分别为标题、副标题、段落文字和图像。标题使用<h2>标记定义，副标题使用<h4>标记定义，段落文字使用<p>标记定义，图像使用<img>标记定义。构建页面结构后，再使用 CSS3 内部样式表

微课 5-1：案例实现

美化网页。

2. 新建项目

在 HBuilderX 中新建项目 project05，设置项目存放位置为 E:/网页设计/源代码，选择模板类型为“基本 HTML 项目”，单击“创建”按钮。将素材图片复制、粘贴到 images 目录中。另外，在项目中再创建一个存放字体文件的目录 font，将字体文件复制、粘贴到该目录中。

3. 在项目中创建网页文件

在 project05 中新建 HTML 文件，设置文件名为 example.html。

4. 搭建页面结构

根据案例分析，使用相应的 HTML 标记来构建网页结构，代码如下。

```
<!DOCTYPE html>
<html>
 <head>
     <meta charset="utf-8">
     <title>新闻详情页面</title>
 </head>
 <body>
     <h2>为梦想拼搏  就是真英雄</h2>
     <h4>人民日报客户端  孙龙飞 2021-07-26  13:36 浏览量 115.6 万</h4>
     <p class="txt">能够走上奥运会的赛场，对每个运动员来说，都是一段充满挑战的艰辛旅程。</p>
     <p class="txt">国际奥委会主席巴赫说：“奥运会的意义是让全世界相聚在一起。”相聚，是为了让人们看到对梦想的坚持，让奥林匹克精神激励更多人。</p>
     <p class="txt">初出茅庐的少年、身经百战的老将，都在用自己的拼搏诠释对梦想的不懈追求与坚守。他们书写的赛场传奇，也将激励更多人不断创造新的奇迹。用出彩人生为祖国添彩！用昂扬志气为民族争气！</p>
     <p class="photo"><img  src="images/aoyunjingshen.jpg" width="400" alt="奥运精神"></p>
 </body>
</html>
```

注意 将图像放入<p>标记内是为了便于设置图像的样式。

5. 定义 CSS 样式

在<head>标记内添加内部样式表，样式表代码如下。

```
<style type="text/css">
     body {
          font-family: "微软雅黑";                 /* 设置字体 */
          font-size: 14px;                         /* 设置字号 */
          color: #000;                             /* 设置文字颜色 */
     }
     @font-face {                                  /* 设置服务器端字体 */
          font-family:jianzhi;
          src: url(font/FZJZJW.TTF);
     }
     h2 {
          color: #FF9600;
          text-align: center;                      /* 设置文本对齐方式 */
          font-family:jianzhi;                     /* 设置字体为方正剪纸字体 */
```

```
        text-shadow:10px 10px 10px #ccc;    /* 设置文字阴影效果 */
    }
    h4 {
        font-size: 12px;
        font-weight: normal;                /* 设置文字为非粗体，即正常字体 */
        text-align: center;
        color: #666;
    }
    .txt {
        text-indent: 2em;                   /* 设置首行缩进 2 个字符 */
        line-height: 25px;                  /* 设置行高 */
    }
    .photo {
        text-align: center;                 /* 设置图像居中对齐 */
    }
</style>
```

6. 保存并浏览网页

网页浏览效果如图 5-1 所示。

微课 5-2：美颜利器-CSS

5.3 相关知识点

串联样式表（Cascading Style Sheets，CSS）是由 W3C 的 CSS 工作组创建和维护的。它是一种不需要编译、可直接由浏览器执行的样式表语言，是用于格式化网页的标准格式。它扩展了 HTML 的功能，使网页设计人员能够以更有效的方式设置网页样式。

CSS 能将样式的定义与 HTML 文件结构分离。对由几百个网页组成的大型网站来说，要使所有的网页样式风格统一，可以定义一个 CSS 文件，让几百个网页都调用这个文件。如果要修改网页样式，只需修改 CSS 文件就可以了。CSS 已经从 CSS1 发展到现在的 CSS3，下面介绍的就是 CSS3。

5.3.1 引入 CSS 样式

微课 5-3：引入 CSS 样式

要想使用 CSS 样式修饰网页，就需要在 HTML 文档中引入 CSS 样式。CSS 主要提供以下 3 种引入方式。

1. 行内式

行内式也称为内联样式，是指通过标记的 style 属性设置元素的样式。其基本语法格式如下。

<标记 style="属性:属性值;属性:属性值;...">内容</标记>

说明 （1）该格式中的 style 是标记的属性，实际上任何 HTML 标记都拥有 style 属性。通过该属性可以设置标记的样式。

（2）属性指的是 CSS 属性，不同于 HTML 标记的属性。属性和属性值书写时不区分大小写，按照书写习惯一般采用小写形式。

（3）属性和属性值用英文状态下的冒号分隔，多个属性必须用英文状态下的分号隔开，最后一个属性值后的分号可以省略。

其中，（2）和（3）对内部样式表和外部样式表同样适用。

例 5-1 在项目 project05 中再新建一个网页文件，使用行内式设置网页内容的样式，将文件保存为 example01.html，代码如下。

```
<!DOCTYPE html>
<html>
 <head>
     <meta charset="utf-8">
     <title>行内式</title>
 </head>
 <body>
     <h2 style="color:#FF9600;text-align:center;">为梦想拼搏 就是真英雄</h2>
 </body>
</html>
```

在例 5-1 的代码中，使用<h2>标记的 style 属性设置标题文字的样式，使标题文字在浏览器中居中显示，文字颜色为橙色。其中，“color”和“text-align”都是 CSS 常用的样式属性，在后文中会详细介绍。

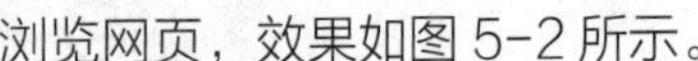
浏览网页，效果如图 5-2 所示。

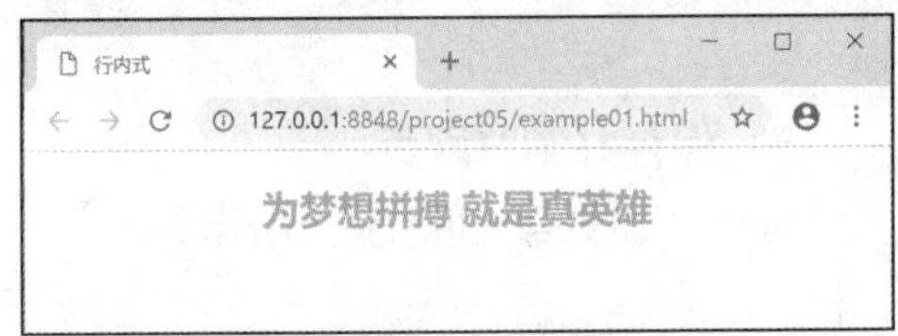

图 5-2 行内式的使用

注意 行内式由于将表现和内容混在一起，不符合 Web 标准，所以很少使用，一般只在需要临时修改某个样式规则时使用。

2. 内部样式表

内部样式表也叫内嵌式，是指将所有 CSS 样式代码写在 HTML 文档的头部标记<head>中，并用<style>标记定义。其语法格式如下。

```
……
<head>
<style type="text/css">
    选择器 1{属性:属性值; 属性:属性值;……}        /* 注释内容 */
    选择器 2{属性:属性值; 属性:属性值;……}
    ……
</style>
</head>
……
```

说明 （1）<style>标记一般位于<head>标记中的<title>标记之后。

（2）选择器用于指定 CSS 样式作用的 HTML 对象，分为标记选择器、类选择器和 ID 选择器等。选择器的详细内容会在案例 6 中介绍。

（3）/*……*/为 CSS 的注释符号，用于说明该行代码的作用。注释内容不会显示在网页上。

在 5.2 节的案例实现中，定义 CSS 样式时就使用了内部样式表的方式。

注意 内部样式表只对其所在的 HTML 页面有效。因此，网站只有一个页面时，使用内部样式表；但如果有多个页面，则应使用外部样式表。

3. 外部样式表

外部样式表是指将所有的 CSS 样式代码放入一个以.css 为扩展名的外部样式表文件中，再通过<link>标记将外部样式表文件链接到 HTML 文件。其语法格式如下。

```
……
<head>
<link href="外部样式表文件路径" rel="stylesheet" type="text/css">
</head>
……
```

说明 （1）<link>标记一般位于<head>标记中的<title>标记之后。

（2）<link>标记中必须指定以下 3 个属性。

① href：定义所链接的外部样式表文件的 URL。

② rel：定义被链接的文件是样式表文件。

③ type：定义所链接文档的类型为 text/css，即 CSS 文档。

例 5-2 在 5.2 节案例实现中，若定义 CSS 样式时使用外部样式表，则创建网页文档及设置样式的步骤如下。

（1）创建 HTML 文档，设置文件名为 example02.html，输入如下代码。

```
<!DOCTYPE html>
<html>
 <head>
     <meta charset="utf-8">
     <title>新闻详情页面</title>
 </head>
 <body>
     <h2>为梦想拼搏 就是真英雄</h2>
     <h4>人民日报客户端 孙龙飞 2021-07-26 13:36 浏览量 115.6 万</h4>
     <p class="txt">能够走上奥运会的赛场，对每个运动员来说，都是一段充满挑战的艰辛旅程。</p>
     <p class="txt">国际奥委会主席巴赫说："奥运会的意义是让全世界相聚在一起。"相聚，是为了让人们看到对梦想的坚持，让奥林匹克精神激励更多人。</p>
     <p class="txt">初出茅庐的少年、身经百战的老将，都在用自己的拼搏诠释对梦想的不懈追求与坚守。他们书写的赛场传奇，也将激励更多人不断创造新的奇迹。用出彩人生为祖国添彩！用昂扬志气为民族争气！</p>
     <p class="photo"><img  src="images/aoyunjingshen.jpg" width="400" alt="奥运精神"></p>
 </body>
</html>
```

（2）创建外部样式表文件。在项目 project05 中选中"css"目录，右击，选择"新建"|"css 文件"命令，在"新建 css 文件"对话框中输入文件名 style.css，单击"创建"按钮，如图 5-3 所示。

（3）在 style.css 文档窗口（见图 5-4）中输入如下 CSS 样式表代码。

```
body {
    font-family: "微软雅黑";                 /* 设置字体 */
    font-size: 14px;                        /* 设置字号 */
    color: #000;                            /* 设置文字颜色 */
}
@font-face {                                /* 设置服务器端字体 */
    font-family: jianzhi;
    src: url(font/FZJZJW.TTF);
```

```
}
h2 {
    color: #FF9600;
    text-align: center;                          /* 设置文本对齐方式 */
    font-family: jianzhi;
    text-shadow: 10px 10px 10px #ccc;           /* 设置文字阴影效果 */
}
h4 {
    font-size: 12px;
    font-weight: normal;                         /* 设置文字为非粗体 */
    text-align: center;
    color: #666;
}
.txt {
    text-indent: 2em;                            /* 设置首行缩进 2 个字符 */
    line-height: 25px;                           /* 设置行高 */
}
.photo {
    text-align: center;                          /* 设置图像居中对齐 */
}
```

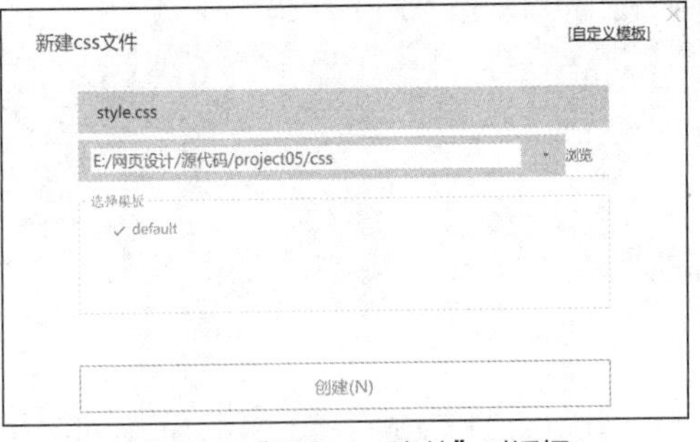

图 5-3 “新建 css 文件”对话框

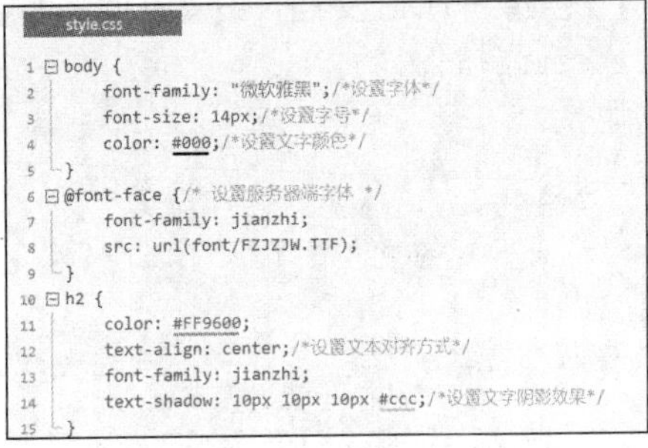

图 5-4 style.css 文档窗口

可以看出，style.css 中的代码实际就是内部样式表中的代码，只是此处输入时一定不要再添加<style>标记，直接输入 CSS 样式表代码即可。

（4）链接 CSS 外部样式表。在 example02.html 文件中的<title>标记后添加<link>标记，并将定义的类样式应用到相应元素上，代码如下。

```
<!DOCTYPE html>
<html>
 <head>
     <meta charset="utf-8">
     <title>新闻详情页面</title>
     <link  href="css/style.css"   rel="stylesheet"   type="text/css" />
 </head>
 <body>
     <h2>为梦想拼搏 就是真英雄</h2>
     ......
 </body>
</html>
```

重新保存 example02.html 文档，浏览网页，效果如图 5-1 所示。

可以看出，使用外部样式表的网页的浏览效果与使用内部样式表的网页的浏览效果是相同的。

> **注意** 链接外部样式表的好处之一是同一个 CSS 样式表可以被多个 HTML 页面使用。因此实际网站制作一般都使用此种方式。该种方式实现了结构与表现的分离，使得网页的前期制作和后期维护都十分方便。

此外，外部样式表文件还可以以导入式与 HTML 文件发生关联。但导入式会造成不好的用户体验，因此对于网站设计人员来说，最好采用链接外部样式表来美化网页。

5.3.2 CSS 常用文本属性

微课 5-4：CSS 常用文本属性

在 5.2 节案例实现中，为了控制文本显示的样式，使用了诸如“color”“font-size”等许多 CSS 文本属性，下面对这些属性进行详细介绍。

CSS 常用文本属性如表 5-1 所示。

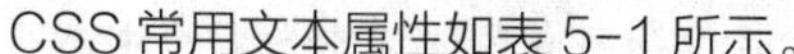

表 5-1 CSS 常用文本属性

属性	说明
font-family	设置字体
font-size	设置字号
font-weight	设置字体的粗细
font-style	设置字体的倾斜
@font-face	设置服务器端字体，是 CSS3 新增属性
text-decoration	设置文本是否添加下画线、删除线等
color	设置文本颜色
text-align	设置文本的水平对齐方式
text-indent	设置段落的首行缩进
line-height	设置行高
text-shadow	设置文字的阴影效果，是 CSS3 新增属性
text-overflow	设置元素内溢出文本的处理方法，是 CSS3 新增属性

下面详细介绍表 5-1 中的每个属性。

1. font-family

font-family 属性用于设置字体。网页中常用的字体有宋体、微软雅黑、黑体等。例如：

```
p{font-family:"微软雅黑";}
```

可以同时指定多个字体，以逗号隔开，表示如果浏览器不支持第一个字体，则尝试下一个，直到找到合适的字体。例如：

```
body{font-family:"微软雅黑","宋体","黑体";}
```

应用上面的字体样式时，会首选微软雅黑；如果用户计算机中没有安装该字体，则选择宋体；如果也没有安装宋体，则选择黑体。当指定的字体都没有安装时，就会使用浏览器默认的字体。

注意 （1）各种字体名必须使用英文状态下的逗号隔开。

（2）中文字体名需要加英文状态下的引号，英文字体名一般不需要加引号。当需要设置英文字体时，英文字体名必须位于中文字体名之前。

（3）如果字体名中包含空格、#、$等符号，则该字体必须加英文状态下的单引号或双引号，例如：

```
p{font-family: "Times New Roman";}
```

（4）尽量使用系统默认字体，以保证文本在任何用户的浏览器中都能正确显示。

2. font-size

font-size 属性用于设置文字大小，一般以 px 为单位。例如：

```
p{font-size:12px;}
```

注意 适用于显示网页正文的文字大小一般为 12px 左右。对于标题或其他需要强调的地方可以适当设置较大的文字。页脚和辅助信息可以用小一些的文字。

3. font-weight

font-weight 属性用于定义文字的粗细，其常用的属性值为 normal 和 bold，分别表示正常显示和粗体显示。

例如：

```
p{font-weight:bold;}              /* 设置段落文本为粗体显示 */
h2{font-weight:normal;}           /* 设置标题文本为正常显示 */
```

4. font-style

font-style 属性用于定义字体风格，如设置标准、斜体或倾斜的字体样式，其可用属性值如下。

（1）normal：默认值，浏览器会显示标准的字体样式。

（2）italic：浏览器会显示斜体的字体样式。

（3）oblique：浏览器会显示倾斜的字体样式。

例如：

```
p{font-style:italic;}             /* 设置段落文本为斜体显示 */
h2{font-style:oblique;}           /* 设置标题文本为倾斜显示 */
```

注意 italic 和 oblique 都用于设置向右倾斜的文字，但区别在于 italic 用于设置斜体字，而 oblique 用于设置倾斜的文字，对于没有斜体的字体，应该使用 oblique 属性值来实现倾斜的文字效果。

5. @font-face

@font-face 属性是 CSS3 新增属性，用于定义服务器端字体。通过该属性，设计人员可以在网页中使用任何字体，而不管用户计算机是否安装这些字体。

定义服务器端字体的基本语法格式如下。

```
@font-face{
     font-family:字体名称;
```

```
    src:字体文件路径;
}
```

说明 font-family 用于指定服务器端字体的名称，该名称由设计人员自定义；src 属性用于指定相应字体文件的路径。

5.2 节案例实现对标题 h2 的字体样式就使用了服务器端字体，并将字体应用到 h2 元素上。使用服务器端字体的步骤如下。

（1）下载字体，并存储到网站相应的文件夹中。

（2）使用@font-face 属性定义服务器端字体。

（3）对网页中的元素应用 font-family 样式。

6. text-decoration

text-decoration 属性用于设置文本的下画线、上画线、删除线等装饰效果，其可用属性值如下。

（1）none：没有装饰（正常文本默认值）。

（2）underline：下画线。

（3）overline：上画线。

（4）line-through：删除线。

例如：

```
a{text-decoration:none;}                        /* 设置超链接文字不显示下画线 */
a:hover{ text-decoration:underline;}  /* 设置鼠标指针悬停在超链接文字上时显示下画线 */
```

7. color

color 属性用于定义文本的颜色，其常用的表示方式有以下 4 种。

（1）以预定义的颜色值表示，如 black、olive、teal、red、green、blue、maroon、navy、gray、lime、fuchsia、white、purple、silver、yellow、aqua 等。

（2）以十六进制数表示。采用#RRGGBB 的形式，RR 表示红色的分量值，GG 表示绿色的分量值，BB 表示蓝色的分量值，每组分量值的取值范围为 00～FF，如#FF0000、#FF6600、#29D794 等。以十六进制数表示是最常用的定义颜色的方式。如果每组十六进制数的两位数相同，则可以每组用一位数表示。例如，#FF0000 可以表示为#F00。

（3）以 rgb 函数表示。例如，红色可以表示为 rgb(255,0,0)或 rgb(100%,0%,0%)。

例如，下面的 3 行代码都可以设置标题颜色为红色。

```
h1{color:#F00;}
h2{color:red;}
h3{color:rgb(255,0,0);}
```

（4）以 rgba 函数表示。rgba 函数在 rgb 函数的基础上增加了控制 alpha 不透明度的参数，不透明度的取值范围为 0～1。

例如：

```
h3{color:rgba(255,0,0,0.5);}
```

表示 h3 标题文字采用半透明的红色。

8. text-align

text-align 属性用于设置文本内容的水平对齐方式，其可用属性值如下。

（1）left：左对齐（默认值）。

（2）right：右对齐。

（3）center：居中对齐。

（4）justify：两端对齐。

例如：

```
h1{text-align:center;}
```

9. text-indent

text-indent 属性用于设置首行文本的缩进，其属性值可为不同单位的数值，一般建议使用 em（1em 等于一个中文字符的宽度）作为设置单位。例如：

```
p{text-indent:2em;}        /* 设置段落首行缩进 2 个中文字符 */
```

10. line-height

段落中两行文字之间的垂直距离称为行高。在 HTML 中是无法控制行高的，在 CSS 中，line-height 属性用于控制行与行的垂直间距，其属性值一般以 px 为单位。例如：

```
p{line-height:25px;}       /* 设置行高为 25px */
```

11. text-shadow

text-shadow 属性用于设置文本的阴影效果，其常用语法格式如下。

```
选择器{text-shadow:水平阴影距离 垂直阴影距离 模糊半径 阴影颜色;}
```

说明 阴影距离可以是正值，也可以是负值，正、负值表示阴影的方向不同。

12. text-overflow

text-overflow 属性用于设置元素内文本溢出时如何处理，其基本语法格式如下。

```
选择器{text-overflow:clip|ellipsis;}
```

说明 （1）clip：修剪元素内溢出的文本，使溢出的文本不显示，也不显示省略标记“...”。

（2）ellipsis：在元素文本末尾用省略标记“...”标示被修剪的文本。

例 5-3 在项目 project05 中再新建一个网页文件，使用属性 text-overflow 设置溢出的文本的处理方法，将文件保存为 example03.html。代码如下。

```
<!DOCTYPE html>
<html>
 <head>
     <meta charset="utf-8">
     <title>text-overflow 属性</title>
     <style type="text/css">
          p {
               width: 400px;                        /* 设置元素的宽度 */
               height: 100px;                       /* 设置元素的高度 */
               border: 1px solid #000;              /* 设置元素的边框 */
               white-space: nowrap;                 /* 设置元素内文本不能换行 */
               overflow: hidden;                    /* 将溢出内容隐藏 */
               text-overflow: ellipsis;             /* 用省略标记标示被修剪的文本 */
```

```
            }
        </style>
    </head>
    <body>
        <p>我如果爱你,绝不像攀援的凌霄花，借你的高枝炫耀自己;我如果爱你,绝不学痴情的鸟儿，为绿荫重复单调的歌曲。 </p>
    </body>
</html>
```

浏览网页，效果如图 5-5 所示。

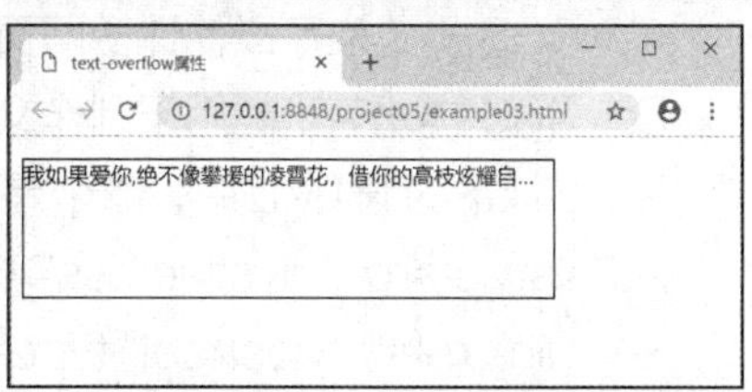

图 5-5　用省略标记标示被修剪的文本

从例 5-3 可以看出，使用 text-overflow 属性设置用省略标记标示被修剪的文本的步骤如下。

（1）为包含文本的元素定义宽度。

（2）设置元素的 white-space 属性值为 nowrap，强制文本不能换行。

（3）设置元素的 overflow 属性值为 hidden，使溢出文本隐藏。

（4）设置 text-overflow 属性值为 ellipsis，显示省略标记。

案例小结

本案例介绍了创建和美化新闻详情网页，在知识点中介绍了 CSS 的 3 种引入方式和常用的 CSS 文本属性，综合利用 CSS 的文本属性可以设置网页中文本元素的样式。

习题与实训

一、单项选择题

1. CSS 的中文全称为（　　）。

A. 样式表　　B. 样式表标记语言　　C. 瀑布样式表　　D. 串联样式表

2. 如何为所有的 <h1> 标记定义的内容添加背景颜色？（　　）

A. h1.all {background-color:#FFFFFF}　　B. h1 {background-color:#FFFFFF}

C. all.h1 {background-color:#FFFFFF}　　D. h1.{background-color:#FFFFFF}

3. 链接外部样式表的最大优势在于（　　）。

A. CSS 代码与 HTML 代码完全分离　　B. CSS 写在<head>与</head>之间

C. 直接对 HTML 标记使用 style 属性　　D. 采用 import 方式导入样式表

4. 下面不属于 CSS 的引入形式的是（　　）。

A. 索引式　　B. 行内式　　C. 嵌入式　　D. 外部式

5. 在 HTML 文档中，引用外部样式表的正确位置是（　　）。

A. 文档的末尾　　B. 文档的顶部　　C. <body> 标记中　　D. <head> 标记中

6. 下列哪个选项的 CSS 语法是正确的？（　　）

A. body:color=black　　B. {body:color=black(body)

C. body {color: black}　　D. {body;color:black}

7. 在以下的 CSS 中，可使所有 <p> 标记定义的内容变为粗体的正确语法是（　　）。

A. <p style="font-size:bold">　　B. <p style="text-size:bold">

C. p {font-weight:bold}　　D. p {text-size:bold}

8. 下面说法错误的是（　　）。

A. CSS 样式表可以将格式和结构分离

B. CSS 样式表可以控制页面的布局

C. CSS 样式表可以使许多网页同时更新

D. CSS 样式表不能用于制作文件更小、下载速度更快的网页

9. 在以下的 HTML 中，哪个是正确引用外部样式表的方法？（　　）

A. <style src="mystyle.css">

B. <link rel="stylesheet" type="text/css" href="mystyle.css">

C. <stylesheet>mystyle.css</stylesheet>

D. Colorful Style Sheets

二、判断题

1. 在编写 CSS 代码时，为了提高代码的可读性，通常需要加 CSS 注释语句。（　　）

2. 内部样式表是将 CSS 代码集中写在 HTML 文档的<head>标记中，并用<style>标记定义。（　　）

3. 内部样式表中的 CSS 样式对网站中的所有 HTML 页面都有效。（　　）

4. 外部样式表是使用频率最高，也是最实用的 CSS 样式表，它将 HTML 代码与 CSS 代码分离为两个或多个文件，实现了结构和表现的完全分离。（　　）

5. 链接外部样式表时，一个 HTML 页面只能引入一个样式表。（　　）

6. 在<head>标记中使用<link>标记可引用外部样式表文件，一个页面只允许使用一个<link>标记引用外部样式表文件。（　　）

7. RGBA 是 CSS3 新增的颜色模式，它是 RGB 颜色模式的延伸，该模式在红、绿、蓝三原色的基础上添加了不透明度参数。（　　）

三、实训练习

创建电影介绍页面，效果如图 5-6 所示。网页中的标题文字为“《肖申克的救赎》电影介绍”，标题为一级标题、居中、蓝色（#0328ff），段落文字为微软雅黑字体、深灰色（#333）、14px。

图 5-6　电影介绍

案例 6　百度搜索结果网页

在前面的案例 5 中，我们使用 CSS 对新闻详情网页进行了美化，用到了 CSS 选择器。本案例进一步介绍 CSS 选择器，在知识点中介绍 CSS 常用选择器和 CSS 的高级特性等内容。

6.1　案例描述

创建百度搜索结果网页，利用 HTML5 标记搭建页面结构，使用 CSS3 定义内容样式，浏览效果如图 6-1 所示。要求如下。

（1）页面字体采用微软雅黑、14px，文字颜色为深灰色（#333）。

（2）标题采用二级标题、18px，文字颜色为红色（#D52D2D）和蓝色（#2525D3），鼠标指针移动到标题上时变成小手形状。

（3）段落文字中的“CSS”字样为红色（#D52D2D）。

（4）网址文字为 12px、浅灰色（#808080），鼠标指针移动到超链接上时变成小手形状。

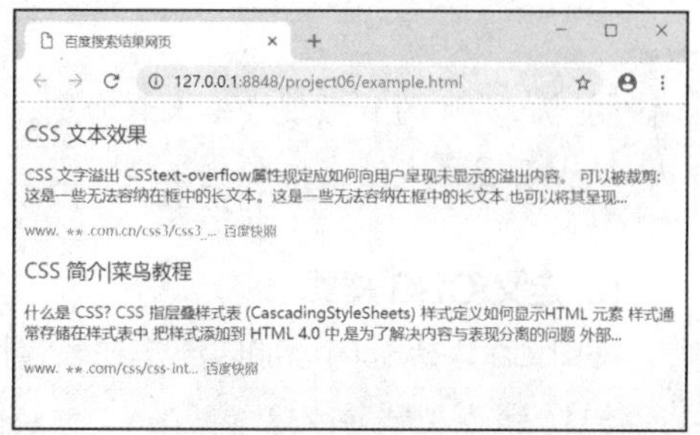

图 6-1　百度搜索结果网页

6.2　案例实现

创建百度搜索结果页面的步骤如下。

微课 6-1：案例实现

1. 案例分析

图 6-1 所示的网页内容由 2 部分构成，每部分又分为标题、段落文字和网址。标题使用<h2>标记定义，由于标题的文字颜色为红色和蓝色，需要为标题中的蓝色部分添加<em>标记，以便于设置颜色。对段落文字中的红色部分也需要添加<em>标记，网址部分也需要单独定义样式。

2. 新建项目

在 HBuilderX 中新建项目 project06，设置项目存放位置为 E:/网页设计/源代码，选择模板类型为“基本 HTML 项目”，单击“创建”按钮。

3. 在项目中创建网页文件

在 project06 中新建 HTML 文件，设置文件名为 example.html。

4. 搭建页面结构

根据案例分析，使用相应的 HTML 标记来构建网页结构，代码如下。

```
<!DOCTYPE html>
<html>
 <head>
     <meta charset="utf-8" />
     <title>百度搜索结果网页</title>
 </head>
```

```
    <body>
        <h2>CSS <em>文本效果</em></h2>
        <p><em>CSS</em> 文字溢出 <em>CSS</em>text-overflow 属性规定应如何向用户呈现未显示的溢出内容。 可以被裁剪：这是一些无法容纳在框中的长文本。这是一些无法容纳在框中的长文本，也可以将其呈现...</p>
        <p class="gray"> www.***.com.cn/css3/css3_...  百度快照</p>
        <h2>CSS <em>简介|菜鸟教程</em></h2>
        <p>什么是 <em>CSS</em>? <em>CSS</em> 指层叠样式表 (CascadingStyleSheets)。定义如何显示 HTML 元素，样式通常存储在样式表中。把样式添加到 HTML 4.0 中，是为了解决内容与表现分离的问题 外部...</p>
        <p class="gray">…</p>www.***.com/css/css-int...  百度快照</p>
    </body>
</html>
```

说明 在实际的百度搜索结果页面中，标题和网址部分是添加了超链接的文字，此处为了方便设置样式没有添加超链接。

5. 定义 CSS 样式

在<head>标记内添加内部样式表，样式表代码如下。

```
<style type="text/css">
    body {
        font-family: "微软雅黑";            /* 设置字体 */
        font-size: 14px;                    /* 设置文字大小 */
        color: #333;                        /* 设置文字颜色 */
    }
    h2 {                                    /* 设置标题的样式 */
        font-size: 18px;
        color: #D52D2D;                     /* 设置文字为红色 */
        font-weight: normal;                /* 设置文本不加粗 */
        cursor: pointer;                    /* 设置鼠标指针为小手形状 */
    }
    h2  em {                                /* 设置标题中蓝色文字的样式 */
        color: #2525D3;                     /* 设置文字为蓝色 */
        font-style: normal;                 /* 设置文本不是斜体 */
    }
    p  em {                                 /* 设置段落文字中红色部分的样式 */
        color: #D52D2D;                     /* 设置文字为红色 */
        font-style: normal;                 /* 设置文本不是斜体 */
    }
    .gray {                                 /* 设置网址部分的样式 */
        color: #808080;                     /* 设置文字为浅灰色 */
        font-size: 12px;
        cursor: pointer;                    /* 设置鼠标指针为小手形状 */
    }
</style>
```

6. 保存并浏览网页

网页浏览效果如图 6-1 所示。

6.3 相关知识点

6.2 节案例实现中用到了标记选择器、类选择器和后代选择器等，下面对 CSS 常用选择器和 CSS 高级特性等知识进行详细介绍。

6.3.1 CSS 常用选择器

微课 6-2：CSS 常用选择器

书写 CSS 样式代码时要用到选择器。选择器用于指定 CSS 样式作用的 HTML 对象。下面介绍 CSS 的常用选择器。

1. 标记选择器

标记选择器是指用 HTML 标记名称作为选择器，用于为页面中使用该类标记定义的内容指定统一的 CSS 样式。其语法格式如下。

```
标记名称{属性:属性值; 属性:属性值;...}
```

说明  所有的 HTML 标记名称都可以作为标记选择器，如 body、h1~h6、p、ul、li、em、strong 等。标记选择器定义的样式能自动应用到网页中的相应元素上。

例如，使用 p 选择器定义 HTML 页面中所有段落的样式，代码如下。

```
p{
      font-size:12px;                    /* 设置文字大小 */
      color:#666;                        /* 设置文字颜色 */
      font-family:"微软雅黑";             /* 设置字体 */
}
```

对于有一定基础的 Web 设计人员，可以将上述代码改写成如下格式，其作用完全一样。

```
p{font-size:12px;color:#666;font-family:"微软雅黑";}
```

注意  标记选择器的优点之一是能快速统一页面中同类型标记的样式，同时这也是它的缺点，不能设计差异化样式。

2. 类选择器

类选择器指定的样式可以被网页上的多个标记元素选用。类选择器以“.”开始，其后跟类名称。其语法格式如下。

```
.类名称{属性:属性值; 属性:属性值;...}
```

说明  （1）使用类选择器定义的 CSS 样式，需要设置元素的 class 属性值为其指定样式。
（2）类选择器的优势之一是可以为元素定义相同或单独的样式。

在 6.2 节案例实现中定义的.gray 就是类选择器，代码如下。

```
.gray {                          /* 设置网址部分的样式 */
      color: #808080;            /* 设置文字为浅灰色 */
      font-size: 12px;
```

```
        cursor: pointer;    /* 设置鼠标指针为小手形状 */
    }
```

在网页文档中，对网址所在的段落要使用 class 属性来应用样式，代码如下。

```
<p class="gray">www.runo**.com/css/css-int...  百度快照</p>
```

若网页中的其他段落也使用该样式，则同样设置 class 属性为该样式即可。

注意 （1）多个标记可以使用同一个类名称，为不同的标记指定相同的样式。

（2）类名称的第一个字符不能使用数字，并且严格区分大小写，一般采用小写英文字母表示。

3. ID 选择器

ID 选择器用于为某个元素定义单独的样式。ID 选择器以“#”开始。其语法格式如下。

#ID 名称{属性:属性值; 属性:属性值;...}

说明 （1）ID 名称即 HTML 元素的 ID 属性值，ID 名称在一个文档中是唯一的，只对应于页面中的某一个具体元素。

（2）ID 选择器定义的样式能自动应用到网页中的某一个元素上。

（3）ID 选择器常用于在 DIV 布局时给页面上的块定义样式。DIV 布局的内容会在案例 7 中详细讲解。

例 6-1 在项目 project06 中再新建一个网页文件，使用 ID 选择器定义网页元素的样式，将文件保存为 example01.html。代码如下。

```
<!DOCTYPE html>
<html>
 <head>
     <meta charset="utf-8">
     <title>ID 选择器</title>
     <style type="text/css">
          #header {                          /* ID 选择器，设置头部的样式 */
               width: 800px;
               height: 100px;
               background-color: #9FF;
               text-align: center;
          }
          #nav {                             /* ID 选择器，设置导航的样式 */
               width: 800px;
               height: 40px;
               background-color: #F90;
               text-align: center;
          }
     </style>
 </head>
 <body>
     <div id="header">这是头部</div>
     <div id="nav">这是导航</div>
```

```
</body>
</html>
```

在例 6-1 中，在网页中定义了两个块，其 ID 名称分别为 header 和 nav，通过选择器#header 和#nav 分别为其设置了块的宽度、高度、背景颜色和文本对齐方式等样式。

浏览网页，效果如图 6-2 所示。

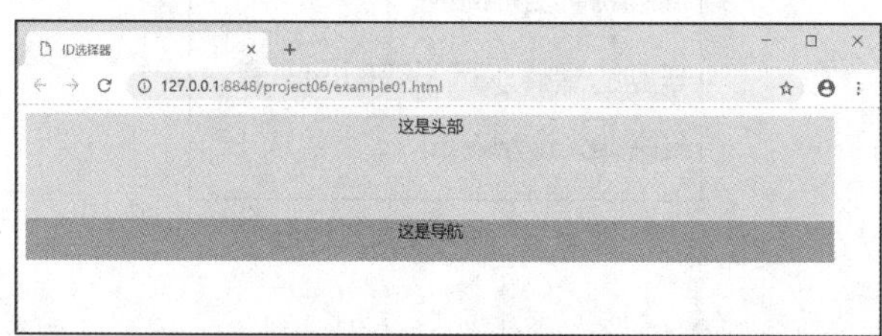

图 6-2　ID 选择器

4. 交集选择器

交集选择器由两个选择器构成，第一个是标记选择器，第二个是类选择器。两个选择器之间不能有空格。其语法格式如下。

标记名称.类名称{属性:属性值; 属性:属性值;...}

例 6-2　在项目 project06 中再新建一个网页文件，使用交集选择器定义网页元素的样式，将文件保存为 example02.html。代码如下。

```
<!DOCTYPE html>
<html>
 <head>
     <meta charset="utf-8">
     <title>交集选择器</title>
     <style type="text/css">
          p {
               color: red;
          }
          .special {
               color: green;
          }
          p.special {              /* 交集选择器 */
               font-size: 40px;
          }
     </style>
 </head>
 <body>
     <p>辛勤的蜜蜂永远没有时间悲哀</p>
     <h2>辛勤的蜜蜂永远没有时间悲哀</h2>
     <p class="special">辛勤的蜜蜂永远没有时间悲哀</p>
     <h2 class="special">辛勤的蜜蜂永远没有时间悲哀</h2>
 </body>
</html>
```

在例 6-2 中定义了 p 标记选择器，也定义了.special 类选择器，此外还单独定义了 p.special 交集选择器，用于定义特殊的样式。p.special 定义的样式仅适用于“<p class="special">辛勤的蜜蜂永远没有时间悲哀</p>”这一行文本，而不会影响使用.special 类选择器的<h2>标记定义的文本。

浏览网页，效果如图 6-3 所示。

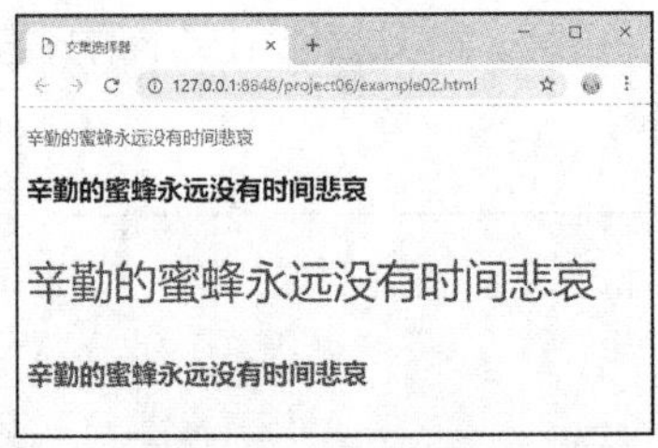

图 6-3　使用交集选择器

注意

交集选择器是为了简化样式表代码的编写而采用的选择器。初学者如果不能熟练应用此选择器，则完全可以创建一个类选择器来代替交集选择器。

5. 并集选择器

并集选择器由各个选择器通过逗号连接而成，任何形式的选择器（标记选择器、类选择器、ID 选择器等）都可以作为并集选择器的一部分。如果某些选择器定义的样式完全相同或部分相同，就可以利用并集选择器为它们定义相同的 CSS 样式。

例 6-3　在项目 project06 中再新建一个网页文件，页面中有 2 个标题和 3 个段落，设置样式使它们的字号和颜色都相同，将文件保存为 example03.html。代码如下。

```
<!DOCTYPE html>
<html>
 <head>
     <meta charset="utf-8">
     <title>并集选择器</title>
     <style type="text/css">
          h1,h2,p {                           /* 并集选择器 */
               font-size: 24px;
               color: blue;
          }
     </style>
 </head>
 <body>
     <h1>时间都去哪儿了</h1>
     <h2>门前老树长新芽</h2>
     <p>院里枯木又开花</p>
     <p>半生存了好多话</p>
     <p>藏进了满头白发</p>
 </body>
</html>
```

浏览网页，效果如图 6-4 所示。

注意

使用并集选择器定义样式与使用各个选择器分别定义样式的效果相同，但并集选择器的样式代码更简洁。

6. 后代选择器

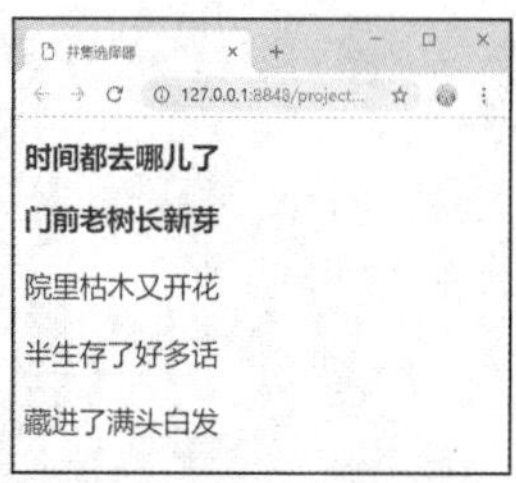

图 6-4 使用并集选择器

后代选择器也叫包含选择器，用于控制容器对象中的子对象，使其他容器对象中的同名子对象不受影响。

书写后代选择器时将容器对象写在前面，子对象写在后面，中间用空格分隔。若容器对象有多层，则分层依次书写。

在 6.2 节案例实现中定义的 h2 em{}和 p em{}就是后代选择器，代码如下。

```
h2  em {                        /* 后代选择器，中间用空格分隔 */
     color: #2525D3;            /* 设置文字为蓝色 */
     font-style: normal;        /* 设置文本不是斜体 */
 }
 p  em {                        /* 后代选择器，中间用空格分隔 */
     color: #D52D2D;            /* 设置文字为红色 */
     font-style: normal;        /* 设置文本不是斜体 */
 }
```

h2 em{}定义的样式仅适用于嵌套在<h2>标记中的<em>标记定义的文本，同样地，p em{}定义的样式仅适用于嵌套在<p>标记中的<em>标记定义的文本。

7. 通配符选择器

通配符选择器用“*”表示，它是所有选择器中作用范围最广的，能匹配页面中的所有元素。其基本语法格式如下。

```
*{属性:属性值; 属性:属性值;...}
```

例如，设置页面中所有元素的外边距属性和内边距属性，代码如下。

```
*{margin:0; padding:0;}
```

注意 在实际网页开发中不建议使用通配符选择器，因为它设置的样式对所有的 HTML 标记都生效，不管标记是否需要相应样式，这样会降低代码的执行速度。

6.3.2 CSS 的高级特性

CSS 的高级特性是指 CSS 的层叠性、继承性和优先级等。网页设计人员应深刻理解这些特性。

微课 6-3：CSS 的高级特性

1. 层叠性

层叠性是指多种 CSS 样式的叠加。例如，当使用内嵌式 CSS 样式定义<p>标记文字大小为 12px，使用外部样式表定义<p>标记颜色为红色，那么段落文本将显示为 12px、红色，即这两种样式产生了叠加。

例 6-4 在项目 project06 中再新建一个网页文件，在页面中添加 4 行文字并设置样式，将文件保存为 example04.html。代码如下。

```
<!DOCTYPE html>
<html>
 <head>
     <meta charset="utf-8">
     <title>CSS 层叠性</title>
```

```
        <style type="text/css">
            p {
                font-size: 12px;
                font-family: "微软雅黑";
            }
            .special {
                font-size: 18px;
            }
            #one {
                color: red;
            }
        </style>
    </head>
    <body>
        <p class="special" id="one">听妈妈的话</p>
        <p>别让她受伤</p>
        <p>想快快长大</p>
        <p>才能保护她</p>
    </body>
</html>
```

浏览网页，效果如图 6-5 所示。

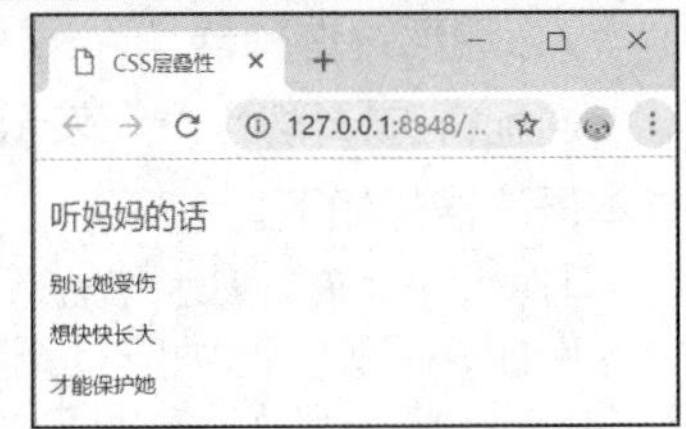

图 6-5　CSS 层叠性

从图 6-5 可以看出，第一行文本应用了标记选择器 p、类选择器.special 和 ID 选择器#one 定义的样式，显示为微软雅黑、18px 和红色，即 3 个选择器定义的样式进行了叠加。第二到第四行文本只应用了选择器 p 定义的样式。

注意　这里第一行文本显示的文字大小是 18px，这是因为类选择器的优先级高于标记选择器。

2. 继承性

继承性是指书写 CSS 样式表代码时，子标记会继承父标记的某些样式，如文本颜色和字号等。例如，定义页面主体标记<body>的文本颜色为黑色，那么页面中所有的文本都将显示为黑色，这是因为其他标记都是<body>标记的子标记。

恰当使用继承可以简化代码，降低 CSS 样式的复杂性。但是，如果网页中的所有元素都大量继承样式，判断样式的来源就会很困难，所以对于字体、文本属性等网页中通用的样式可以使用继承。例如，字体、字号和颜色等可以在<body>标记中统一设置，然后通过继承影响文档中的所有文本。

并不是所有的 CSS 属性都可以继承，譬如边框属性、外边距属性、内边距属性、背景属性、定位属性、布局属性、元素宽高属性等属性就不能继承。

注意　当为<body>标记设置字号属性时，标题文本不会采用相应样式，因为标题标记<h1>~<h6>有默认的字号样式。

3. 优先级

定义 CSS 样式时，经常出现两个或更多规则应用在同一元素上的情形，这时就会出现优先级问题。通常，对同一个元素应用选择器样式的优先级是 ID 选择器>类选择器>标记选择器。下面举例说明。

例 6-5 在项目 project06 中再新建一个网页文件，在页面中添加一行文字并设置样式，将文件保存为 example05.html。代码如下。

```
<!DOCTYPE html>
<html>
 <head>
     <meta charset="utf-8">
     <title>CSS 优先级</title>
     <style type="text/css">
          p{color:red;}
          .blue{clor:blue;}
          #p1{color:green;}
     </style>
 </head>
 <body>
     <p id="p1"  class="blue">我显示什么颜色呢？</p>
 </body>
</html>
```

浏览网页，效果如图 6-6 所示。

可以看到，文字显示 ID 选择器#p1 定义的样式，即显示为绿色。

另外，若对同一个元素在行内式中、内部样式表中或在外部样式表中定义了相同的选择器的样式，则此时的优先级为行内式>内部样式表>外部样式表，也就是越接近目标元素的样式优先级越高，即满足就近原则，读者可自行练习。

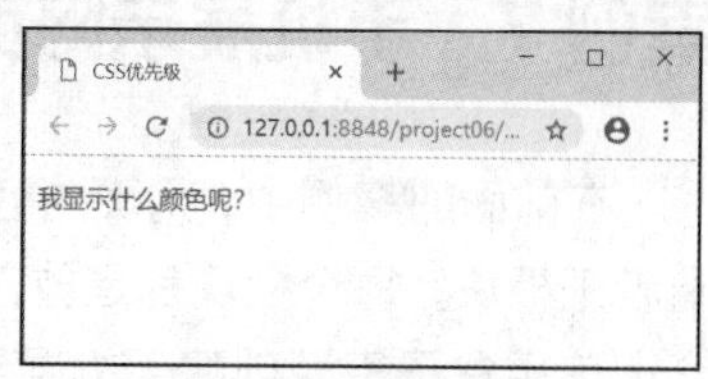

图 6-6 CSS 优先级

案例小结

本案例介绍了创建百度搜索结果页面，通过该案例介绍了复杂样式的设置方法。在知识点中介绍了 CSS 的常用选择器及 CSS 的层叠性、继承性和优先级等。

习题与实训

一、单项选择题

1. 不属于 CSS 选择器的是（　　）。

A. 对象选择器　　B. 超文本标记选择器　　C. ID 选择器　　D. 类选择器

2. 在 CSS 中，以下哪项表示类选择器？（　　）

A. #div　　B. .div　　C. ^div　　D. &div

3. 下列选项中，属于交集选择器书写方式的是（　　）。

A. h1.txt{}　　B. h1,h2,p{}　　C. p,strong{}　　D. p strong{}

4. 下列选项中，属于并集选择器书写方式的是（　　）。

A. h1 p{}　　B. h1_p{}　　C. h1,p{}　　D. h1-p{}

5. 页面上的<div>标记的 HTML 代码为<div id="box" class="red">文字</div>,为其设置 CSS 样式如下。

```
#box{ color:blue; }
.red{ color:red; }
```

那么，文字将显示为（　　）。

A. 红色　　B. 蓝色　　C. 黑色　　D. 白色

二、判断题

1. ID 选择器使用“#”进行标识，后面紧跟 ID 名称。（　　）

2. 通配符选择器设置的样式对所有的 HTML 标记都生效，不管标记是否需要相应样式，这样会降低代码的执行速度。（　　）

三、实训练习

将在案例 4 实训练习中创建的个人简介网站使用 CSS 外部样式表对每个页面进行美化，使各个页面风格统一、美观大方。

案例 7　手机展示网页

在前面的案例中，网页内容都是在整个浏览器页面上显示的，实际上网站开发时，一个网页有若干板块，每个板块都是放在盒子中来显示的，这里的盒子就是 CSS 中的盒子模型。本案例介绍使用盒子模型创建手机展示页面，在知识点中介绍盒子模型的概念及盒子模型的相关属性等内容。

7.1 案例描述

创建手机展示网页，将手机图片和文字放入一个盒子中，并使用 CSS 设置盒子的样式，浏览效果如图 7-1 所示。要求如下。

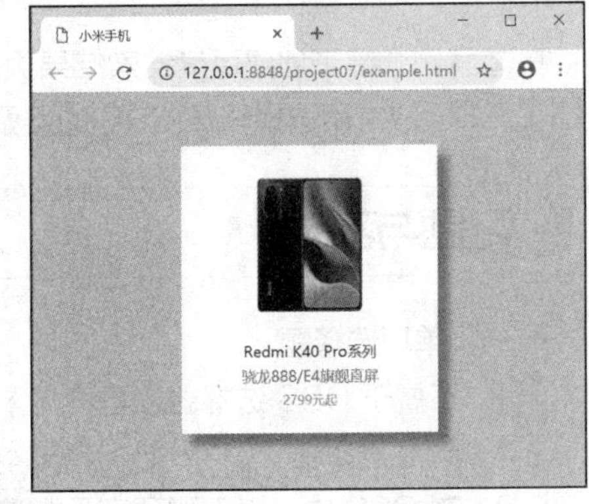

图 7-1　手机展示网页

（1）盒子的宽度为 245px，高度为 265px，背景为白色，盒子有阴影效果，在浏览器中居中显示。

（2）文本第一行文字字体采用微软雅黑、14px，文字颜色为深灰色（#333）。

（3）文本第二行文字字体采用微软雅黑、14px，文字颜色为灰色（#808080）。

（4）文本第三行文字字体采用微软雅黑、12px，文字颜色为橙色（#ff6700）。

7.2 案例实现

创建手机展示页面的步骤如下。

微课 7-1：案例实现

1. 案例分析

图 7-1 所示的网页内容是放在一个盒子中的，首先要用<div>标记定义一个盒子，在盒子中再使用<img>标记定义图像，使用标题标记<h3>和<p>定义文字，最后设置盒子和盒子中内容的样式。

2. 新建项目

在 HBuilderX 中新建项目 project07，设置项目存放位置为 E:/网页设计/源代码，选择模板类型为“基本 HTML 项目”，单击“创建”按钮。将素材图片复制、粘贴到 images 目录中。

3. 在项目中创建网页文件

在 project07 中新建 HTML 文件，设置文件名为 example.html。

4. 搭建页面结构

根据案例分析，使用相应的 HTML 标记来构建网页结构，代码如下。

```
<!DOCTYPE html>
<html>
 <head>
     <meta charset="utf-8" />
     <title>小米手机</title>
 </head>
 <body>
     <div class="box">
             <p><img src="images/mi1.jpg"  width="100"  alt="mobile"></p>
             <h3 class="title">Redmi K40 Pro 系列</h3>
             <p class="desc">骁龙 888/E4 旗舰直屏</p>
             <p class="price">2799 元起</p>
     </div>
 </body>
</html>
```

说明 在上述结构代码中，在<div>、<h3>、<p>等标记中添加 class 属性，是为了设置相应元素的样式。

5. 定义 CSS 样式

在<head>标记内添加内部样式表，样式表代码如下。

```
<style type="text/css">
    body,p,img {
        margin: 0;                              /* 外边距为 0 */
        padding: 0;                             /* 内边距为 0 */
        border: 0;                              /* 去掉边框 */
    }
    body {
        font-family: "微软雅黑", Arial, Helvetica, sans-serif;
        font-size: 12px;
```

```
            color: #333;
            background-color: #ccc;                /* 背景颜色 */
        }
        .box{                                      /* 盒子的样式 */
            width:245px;                           /* 宽度 */
            height:265px;                          /* 高度 */
            background-color:#fff;                 /* 背景颜色 */
            margin:50px auto;                      /* 设置外边距，使盒子在浏览器中居中 */
            text-align:center;                     /* 居中对齐 */
            padding-top:30px;                      /* 上内边距 */
            box-sizing: border-box;                /* 盒子宽度包括内边距和边框 */
           box-shadow:10px 10px 10px #808080;      /* 添加阴影 */
        }
        .box  .title{                              /* 盒子中第一行文字的样式 */
            padding-top: 10px;                     /* 上内边距 */
            font-size:14px;
            font-weight:normal;
        }
        .box  .desc{                               /* 盒子中第二行文字的样式 */
            color:#808080;
            font-size:14px;
            padding-top: 5px;                      /* 上内边距 */
        }
        .box  .price{                              /* 盒子中第三行文字的样式 */
            padding-top: 5px;                      /* 上内边距 */
            color:rgb(255, 103, 0);
            font-size: 12px;
        }
    </style>
```

6. 保存并浏览网页

网页浏览效果如图 7-1 所示。

7.3 相关知识点

7.2 节案例实现中用到了盒子模型和盒子模型的相关属性，下面进行详细介绍。

7.3.1 盒子模型的概念

盒子模型就是把 HTML 页面中的元素看作矩形的盒子，也就是盛装内容的容器。每个盒子都由元素的内容（content）、内边距（padding）、边框（border）和外边距（margin）组成。

微课 7-2：收纳神器—盒子模型

下面通过一个具体实例介绍盒子模型。

例 7-1 在项目 project07 中新建一个网页文件，定义一个盒子，并设置盒子的相关属性，将文件保存为 example01.html，代码如下。

```
<!DOCTYPE html>
<html>
 <head>
```

```
        <meta charset="utf-8">
        <title>认识盒子模型</title>
        <style type="text/css">
            .box {
                width: 200px;                   /* 盒子的宽度 */
                height: 200px;                  /* 盒子的高度 */
                border: 5px  solid  red;        /* 盒子的边框为 5px、实线、红色 */
                background: #ccc;               /* 盒子的背景颜色为灰色 */
                padding: 20px;                  /* 盒子的内边距 */
                margin: 30px;                   /* 盒子的外边距 */
            }
        </style>
    </head>
    <body>
        <div class="box">盒子中的内容</div>
    </body>
</html>
```

浏览网页，效果如图 7-2 所示。

在例 7-1 中，在<body>标记中使用<div>标记定义了一个盒子，并对盒子设置了若干属性。盒子模型的构成如图 7-3 所示。

图 7-2　盒子浏览效果

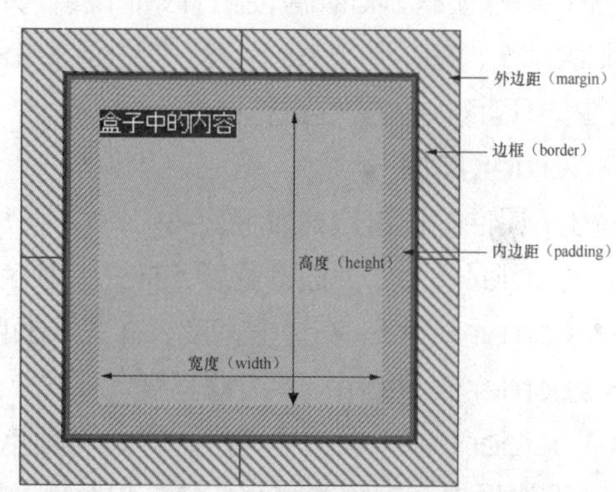

图 7-3　盒子模型的构成

说明　“div”是英文“division”的缩写，意为“分割、区域”。“<div>”标记就是一个区块容器标记，简称块标记，块通称为盒子。<div>标记可以容纳段落、标题、表格、图像等各种网页元素。<div>标记中还可以包含多层<div>标记。实际上 DIV+CSS 布局网页就是将网页内容放入若干<div>标记中，并使用 CSS 设置这些块的属性。

盒子里面内容占的宽度为 width 属性值，高度为 height 属性值；盒子里面内容到边框的距离为内边距，即 padding 属性值；盒子的边框为 border 属性值；盒子的边框和其他盒子的边框之间的距离为外边距，即 margin 属性值。

盒子的概念是非常容易理解的。但是如果需要精确地排版，有的时候 1px 都不能差，这就需要非常精确地理解其中的计算方法。

一个盒子实际占有的宽度（或高度）是由“内容+2×内边距+2×边框+2×外边距”组成的。因此，例 7-1 中定义的盒子的实际宽度和高度均是 310px。

注意 （1）并不是只有用<div>定义的块才是盒子，事实上大部分网页元素本质上都是以盒子的形式存在的。例如，body、p、h1～h6、ul、li等元素都是盒子，这些元素都有默认的盒子属性值。

（2）给盒子添加背景颜色或背景图像时，该元素的背景颜色或背景图像也将出现在内边距中。

（3）虽然每个盒子模型都拥有内边距、边框、外边距、宽度和高度这些基本属性，但是并不要求必须对每个元素都定义这些属性。

（4）<div>标记定义的盒子默认的宽度是浏览器的宽度，默认的高度由盒子中的内容决定，默认的边框、内边距、外边距都为0。但网页中的元素body、p、h1～h6、ul、li等都有默认的外边距和内边距，设计网页时，一般要将这些元素的外边距和内边距都先设为0，需要时再设置为非零的值。

7.3.2 盒子模型的相关属性

盒子模型除了有width属性和height属性外，还有border（边框）、border-radius（圆角边框）、padding（内边距）、margin（外边距）、box-shadow（盒子阴影）和box-sizing（盒子大小）属性，下面对这些属性进行详细介绍。

微课 7-3：盒子模型的相关属性

1. border 属性

border属性的设置方式如下。

（1）border-top：上边框宽度、样式、颜色。

（2）border-right：右边框宽度、样式、颜色。

（3）border-bottom：下边框宽度、样式、颜色。

（4）border-left：左边框宽度、样式、颜色。

若4个边框具有相同的宽度、样式和颜色，则可以用一行代码设置，格式如下。

border：边框宽度、样式、颜色。

例如，将盒子的下边框设置为2px、实线、红色，则可以用如下代码。

```
#box {border-bottom:2px  solid  #F00;}
```

若想将盒子的4个边框均设置为2px、实线、红色，则可以用如下代码。

```
#box {border:2px  solid  #F00;}
```

说明 边框样式常用的属性值有以下5个。

（1）solid：边框样式为（单）实线。

（2）dashed：边框样式为虚线。

（3）dotted：边框样式为点线。

（4）double：边框样式为双实线。

（5）none：没有边框。

2. border-radius 属性

CSS3 中新增的 border-radius 属性用于给元素设置圆角边框。这是 CSS3 很有吸引力的一个功能。其基本语法格式如下。

```
border-radius:圆角半径;
```

说明 border-radius 属性的属性值可以是长度或百分比，表示圆角的半径。

例如，对例 7-1 中的盒子添加圆角半径的设置，此时浏览网页，效果如图 7-4 所示。

```
.box {
    width: 200px;                  /* 盒子的宽度 */
    height: 200px;                 /* 盒子的高度 */
    border: 5px  solid  red;       /* 盒子的边框为 5px、实线、红色 */
    border-radius:15px;            /* 圆角半径值为 15px */
    background: #ccc;              /* 盒子的背景颜色为灰色 */
    padding: 20px;                 /* 盒子的内边距 */
    margin: 30px;                  /* 盒子的外边距 */
 }
```

图 7-4　给盒子添加圆角边框

注意 （1）设置圆角半径时，也可以分别为 4 个角的圆角半径设置不同的值。

例如，将例 7-1 中的盒子的样式代码改为如下代码。

```
.box {
    width: 200px;                          /* 盒子的宽度 */
    height: 200px;                         /* 盒子的高度 */
    border: 5px  solid  red;               /* 盒子的边框为 5px、实线、红色 */
    border-radius:15px  15px  0  0;        /* 圆角半径设置为 4 个值 */
    background: #ccc;                      /* 盒子的背景颜色为灰色 */
    padding: 20px;                         /* 盒子的内边距 */
    margin: 30px;                          /* 盒子的外边距 */
 }
```

代码“border-radius:15px 15px 0 0;”中的第一个参数表示左上角的圆角半径，第二个参数表示右上角的圆角半径，第三个参数表示右下角的圆角半径，第四个参数表示左下角的圆角半径。浏览网页，效果如图 7-5 所示。

图 7-5　给盒子添加上面两个圆角的边框

（2）若对盒子设置了背景颜色或背景图像，则不设置边框时，也可以使用 border-radius 属性显示出圆角的效果。

例如，将例 7-1 中的盒子的样式代码改为如下代码。

```
.box {
    width: 200px;                        /* 盒子的宽度 */
    height: 200px;                       /* 盒子的高度 */
    border-radius:15px                   /* 圆角半径设置为 15px */
    background: #ccc;                    /* 盒子的背景颜色为灰色 */
    padding: 20px;                       /* 盒子的内边距 */
    margin: 30px;                        /* 盒子的外边距 */
    }
```

此时浏览网页，效果如图 7-6 所示。

图 7-6　不添加边框时也有圆角效果

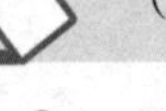

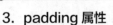

（3）使用 border-radius 属性也可以给图像添加圆角效果，后文将举例说明。

3. padding 属性

padding 属性用于设置盒子中内容与边框之间的距离，也常称为内边距。其设置方式类似于 border 属性的设置方式，具体介绍如下。

（1）padding-top：上内边距大小。

（2）padding-right：右内边距大小。

（3）padding-bottom：下内边距大小。

（4）padding-left：左内边距大小。

若 4 个内边距具有相同的大小，则可以用一行代码设置，格式如下。

padding：内边距大小；

例如，将盒子的上右下左 4 个内边距分别设置为 10px、20px、30px、40px，可以使用如下代码。

```
.box{
padding-top:10px;
padding-right:20px;
padding-bottom:30px;
padding-left:40px;
}
```

也可以简写成：

```
#box{padding:10px 20px 30px 40px;}
```

若写成：

```
#box{padding:10px 20px 30px;} /* 表示上内边距为 10px,左、右内边距为 20px,下内边距为 30px */
```

若写成：

```
#box{padding:10px 20px;} /* 表示上、下内边距均为 10px，左、右内边距均为 20px */
```

若写成：

```
#box{padding:10px;} /* 表示上、右、下、左 4 个内边距均为 10px */
```

4. margin 属性

网页通常是由多个盒子排列而成的，要想拉开盒子与盒子之间的距离，合理地布局网页，就需要为盒子设置外边距。margin 属性用于设置盒子与其他盒子之间的距离。其设置方式类似于 padding 属性的设置方式，具体介绍如下。

（1）margin-top：上外边距大小。

（2）margin-right：右外边距大小。

（3）margin-bottom：下外边距大小。

（4）margin-left：左外边距大小。

若 4 个外边距具有相同的大小，则可以用一行代码设置，格式如下。

margin：外边距大小；

外边距的设置与内边距的设置基本相同，在此不赘述。但如果要让盒子在浏览器中水平居中，则可以用如下代码。

```
#box{ margin:0  auto;} /* 表示上、下外边距为 0px，左、右外边距为自动均匀分布，盒子在浏览器中
居中显示 */
```

5. box-shadow 属性

案例 5 中介绍过的 text-shadow 属性用于给文本添加阴影效果，而此处介绍的 box-shadow 属性用于给盒子添加周边阴影效果。这也是 CSS3 新增加的属性。

其基本语法格式如下。

```
box-shadow:阴影水平偏移量 阴影垂直偏移量 阴影模糊半径 阴影扩展半径 阴影颜色 阴影类型;
```

说明 （1）阴影水平偏移量：必选项，可以为负值，正值表示向右偏移，负值表示向左偏移。
（2）阴影垂直偏移量：必选项，可以为负值，正值表示向下偏移，负值表示向上偏移。
（3）阴影模糊半径：可选项，不能为负值，值越大阴影就越模糊，默认值为 0，表示不模糊。
（4）阴影扩展半径：可选项，可以为负值，正值表示在所有方向上扩展，负值表示在所有方向上消减，默认值为 0。
（5）阴影颜色：可选项，省略时为黑色。

（6）阴影类型：可选项，内阴影的值为 inset，省略时为外阴影。

例如，给盒子添加阴影水平偏移量是 10px，阴影垂直偏移量是 10px，阴影模糊半径是 10px，阴影颜色是灰色，可以用如下代码。

```
box-shadow:10px  10px  10px  #808080;    /* 添加阴影 */
```

6. box-sizing 属性

box-sizing 属性用于设置盒子的 width 属性和 height 属性的值是否包含边框和内边距，其设置方式如下。

```
box-sizing: content-box|border-box;
```

说明 （1）content-box（默认值）：盒子的 width 属性值不包括内边距和边框，在计算盒子在页面上实际占的宽度时要把内边距和边框包括进去。

（2）border-box：盒子的 width 属性值包括内边距和边框。

例如，在下面的代码中，盒子在页面上实际占的宽度是 200px+40px+4px=244px，实际占的高度是 100px+40px+4px=144px，width 属性和 height 属性的值表示盒子中内容占的宽度和高度。

```
.box{
     width:200px;
     height:100px;
     padding:20px;
     border:2px  solid  red;
}
```

若将上面的代码修改为下面的代码，则此时盒子在页面上实际占的宽度和高度分别是 200px 和 100px。width 属性和 height 属性的值包括了内边距、边框和盒子中的内容。

```
.box{
     width:200px;
     height:100px;
     padding:20px;
     border:2px  solid  red;
     box-sizing:border-box;
}
```

小技巧 若设置盒子的内边距和边框后，盒子的实际大小不改变，则需要给盒子添加 box-sizing 属性，设置其值为 border-box，这在网页布局时很有用。

例 7-2 在项目 project07 中新建一个网页文件，定义一个盒子，盒子中包括图像和文本等，为盒子和图像都设置阴影效果，浏览效果如图 7-7 所示，将文件保存为 example02.html，代码如下。

图 7-7 给盒子和图像添加阴影

```
<!DOCTYPE html>
<html>
 <head>
     <meta charset="utf-8">
     <title>小米公司介绍</title>
     <style type="text/css">
     body,h2,p{margin:0;padding:0;}         /* 设置内边距和外边距为 0 */
     .box {
          width: 450px;                     /* 设置宽度 */
          height: 300px;                    /* 设置高度 */
          border: 1px solid #ccc;           /* 设置边框为 1px、实线、灰色 */
          padding:10px;           /* 设置盒子内边距，使盒子边框与内容之间有 10px 的留白 */
          margin:50px auto;                 /* 设置盒子外边距，使盒子在浏览器中居中显示 */
          box-shadow:10px 10px 10px #ccc;   /* 给盒子添加阴影 */
     }
     h2 {
          text-align: center;               /* 设置标题水平居中 */
          height: 40px;                     /* 设置标题的高度 */
          line-height: 40px;                /* 设置标题的行高，使文字垂直居中 */
          border-bottom: 1px dotted #ccc;   /* 设置下边框 */
     }
     .text {
          font-family: "微软雅黑";          /* 设置字体 */
          font-size: 14px;                  /* 设置段落文字大小 */
          color: #333;                      /* 设置文字颜色为深灰色 */
          padding-top:10px;                 /* 设置上内边距 */
          text-indent: 2em;                 /* 设置首行缩进 2 个字符 */
          line-height: 25px;                /* 设置行高 */
     }
     .image1{                               /* 给图像设置样式 */
          border-radius: 15px;              /* 设置图像的圆角半径 */
          float:left;                       /* 设置图像左浮动，使图像与文字环绕 */
          margin:20px;                      /* 设置外边距，使图像与文字有 20px 的距离 */
```

```
            box-shadow:3px 3px 10px 2px #999;   /* 给图像添加阴影 */
        }
        </style>
    </head>
    <body>
        <div class="box">
            <h2>小米公司简介</h2>
            <img src="images/xiaomi.jpg" width="200" alt="小米公司图片" class="image1">
            <p class="text">  小米科技有限责任公司（简称小米公司）成立于 2010 年 3 月 3 日，是一家专注于智能硬件和电子产品研发的全球化移动互联网企业，同时也是一家专注于高端智能手机、互联网电视及智能家居生态链建设的创新型科技企业。小米公司创造了用互联网模式开发手机操作系统、“发烧友”参与开发改进的模式。2018 年 7 月 9 日，小米公司在香港交易所主板挂牌上市，成为港交所上市制度改革后首家采用不同投票权架构的上市企业。
            </p>
        </div>
    </body>
</html>
```

浏览网页，效果如图 7-7 所示。

在例 7-2 的代码中，给盒子添加了阴影水平偏移量为 10px，阴影垂直偏移量为 10px，阴影模糊半径也是 10px，阴影颜色为浅灰色；给图像添加了阴影水平偏移量为 3px，阴影垂直偏移量为 3px，阴影模糊半径也是 10px，阴影扩展半径是 2px，阴影颜色是灰色的阴影。

可以看出，图像和盒子添加阴影后立体感更强，视觉效果会更好。利用 box-shadow 属性可以不再使用 Photoshop 制作阴影。

小技巧 通过例 7-2 可以看出，要在网页中添加水平或垂直线条，可以通过给元素设置边框的办法实现。前面介绍的使用<hr>标记添加水平线的方法不灵活，而且样式单一，在实际设计网页时一般不用。

案例小结

本案例介绍了创建手机展示网页，利用盒子模型将文本和图片放入盒子中，呈现到网页上。在知识点中介绍了盒子模型的概念及盒子模型的相关属性。盒子模型是网页布局的核心概念，请读者一定要深入理解。

习题与实训

一、单项选择题

1. 如何显示这样一个边框：2px、红色、实线？（　　）

A. border:2px solid red　　B. border:2px dotted red

C. border:2px dashed red　　D. border: 2px solid green

2. 使用什么属性设置元素的左边距？（　　）

A. text-indent　　B. indent　　C. margin　　D. margin-left

3. 下列选项中，用于更改元素左内边距的是？（　　）

A. text-indent　　B. padding-left　　C. margin-left　　D. padding-right

4. 下列选项中，哪个不能设置边框为 3px、实线、红色？（　　）

A. border:3px solid #F00;　　B. border: #F00 solid 3px;

C. border: red solid 3px;　　D. border: #0F0 3px solid;

5. 关于样式代码“.box{width:200px; padding:15px; margin:20px;}”，下列说法正确的是（　　）。

A. .box 的总宽度为 200px　　B. .box 的总宽度为 270px

C. .box 的总宽度为 235px　　D. 以上说法均错误

6. 一个盒子的宽（width）和高（height）均为 300px，左内边距为 30px，同时盒子有 3px 的边框，默认情况下，这个盒子的总宽度是（　　）。

A. 333px　　B. 366px　　C. 336px　　D. 363px

二、判断题

1. 在 CSS 中，border 属性是一个复合属性。（　　）

2. CSS3 中的 box-shadow 属性不设置阴影类型参数时默认为内阴影。（　　）

3. 一个盒子的高度为 200px，内边距为 10px，边框为 1px，默认情况下，它的总高度为 222px。（　　）

4. <div>与</div>之间相当于一个容器，可以容纳段落、标题、图像等各种网页元素。（　　）

三、实训练习

创意设计：创建一个网页，在网页上使用<div>标记创建一个盒子，在盒子中放入自己的照片和个人介绍的文字，使内容充实、布局美观。

案例 8　山东介绍网页

网页能通过背景颜色或背景图像给人留下深刻的第一印象，如节日题材的网站一般采用喜庆、祥和的图像来突出效果，所以在网页设计中，控制背景颜色和背景图像是很重要的内容。本案例介绍创建山东介绍网页，将页面内容放入定义的盒子中，并设置相应元素的背景颜色和背景图像，达到图文并茂、页面美观的效果。在知识点中介绍背景颜色和背景图像的设置等内容。

8.1 案例描述

创建山东介绍网页，将所有内容放入一个盒子中，并使用 CSS 设置盒子的样式，浏览效果如图 8-1 所示。要求如下。

（1）页面字体为微软雅黑、16px、深灰色（#333）。

（2）盒子的宽度为 800px、高度为 450px，盒子中显示背景图片，盒子在浏览器中居中显示。

（3）“山东介绍”为二级标题，高度为 60px，标题左侧有山东 Logo 图像，标题行背景颜色为白色。

（4）段落文字首行缩进 2 个字符、行高为 30px。

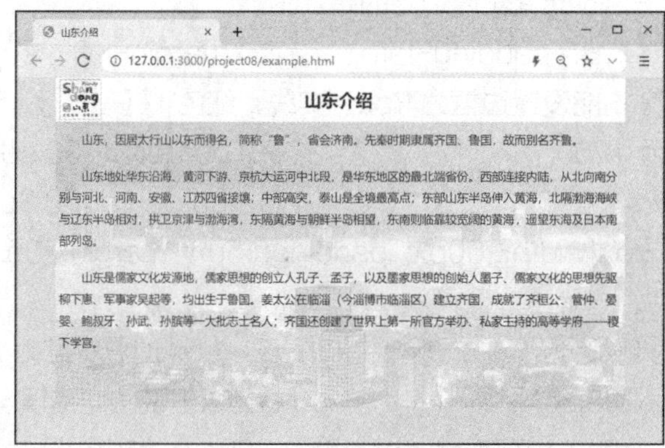

图 8-1　山东介绍网页

8.2　案例实现

创建山东介绍网页的步骤如下。

微课 8-1：案例实现

1．案例分析

图 8-1 所示的网页内容是放在一个盒子中的，首先要用<div>标记定义一个盒子，在盒子中添加<h2>标记定义标题，添加<p>标记定义段落。<h2>标题中的背景颜色、左侧的 Logo 图像，以及盒子中的背景图像都使用 background 综合属性设置。

2．新建项目

在 HBuilderX 中新建项目 project08，设置项目存放位置为 E:/网页设计/源代码，选择模板类型为“基本 HTML 项目”，单击“创建”按钮。将素材图片复制、粘贴到 images 目录中。

3．在项目中创建网页文件

在 project08 中新建 HTML 文件，设置文件名为 example.html。

4．搭建页面结构

根据案例分析，使用相应的 HTML 标记来构建网页结构，代码如下。

```
<!DOCTYPE html>
<html>
 <head>
     <meta charset="utf-8" />
     <title>山东介绍</title>
     </head>
     <body>
     <div class="box">
          <h2>山东介绍</h2>
          <p>山东，因居太行山以东而得名，简称“鲁”，省会济南。先秦时期隶属齐国、鲁国，故而别名齐鲁。</p>
          <p>山东地处华东沿海、黄河下游、京杭大运河中北段，是华东地区的最北端省份。西部连接内陆，从北向南分别与河北、河南、安徽、江苏四省接壤；中部高突，泰山是全境最高点；东部山东半岛伸入黄海，北隔渤海海峡与辽东半岛相对，拱卫京津与渤海湾，东隔黄海与朝鲜半岛相望，东南则临靠较宽阔的黄海，遥望东海及日本
```

```
南部列岛。</p>
                <p>山东是儒家文化发源地，儒家思想的创立人孔子、孟子，以及墨家思想的创始人墨子、儒家文化的思想先驱柳下惠、军事家吴起等，均出生于鲁国。姜太公在临淄（今淄博市临淄区）建立齐国，成就了齐桓公、管仲、晏婴、鲍叔牙、孙武、孙膑等一大批志士名人；齐国还创建了世界上第一所官方举办、私家主持的高等学府——稷下学宫。</p>
        </div>
    </body>
</html>
```

说明 在上述结构代码的<div>标记中添加 class 属性是为了应用该元素的样式，样式的定义将在后续进行。

5. 定义 CSS 样式

在<head>标记内添加内部样式表，样式表代码如下。

```
<style type="text/css">
     body,h2,p {
          margin: 0;
          padding: 0;
     }
     body {
          font-family: "微软雅黑";
          font-size: 16px;
          color: #333;
          background-color: #e6e6e6;
     }
     .box {
          width: 800px;
          height: 450px;
          margin: 0 auto;
          background: url(images/sd2.jpg) no-repeat;  /* 设置背景图像 */
     }
     .box  h2 {
          height: 60px;
          line-height: 60px;
          text-align: center;
          margin-bottom: 10px;
          background: #fff url(images/sd1.jpg) no-repeat 5px center/60px;
/* 设置背景颜色和背景图像 */
     }
     .box  p {
          text-indent: 2em;
          line-height: 30px;
          margin-bottom: 20px;
          padding: 0  5px;
     }
</style>
```

6. 保存并浏览网页

浏览网页，效果如图 8-1 所示。

8.3 相关知识点

在 8.2 节案例实现中用到了背景属性 background，下面对其进行详细介绍。

微课 8-2：设置背景颜色及背景图像

8.3.1 设置背景颜色及背景图像

设置背景颜色或背景图像时可使用综合属性 background，通过该属性可以设置与背景相关的所有值。与 background 属性相关的一系列属性如表 8-1 所示。

表 8-1 与 background 属性相关的属性

属性	作用	备注
background-color	设置要使用的背景颜色	
background-image	设置要使用的背景图像	
background-repeat	设置如何重复背景图像	
background-position	设置背景图像的位置	
background-attachment	设置背景图像固定或者随着页面的其余部分滚动	
background-size	设置背景图像的大小	CSS3 新增加的属性

1. 设置背景颜色

设置背景颜色的格式如下。

```
background-color:#RRGGBB 或 rgb(r,g,b)或预定义的颜色值;
```

例 8-1 在项目 project08 中新建一个网页文件，分别设置网页的背景颜色和标题行的背景颜色，将文件保存为 example01.html，代码如下。

```
<!DOCTYPE html>
<html>
 <head>
     <meta charset="utf-8">
     <title>设置背景颜色</title>
     <style type="text/css">
     body{
      background-color: #B6ECEB;   /* 设置网页的背景颜色为浅蓝色 */
     }
     h2{
      text-align:center;
      background-color:#009;        /* 设置标题行的背景颜色为深蓝色 */
      color:#FFF;
     }
     </style>
 </head>
 <body>
     <div class="box">
      <h2>山东行政区划</h2>
      <p>截至 2020 年 12 月底，山东省辖济南、青岛、淄博、枣庄、东营、烟台、潍坊、济宁、泰安、威海、日照、临沂、德州、聊城、滨州、菏泽 16 个设区的市，县级行政区 136 个（市辖区 58 个、县级市 26 个、县 52 个），
```

```
乡镇级行政区 1822 个（街道 693 个、镇 1072 个、乡 57 个）。</p>
        </div>
    </body>
</html>
```

浏览网页，效果如图 8-2 所示。

2. 设置背景图像

设置背景图像的格式如下。

```
background-image:url(图像来源);
```

例 8-2 修改 example01.html 的代码，设置网页的背景图像，将文件保存为 example02.html，修改后 body 的 CSS 代码如下。

```
body{
    background-image:url(images/bodybg.jpg);    /* 设置网页的背景图像为祥云图案 */
}
```

浏览网页，效果如图 8-3 所示。

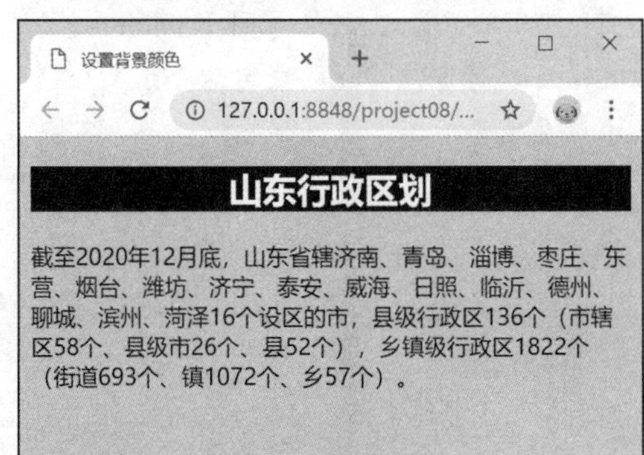

图 8-2 设置背景颜色

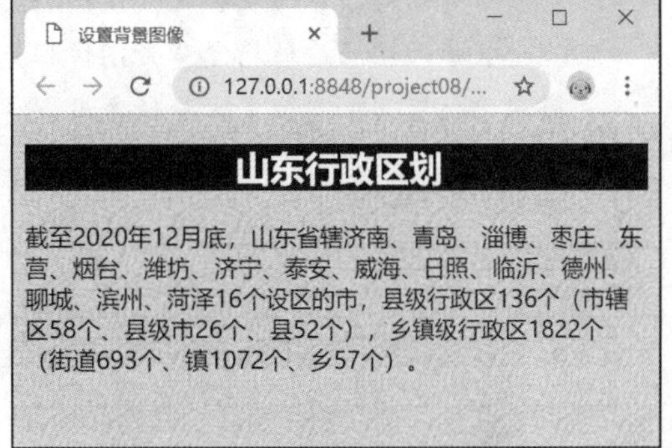

图 8-3 设置网页的背景图像

默认情况下，背景图像从元素的左上角自动沿着水平和竖直两个方向平铺，充满整个网页。

3. 设置背景图像平铺

设置背景图像平铺的格式如下。

```
background-repeat:repeat|no-repeat|repeat-x|repeat-y|space|round;
```

设置元素的背景图像如何铺排填充。

说明 （1）repeat：背景图像在横向和纵向平铺，为默认值。

（2）no-repeat：背景图像不平铺。

（3）repeat-x：背景图像在横向上平铺。

（4）repeat-y：背景图像在纵向上平铺。

（5）space：背景图像以相同的间距平铺，且填充满整个容器或某个方向（CSS3 新增关键字）。

（6）round：背景图像自动适当缩放，且填充满整个容器（CSS3 新增关键字）。

4. 设置背景图像位置

设置背景图像位置的格式如下。

```
background-position:关键字|百分比|长度;
```

设置元素的背景图像位置。

说明 （1）关键字：在水平方向上有 left、center 和 right，在垂直方向上有 top、center 和 bottom，水平方向和垂直方向的关键字可以相互搭配使用。

各关键字的含义如下。

① center：背景图像横向和纵向居中。

② left：背景图像在横向上从左边开始填充。

③ right：背景图像在横向上从右边开始填充。

④ top：背景图像在纵向上从顶部开始填充。

⑤ bottom：背景图像在纵向上从底部开始填充。

（2）百分比：表示用百分比指定背景图像填充的位置，可以为负值。一般要指定两个值，两个值用空格隔开，分别代表水平位置和垂直位置，水平位置的起始参考点在元素左端，垂直位置的起始参考点在元素顶端。其默认值是“0% 0%”，效果等同于“left top”。

（3）长度：用长度值指定背景图像填充的位置，可以为负值。也要指定两个值，分别代表水平位置和垂直位置，起始参考点分别在元素左端和顶端。

5. 设置背景图像固定

设置背景图像固定的格式如下。

```
background-attachment:scroll| fixed|local;
```

设置或检索背景图像是随元素滚动还是固定的。

说明 （1）scroll：背景图像相对于元素固定，也就是说当元素内容滚动时，背景图像不会跟着滚动，因为背景图像总是要跟着元素本身，但会随元素的祖先元素或窗口一起滚动。默认值为 scroll。

（2）fixed：背景图像相对于窗口固定。

（3）local：背景图像相对于元素内容固定，也就是说当元素内容滚动时，背景图像也会跟着滚动，因为背景图像总是要跟着元素内容（CSS3 新增关键字）。

6. 设置背景图像的大小

设置背景图像的大小的格式如下。

```
background-size:长度|百分比|auto| cover| contain;
```

检索或设置对象的背景图像的尺寸大小。

说明 （1）长度：用长度指定背景图像大小，不允许为负值。

（2）百分比：用百分比指定背景图像大小，不允许为负值。

（3）auto：背景图像的真实大小，默认值为 auto。

（4）cover：将背景图像等比例缩放到完全覆盖容器，背景图像有可能超出容器。

（5）contain：将背景图像等比缩放到宽度或高度与容器的宽度或高度相等，背景图像始终包含在容器内。

注意 长度和百分比如果提供两个值，则第一个用于定义背景图像的宽度，第二个用于定义背景图像的高度；如果只提供一个，则该值将用于定义背景图像的宽度，第 2 个值默认为 auto，即高度为 auto，此时背景图像以提供的宽度作为参照来等比例缩放。

例 8-3 在项目 project08 中新建一个网页文件，制作山东介绍页面，利用各种背景属性设置元素的背景，将文件保存为 example03.html，代码如下。

```
<!DOCTYPE html>
<html>
 <head>
    <meta charset="utf-8" />
    <title>山东介绍</title>
    <style type="text/css">
    body,h2,p{
        margin:0;
        padding:0;
    }
    body{
        font-family:"微软雅黑";
        font-size:14px;
        color:#333;
        background-color: #e6e6e6;                /* 设置网页背景颜色 */
    }
    .box{
        width:800px;
        height: 450px;
        margin: 0 auto;
        background-image:url(images/sd2.jpg);    /* 设置背景图像 */
        background-repeat: no-repeat;             /* 设置背景图像不重复 */
    }
    .box  h2{
        height:60px;
        line-height:60px;
        text-align:center;
        margin-bottom: 10px;
        background-color:#fff;                    /* 设置背景颜色 */
        background-image:url(images/sd1.jpg);    /* 设置背景图像 */
        background-repeat: no-repeat;             /* 设置背景图像不重复 */
        background-position:5px center;           /* 设置背景图像的位置 */
        background-size: 60px;               /* 设置背景图像的大小，背景图像等比例缩放 */
    }
    .box  p{
        text-indent:2em;
        line-height:25px;
        margin-bottom: 20px;
        padding: 0  5px;
    }
    </style>
    </head>
```

```
<body>
<div class="box">
    <h2>山东介绍</h2>
    <p>山东，因居太行山以东而得名，简称“鲁”，省会济南。先秦时期隶属齐国、鲁国，故而别名齐鲁。</p>
    <p>山东地处华东沿海、黄河下游、京杭大运河中北段，是华东地区的最北端省份。西部连接内陆，从北向南分别与河北、河南、安徽、江苏四省接壤；中部高突，泰山是全境最高点；东部山东半岛伸入黄海，北隔渤海海峡与辽东半岛相对，拱卫京津与渤海湾，东隔黄海与朝鲜半岛相望，东南则临靠较宽阔的黄海，遥望东海及日本南部列岛。</p>
    <p>山东是儒家文化发源地，儒家思想的创立人孔子、孟子，以及墨家思想的创始人墨子、儒家文化的思想先驱柳下惠、军事家吴起等，均出生于鲁国。姜太公在临淄（今淄博市临淄区）建立齐国，成就了齐桓公、管仲、晏婴、鲍叔牙、孙武、孙膑等一大批志士名人；齐国还创建了世界上第一所官方举办、私家主持的高等学府——稷下学宫。</p>
</div>
</body>
</html>
```

浏览网页，效果如图8-1所示。

可以看出，该网页的浏览效果和8.1节介绍的网页浏览效果完全一样，只是example03.html的代码中对背景图像的相关属性分别进行了设置，而8.2节案例实现中是使用background综合属性对背景图像同时进行设置。

7．综合设置背景

综合设置背景的格式如下。

```
background:背景颜色 url("图像") 重复 位置 固定 大小;
```

说明 通过background属性可以综合设置元素的背景颜色和背景图像，并可以设置背景图像是否重复、背景图像的位置、背景图像是否固定、背景图像的大小及裁剪方式、背景图像的参考原点。某些属性值省略时以默认值的方式显示。

注意 （1）所有属性值在书写时顺序不限。

（2）如果同时设置了position和size两个属性，则应该用“/”而不是用空格把两个属性值隔开，即“position/size”。

（3）设置元素的背景颜色和背景图像时建议使用综合属性background一次性设置。

例如，在8.2节案例实现中，使用background综合属性设置网页中标题的背景颜色和网页的背景图像，所以代码比例8-3的简单多了，而网页浏览效果完全一样。

小技巧 设置元素的背景颜色和背景图像时，最好使用background综合属性一次性设置，这种方式更常用。

8．设置多重背景图像

在CSS3中，可以对一个元素应用多个图像作为背景，需要用逗号来分隔多个图像。

例8-4 在项目project08中新建一个网页文件，使用background属性给盒子添加两个背景图像，将文件保存为example04.html，代码如下。

```
<!DOCTYPE html>
<html>
 <head>
     <meta charset="utf-8">
     <title>设置多重背景图像</title>
     <style type="text/css">
     .box {
      width: 500px;
      height: 375px;
      margin: 20px auto;
      background: url(images/bg2.png) no-repeat left bottom,url(images/bg1.jpg) no
-repeat right top; /* 给盒子添加两个背景图像 */
      font-size:60px;
      text-align:center;
      padding-top:240px;
      box-sizing:border-box;
     }
     </style>
 </head>
 <body>
     <div class="box">美丽春光</div>
 </body>
</html>
```

浏览网页，效果如图 8-4 所示。

图 8-4　设置多重背景图像

在例 8-4 中给盒子添加了两个图像作为背景，一个在盒子的左下方，另一个在盒子的右上方，两个图像实现了重叠，并且在图像上面显示了文字。

> **小技巧**　如果想在图像上面显示文字，则只需定义一个盒子，在盒子中输入文字，给盒子设置背景图像即可。但如果在盒子中插入图像，则无法在图像上面显示文字。当然，借助于图像处理软件也可以直接在图像上面显示文字。

8.3.2　设置不透明度

微课 8-3：设置不透明度

案例 5 的知识点中介绍过颜色的不透明度可以使用 rgba(r,g,b,alpha)函数设置。另外，也可以使用元素的 opacity 属性为任何元素设置不透明效果，格式如下。

```
opacity:不透明度值;
```

说明 不透明度值是 0~1 的浮点数值。其中，0 表示完全透明，1 表示完全不透明，0.5 则表示半透明。

下面举例说明如何使用 opacity 属性设置图像的不透明度。

例 8-5 在项目 project08 中新建一个网页文件，使用 opacity 属性设置图像的不透明度，将文件保存为 example05.html。代码如下。

```
<!DOCTYPE html>
<html>
 <head>
      <meta charset="utf-8">
      <title>设置图像的不透明度</title>
      <style type="text/css">
           body {
                margin: 0;
                padding: 0;
           }
           .box {
                width: 725px;
                height: 483px;
                margin: 20px auto 0;
           }
           img {
                opacity: 0.3;   /* 设置不透明度为 0.3，显示模糊图像 */
           }
           img:hover {
                opacity: 1;     /* 设置不透明度为 1，显示清晰图像 */
           }
      </style>
 </head>
 <body>
      <div class="box">
           <img  src="images/flower.jpg"  alt="flower" />
      </div>
 </body>
</html>
```

浏览网页，效果如图 8-5 和图 8-6 所示。

图 8-5 图像的不透明度为 0.3

图 8-6 图像的不透明度为 1

在例 8-5 中，首先给图像设置了不透明度是 0.3，图像是模糊的；当鼠标指针移动到图像上时，图像的不透明度变为 1，即图像变清晰。:hover 是指鼠标指针悬停到相应元素上时的状态。

小技巧 :hover 选择器用于设置鼠标指针悬停到元素上时元素的样式。所有元素都可以使用该选择器设置鼠标指针悬停时的样式，在样式设置时经常使用该选择器。

8.3.3 设置渐变效果

在 CSS3 出现之前添加带有渐变效果的背景，通常要通过设置背景图像来实现。在 CSS3 中可以使用 linear-gradient()创建线性渐变图像，使用 radial-gradient()创建径向渐变图像，使用 repeating- linear-gradient()创建重复的线性渐变图像，使用 repeating-radial-gradient()创建重复的径向渐变图像。在此只介绍线性渐变，其他 3 种请读者自学。

微课 8-4：设置渐变效果

创建线性渐变背景图像的格式如下。

```
background:linear-gradient(渐变角度,颜色值 1,颜色值 2,…,颜色值 n);
```

说明 （1）渐变角度：水平线和渐变线之间的夹角，通常是以 deg 为单位的角度值，角度值省略时默认为 180deg。

（2）颜色值：用于设置渐变颜色，其中，颜色值 1 表示起始颜色，颜色值 n 表示结束颜色，在起始颜色和结束颜色之间可以添加多个颜色值，各颜色值用逗号隔开。

例 8-6 在项目 project08 中新建一个网页文件，设置渐变色的背景，将文件保存为 example06.html。代码如下。

```
<!DOCTYPE html>
<html>
 <head>
     <meta charset="utf-8">
     <title>设置渐变背景</title>
     <style type="text/css">
     .box{
       width:400px;
       height:200px;
       margin:20px auto;
       background:linear-gradient(white,green);     /* 设置渐变色的背景 */
     }
     h2{
      text-align:center;
     }
     </style>
 </head>
 <body>
     <div class="box">
        <h2>山东地形地貌</h2>
        <p>山东省境内中部山地突起，西南、西北低洼平坦，东部缓丘起伏，形成以山地丘陵为骨架、平原
和盆地交错环列其间的地形大势。泰山雄踞中部，主峰海拔 1532.7 米，为山东省最高点。黄河三角洲一般海拔 2~10
```

```
米，为山东省陆地最低处。</p>
        </div>
    </body>
  </html>
```

浏览网页，效果如图8-7所示。

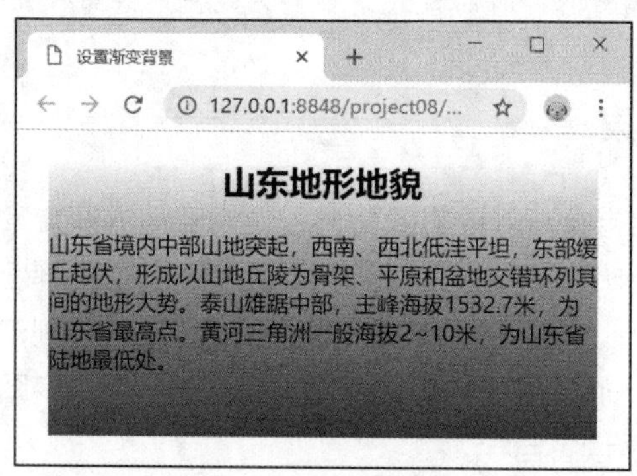

图8-7　设置渐变背景

在例8-6中给盒子设置了从白色到绿色的渐变背景，渐变角度值是180deg。该角度值可以省略，若以其他角度渐变，则必须写上角度值，读者可自行尝试。

案例小结

本案例介绍了创建山东介绍网页，对盒子和盒子中的元素设置背景颜色和背景图像等内容。在知识点中介绍了设置背景颜色和背景图像的相关属性。

习题与实训

一、单项选择题

1. 下列CSS属性中不能用于设置背景图像样式的是（　　）。

A. background-image　　B. background-begin

C. background-repeat　　D. background-size

2. 要实现背景图像不重复，应该设置为（　　）。

A. background-repeat:repeat　　B. background-repeat:repeat-x

C. background-repeat:repeat-y　　D. background-repeat:no-repeat

3. 在CSS中，用于设置背景图像的属性是（　　）。

A. background　　B. background image

C. background-color　　D. bkground

二、判断题

1. CSS背景复合属性中，既可以定义背景图像，又可以定义背景颜色。（　　）

2. 默认情况下，背景图像会自动向水平和竖直两个方向平铺。（　　）

3. opacity属性用于定义元素的不透明度，其属性值是一个0～1的浮点数值。（　　）

三、实训练习

创意设计：创建介绍自己班级的网页，在网页上使用<div>标记创建一个盒子，在盒子中放入班级介绍的文字等，使用背景属性设置背景颜色和背景图像等，使页面美观、大方。

扩展阅读

网页设计中色彩搭配原则及方法（扫码观看）

8-5：网页设计中色彩搭配原则及方法

案例 9　美丽风光网页

网站中经常需要展示多张图片，如何合理地排列图片、如何设置每张图片的样式、如何设置图片的间隔等，都是这类网页设计要解决的问题。本案例介绍创建美丽风光网页，在知识点中介绍元素的浮动属性、块元素与行内元素、元素之间的外边距等内容。

9.1　案例描述

创建美丽风光网页，将所有内容放入一个大盒子中，将图片放入小盒子，用 CSS 定义样式，浏览效果如图 9-1 所示。要求如下。

图 9-1　美丽风光网页

（1）大盒子的宽度为 820px，高度为 472px，边框为 1px、实线、浅灰色（#ccc），大盒子在浏览器中居中显示。

（2）“美丽风光 Beautiful scenery”为二级标题，高度为 40px，其中“Beautiful scenery”文字大小为 12px，文字颜色为灰色（#333）。

（3）每张图片的边框为 1px、实线、浅灰色（#ccc），边框与图片之间有 2px 的距离，图片与图片之间有 45px 的外边距。

9.2 案例实现

创建美丽风光网页的步骤如下。

微课 9-1：案例实现

1. 案例分析

图 9-1 所示的所有网页内容是放在一个盒子中的，用<div>标记定义一个盒子，在盒子中添加<h2>标记定义标题，标题中含有的英文内容需要添加<span>标记，每张图片再使用<div>标记定义。

2. 新建项目

在 HBuilderX 中新建项目 project09，设置项目存放位置为 E:/网页设计/源代码，选择模板类型为“基本 HTML 项目”，单击“创建”按钮。将素材图片复制、粘贴到 images 目录中。

3. 在项目中创建网页文件

在 project09 中新建 HTML 文件，设置文件名为 example.html。

4. 搭建页面结构

根据案例分析，使用相应的 HTML 标记来构建网页结构，代码如下。

```
<!DOCTYPE html>
<html>
 <head>
     <meta charset="utf-8" />
     <title>图片展示</title>
 </head>
 <body>
     <div class="box">
          <h2>美丽风光<span>Beautiful scenery</span></h2>
          <div class="photo"><img src="images/1.jpg"  alt="图片"></div>
          <div class="photo"><img src="images/2.jpg"  alt="图片"></div>
          <div class="photo"><img src="images/3.jpg"  alt="图片"></div>
          <div class="photo"><img src="images/4.jpg"  alt="图片"></div>
          <div class="photo"><img src="images/5.jpg"  alt="图片"></div>
          <div class="photo"><img src="images/6.jpg"  alt="图片"></div>
     </div>
 </body>
</html>
```

说明 在上述结构代码中，每张图片都被放在了<div>标记中，其实也可以使用无序列表定义多张图片，即将每张图片放在无序列表的<li>标记中。

5. 定义 CSS 样式

在<head>标记内添加内部样式表，样式表代码如下。

```
<style type="text/css">
      body,h2 {
           margin: 0;
           padding: 0;
      }
      .box {
           width: 820px;
           height: 472px;
           border: 1px  solid  #ccc;
           padding: 10px;
           margin: 50px auto;
           box-sizing:border-box;
      }
      .box  h2 {
           height:40px;
           line-height:40px;
           padding-left: 45px;
           border-bottom:2px  solid  #333;
           margin-bottom:15px;
      }
     .box  h2  span{              /* 标题中英文部分的样式 */
           font-size:12px;
           color:#333;
           font-weight:normal;
           padding-left:15px;
      }
      .box  .photo {              /* 每张图片所在盒子的样式 */
           width: 200px;
           height: 144px;
           border: 1px  solid  #ccc;
           padding: 2px;
           float: left;             /* 设置左浮动，让盒子水平排列 */
           margin-left: 45px;
           margin-bottom: 45px;
      }
</style>
```

6．保存并浏览网页

浏览网页，效果如图 9-1 所示。

9.3 相关知识点

9.2 节案例实现中用到了 span 元素，这是一个行内元素，下面对元素的类型、块元素间的外边距和元素的浮动等进行详细介绍。

9.3.1 元素的类型

HTML 提供了丰富的标记，用于组织页面结构。为了使页面结构的组织更加轻松、合理，HTML

标记被定义成了不同的类型，一般分为块标记和行内标记，也称块元素和行内元素。

微课 9-2：元素的类型

1. 块元素

块元素在页面中以区域块的形式出现，其特点是：每个块元素通常都会占据一整行或多行，可以对其设置宽度、高度、对齐方式等属性，常用于网页布局和搭建网页结构。

常见的块元素有<h1>~<h6>、<p>、<ul>、<ol>、<li>、<div>、<header>、<nav>、<article>、<aside>、<section>、<footer>等，其中<header>、<nav>、<article>、<aside>、<section>、<footer>是 HTML5 新增加的块元素，在后面的案例中还会详细介绍。

注意 块元素的宽度默认为其父元素的宽度。

2. 行内元素

行内元素（inline element）也称为内联元素或内嵌元素，其特点是：不必在新的一行开始，同时，也不强迫其他元素在新的一行显示。一个行内元素通常会和它前后的其他行内元素显示在同一行中，它们不占据独立的区域，仅靠自身的文字大小和图像尺寸来支撑结构，常用于控制页面中特殊文本的样式。

注意 行内元素一般不可以设置宽度、高度和对齐方式等属性。

常见的行内元素有<strong>、<b>、<em>、<i>、<a>、<span>等，其中<span>是最典型的行内元素。

3. <span>标记

<span>标记与<div>标记一样作为容器标记而被广泛应用在 HTML 中。在<span>与</span>之间同样可以容纳各种 HTML 元素，从而形成独立的对象。

<div>与<span>标记的区别在于，<div>是一个块级元素，它容纳的元素会自动换行；而<span>是一个行内元素，在它的前、后不会换行。<span>没有结构上的意义，纯粹用于设置样式，当需要对一行内容中的某部分内容单独设置样式时，就可以使用<span>标记。

例如，在 9.2 节案例实现中，如果对于标题行中英文部分的样式需要单独设置，就可以用<span>标记定义英文部分内容，再对其设置样式，代码如下。

```
.box  h2  span{    /* 标题中英文部分的样式 */
      font-size:12px;
      color:#333;
      font-weight:normal;
      padding-left:15px;
      }
```

微课 9-3：块元素间的外边距

9.3.2 块元素间的外边距

网页中的块元素水平或竖直排列时，元素之间往往都有一定的间隔，其间隔的距离是由元素的外边距决定的。块元素间的垂直外边距和水平外边距的计算方式是不同的，下面详细说明。

1. 块元素间的垂直外边距

当上下相邻的两个块元素相遇时，如果上面的元素有下外边距 margin-bottom，下面的元素有上外边距 margin-top，则它们的垂直间距不是两者的和，而是两者中的较大者。下面举例说明。

例 9-1 在项目 project09 中再新建一个网页文件，在网页中定义两个块元素，并设置它们的外边距，将文件保存为 example01.html，代码如下。

```
<!DOCTYPE html>
<html>
 <head>
     <meta charset="utf-8">
     <title>两元素间的垂直外边距</title>
     <style type="text/css">
     .one{
          width:200px;
          height:100px;
          background:#F00;
          margin-bottom:10px;      /* 定义第一个块元素的下外边距 */
     }
     .two{
          width:200px;
          height:100px;
          background:#0F0;
          margin-top:30px;         /* 定义第二个块元素的上外边距 */
     }
     </style>
     </head>
     <body>
     <div class="one">第一个块</div>
     <div class="two">第二个块</div>
 </body>
</html>
```

浏览网页，效果如图 9-2 所示。

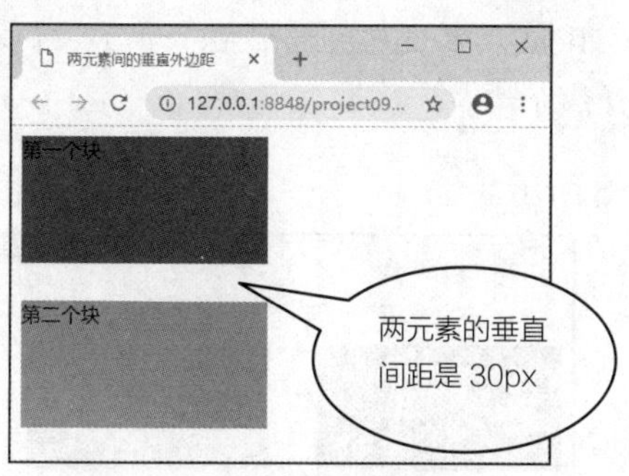

图 9-2 块元素间的垂直外边距

在例 9-1 中定义了第一个块元素的下外边距为 10px，定义了第二个块元素的上外边距为 30px，此时两个块元素的垂直间距是 30px，即第一个块元素的 margin-bottom 和第二个块元素的 margin-top 中的较大者。

2. 块元素间的水平外边距

当两个相邻的块元素水平排列时，如果左边的元素有右外边距 margin-right，右边的元素有左外边距 margin-left，则它们的水平间距是两者之和。下面举例说明。

例 9-2 在项目 project09 中再新建一个网页文件，在网页中定义两个块元素，并设置它们的外边距，将文件保存为 example02.html，代码如下。

```
<!DOCTYPE html>
<html>
 <head>
     <meta charset="utf-8">
     <title>两元素间的水平外边距</title>
     <style type="text/css">
     .one{
         width:200px;
         height:100px;
         background:#F00;
         float:left;                  /* 设置块元素左浮动 */
         margin-right:10px;           /* 定义第一个块元素的右外边距 */
     }
     .two{
         width:200px;
         height:100px;
         background:#0F0;
         float:left;                  /* 设置块元素左浮动 */
         margin-left:30px;            /* 定义第二个块元素的左外边距 */
     }
     </style>
     </head>
     <body>
     <div class="one">第一个块</div>
     <div class="two">第二个块</div>
 </body>
</html>
```

注意 在上述代码中，通过 float 属性设置块元素左浮动后，可以使两个块元素水平排列，关于浮动的内容后文会详细介绍。

浏览网页，效果如图 9-3 所示。

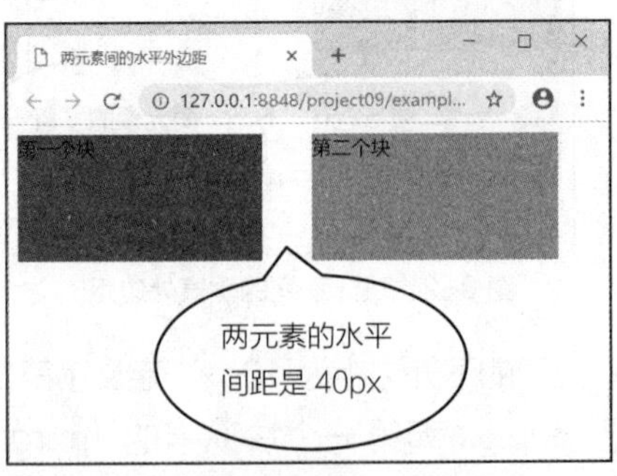

图 9-3 块元素间的水平外边距

在例 9-2 中定义了第一个块元素的右外边距为 10px，定义了第二个块元素的左外边距为 30px，此时两个块元素的水平间距是 40px，即第一个块元素的 margin-right 和第二个块元素的 margin-left 之和。

9.3.3 元素的浮动

微课 9-4：元素的浮动

在图 9-1 所示的美丽风光网页中可以看到，图片所在的块元素呈水平排列，而默认情况下，网页中的块元素会以标准流的方式竖直排列，即块元素从上到下一一排列。但在网页实际排版时，有时需要将块元素水平排列，这就需要为元素设置浮动属性。

1. 浮动属性

元素的浮动是指设置了浮动（float）属性的元素会脱离标准流的控制，移动到指定位置。在 CSS 中通过 float 属性来设置左浮动或右浮动，其格式如下。

```
选择器{float:left|right|none;}
```

说明 将 float 属性值设为 left 或 right，使浮动的元素可以向左或向右移动，直到它的外边缘碰到父元素或另一个浮动元素的边框为止。若不设置 float 属性，则 float 属性值默认为 none，即不浮动。

例 9-3 在项目 project09 中再新建一个网页文件，在网页中定义两个盒子，将文件保存为 example03.html，代码如下。

```
<!DOCTYPE html>
<html>
 <head>
     <meta charset="utf-8">
     <title>元素不浮动</title>
     <style type="text/css">
     .one {        /* 定义第一个盒子的样式 */
         width: 200px;
         height: 100px;
         background-color: #F00;
     }
     .two {        /* 定义第二个盒子的样式 */
         width: 200px;
         height: 100px;
         background-color: #0F0;
     }
     </style>
 </head>
<body>
     <div class="one">第一个块</div>
     <div class="two">第二个块</div>
 </body>
</html>
```

此时浏览网页，效果如图 9-4 所示。

在例 9-3 中对两个盒子都没有设置 float 属性，盒子自上而下排列，如图 9-4 所示。

若给每个盒子设置 float 属性：

```
float:left;
```

则此时浏览效果如图 9-5 所示。设置 float 属性后，盒子水平排列。

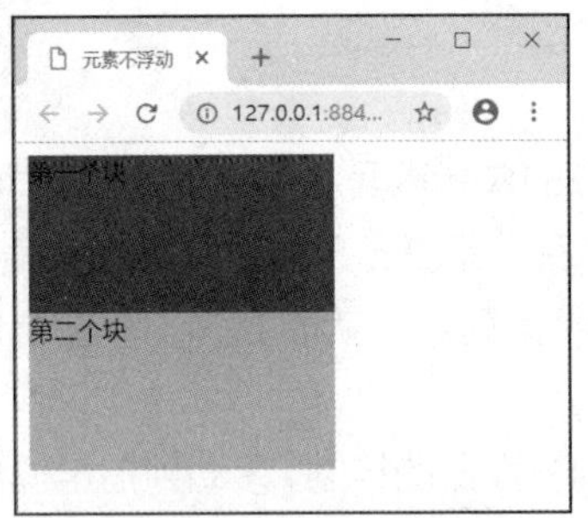

图 9-4　没有设置 float 属性时的效果

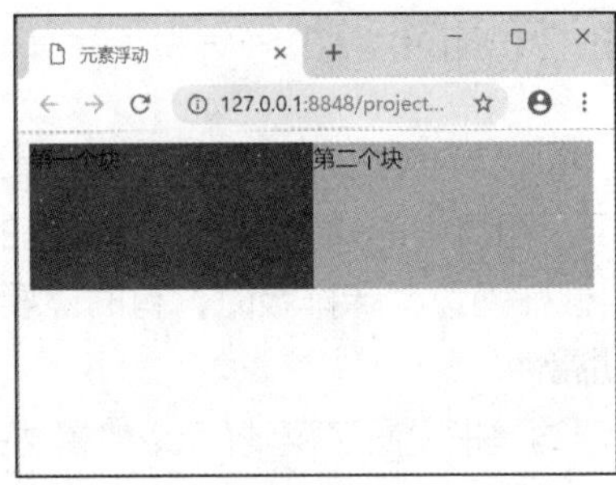

图 9-5　设置 float 属性时的效果

浮动元素不再占用原文档流的位置，它会对页面中其他元素的排版产生影响。下面举例说明。

例 9-4　在项目 project09 中再新建一个网页文件，在网页中定义两个盒子，在盒子下面显示一段文字，将文件保存为 example04.html，代码如下。

```
<!DOCTYPE html>
<html>
 <head>
     <meta charset="utf-8">
     <title>元素不浮动</title>
     <style type="text/css">
     .one {        /* 定义第一个盒子的样式 */
         width: 200px;
         height: 100px;
         background-color: #F00;
     }
     .two {        /* 定义第二个盒子的样式 */
         width: 200px;
         height: 100px;
         background-color: #0F0;
     }
     </style>
 </head>
 <body>
     <div class="one">第一个块</div>
     <div class="two">第二个块</div>
     <p>默认情况下，网页中的块元素会以标准流的方式竖直排列，即块元素从上到下一一罗列。但在网页实际排版时，有时需要将块元素水平排列，这就需要为元素设置浮动属性。 </p>
 </body>
</html>
```

浏览网页，效果如图 9-6 所示。

可以看出，此时网页中的元素按标准流的方式自上而下排列。若给两个盒子设置 float 属性：

```
float:left;  /* 设置左浮动 */
```

则会形成段落文字与块元素环绕的效果，如图 9-7 所示。

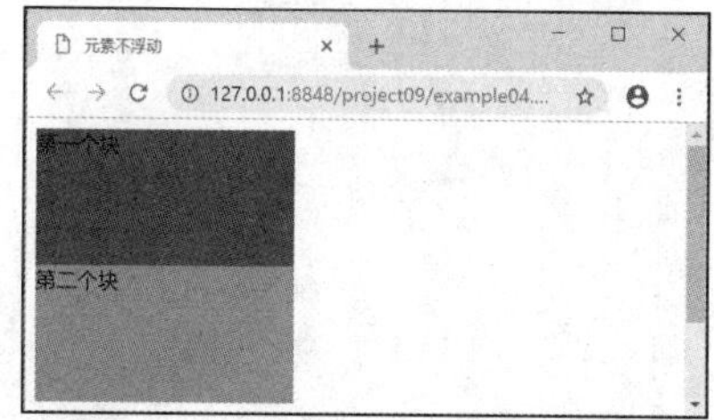

图 9-6　不设置 float 属性时的效果

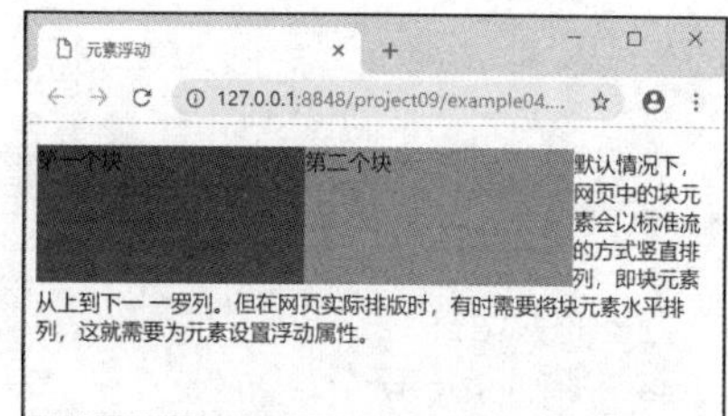

图 9-7　段落文字与块元素环绕的效果

2. 清除浮动

若要使图 9-7 所示的段落文字按原文档流的方式显示，即不受前面浮动元素的影响，则需要清除浮动。在 CSS 中使用 clear 属性清除浮动，其格式如下。

```
选择器{clear:left|right|both;}
```

说明　clear 属性值为 left 时，清除左侧浮动的影响；为 right 时，清除右侧浮动的影响；为 both 时，同时清除左右两侧浮动的影响。其中，最常用的属性值是 both。

继续在例 9-4 的代码中添加如下样式代码。

```
p{clear:both;}  /* 清除浮动的影响 */
```

此时浏览网页，效果如图 9-8 所示。

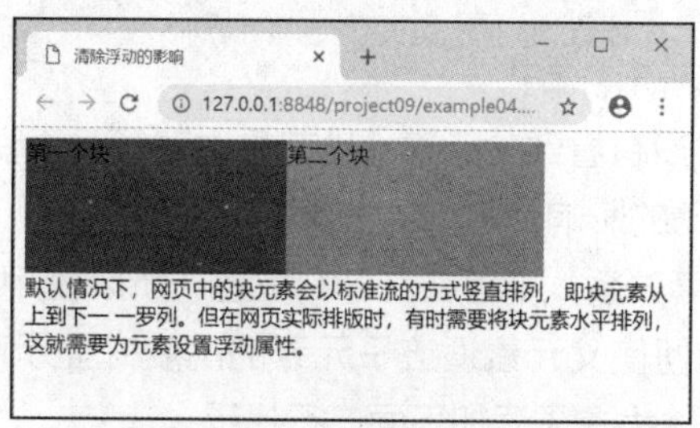

图 9-8　清除浮动影响后的效果

注意　clear 属性只能清除元素左右两侧浮动的影响，但是在制作网页时，经常会遇到一些特殊的浮动影响。例如，对子元素设置 float 属性时，如果不对其父元素定义高度，则子元素的浮动会对父元素产生影响，下面举例说明。

例 9-5　在项目 project09 中再新建一个网页文件，在网页中定义一个大盒子，其中包含两个小盒子，将文件保存为 example05.html，代码如下。

```
<!DOCTYPE html>
<html>
 <head>
     <meta charset="utf-8">
     <title>大盒子包含小盒子</title>
     <style type="text/css">
     .box {                      /* 定义大盒子的样式，不设置高度 */
```

```
        width: 700px;
        background: #FF0;
    }
    .one {                              /* 定义小盒子的样式 */
        width: 200px;
        height: 100px;
        background-color: #F00;
        float: left;                    /* 设置左浮动 */
        margin: 10px;
    }
    .two {                              /* 定义小盒子的样式 */
        width: 200px;
        height: 100px;
        background-color: #0F0;
        float: left;                    /* 设置左浮动 */
        margin: 10px;
    }
    </style>
    </head>
    <body>
    <div class ="box">
      <div class="one">第一个块</div>
      <div class="two">第二个块</div>
    </div>
  </body>
</html>
```

浏览网页，效果如图 9-9 所示。

从图 9-9 可以看出，此时没有看到父元素。也就是说对子元素设置 float 属性后，由于对父元素没有设置高度，受子元素浮动的影响，所以父元素没有显示。

因为子元素和父元素为嵌套关系，不存在左、右位置，所以使用 clear 属性并不能清除子元素浮动对父元素的影响。那么如何使父元素适应子元素的高度并显示呢？最简单的方法之一是使用 overflow 属性清除浮动影响，给大盒子添加下面一行代码。

```
overflow:hidden;   /* 清除浮动影响，使父元素适应子元素的高度 */
```

此时浏览网页，效果如图 9-10 所示。

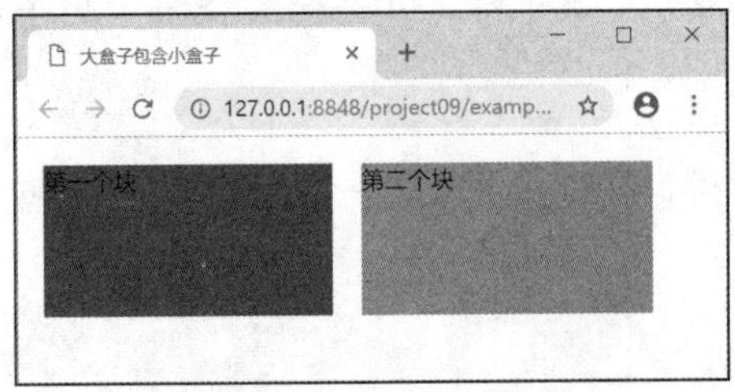

图 9-9　子元素浮动对父元素的影响

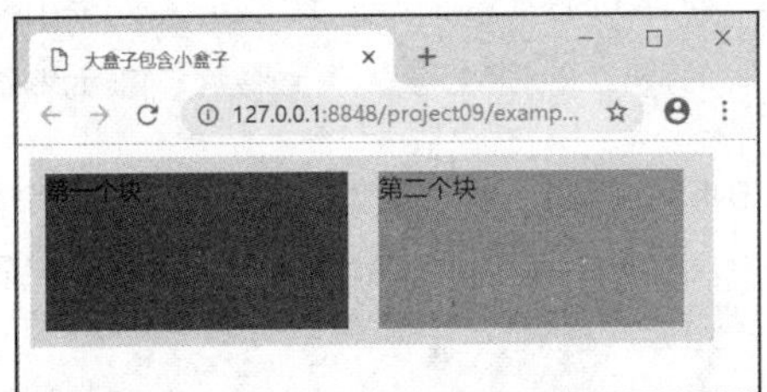

图 9-10　使用 overflow 属性清除浮动影响

在图 9-10 中可以看出父元素已经显示，说明父元素被子元素撑开，即子元素浮动对父元素的影响已经被清除。

案例小结

本案例介绍了创建美丽风光网页，主要利用了元素的 float 属性，使图片所在的块元素水平排列。在知识点中介绍了块元素与行内元素、块元素的外边距、元素的浮动属性与清除浮动等。

习题与实训

一、判断题

1. <div>是一个块元素。(　　)

2. 当两个相邻的块元素水平排列时，如果左边的元素有右外边距 margin-right，右边的元素有左外边距 margin-left，则它们的水平间距是两者之和。(　　)

3. 当上下相邻的两个块元素相遇时，如果上面的元素有下外边距 margin-bottom，下面的元素有上外边距 margin-top，则它们的垂直间距不是两者之和，而是两者中的较大者。(　　)

4. 页面上定义的两个盒子都没有设置 float 属性时，盒子会水平排列。(　　)

5. 对父元素包含的子元素设置 float 属性后，若对父元素没有设置高度，则受子元素浮动的影响，父元素将不显示。(　　)

二、实训练习

创意设计：创建自己的相册网页，在网页上使用<div>标记创建一个大盒子，在大盒子中再创建若干小盒子，在小盒子中放入自己的照片，定义 CSS 样式，使页面美观、大方。

三、拓展学习

在 9.3.3 小节中已经提到过 overflow 属性，设置父元素的 overflow 属性值为 hidden 时，可以清除子元素浮动对父元素的影响，使父元素的高度适应子元素的高度。但该属性另外的作用是规范元素内溢出的内容。请自行查阅如何设置 overflow 属性的值对溢出内容进行控制。

案例 10　笔记本电脑展示网页

前面的案例介绍过，对元素设置 float 属性后，可以使元素灵活地排列，但无法对元素的位置进行精确控制。使用元素的定位（position）等相关属性可以对元素进行精确定位。本案例介绍创建笔记本电脑展示网页，将页面内容放入定义的盒子中，通过绝对定位精确设置“点击购买”按钮的位置。在知识点中介绍元素的各种定位方式。

10.1　案例描述

创建笔记本电脑展示网页，将所有内容放入一个大盒子中，并使用 CSS 设置盒子及盒子中内容的样式，浏览效果如图 10-1 所示。要求如下。

（1）页面字体为微软雅黑。

（2）盒子宽度为 1000px，高度为 500px，盒子在浏览器中居中显示。

（3）将“点击购买”按钮绝对定位到离盒子右侧 40px、离盒子下方 70px 位置处。

图 10-1　笔记本电脑展示网页

10.2　案例实现

创建笔记本电脑展示网页的步骤如下。

微课 10-1：案例实现

1. 案例分析

图 10-1 所示的网页内容是放在一个大盒子中的，大盒子中的内容又分为左右两部分，因此其整体结构为大盒子包含两个小盒子，如图 10-2 所示。

图 10-2　页面的构成

首先要用<div>标记定义一个大盒子，再在大盒子中定义左右两个子盒子，在左侧的盒子中使用<img>标记定义图片；在右侧的盒子中分别使用<h2>标记、<h3>标记和<p>标记定义标题和段落文字，使用<p>标记定义“点击购买”按钮。通过设置一系列样式达到图 10-1 所示的效果。

2. 新建项目

在 HBuilderX 中新建项目 project10，设置项目存放位置为 E:/网页设计/源代码，选择模板类型为“基本 HTML 项目”，单击“创建”按钮。将素材图片复制、粘贴到 images 目录中。

3. 在项目中创建网页文件

在 project10 中新建 HTML 文件，设置文件名为 example.html。

4. 搭建页面结构

根据案例分析，使用相应的 HTML 标记来构建网页结构，代码如下。

```
<!DOCTYPE html>
<html>
 <head>
     <meta charset="utf-8" />
     <title>笔记本电脑展示</title>
 </head>
 <body>
     <div class="box">
          <div class="left">
               <img src="images/computer.png"  alt="computer">
          </div>
          <div class="right">
               <h2>小米笔记本 Pro X 15</h2>
               <h3>3.5K E4 OLED 超视网膜大师屏</h3>
               <p class="spe">小米自营</p>
               <p class="spe">8499 元</p>
               <p class="buy">点击购买</p>
          </div>
     </div>
 </body>
</html>
```

说明 在上述结构代码中，在<div>标记和<p>标记中添加 class 属性，是为了定义相应元素的样式。

此时浏览网页，效果如图 10-3 所示。

图 10-3 页面的结构

5. 定义 CSS 样式

在<head>标记内添加内部样式表，样式表代码如下。

```
<style type="text/css">
      body,h2,h3,p{
           margin:0;
           padding:0;
      }
```

```
body{
     font-family:"microsoft yahei";       /* 设置微软雅黑字体 */
}
.box{
     width:1000px;
     height:500px;
     margin:20px auto;
     background-color:#e4e4e4;
     border-radius: 30px;
     position: relative;                  /* 父元素相对定位 */
}
.left{
     width:683px;
     height:377px;
     float:left;
     padding-top:70px;
}
.right{
     width:317px;
     height:377px;
     float:right;
     padding-top:90px ;
}
.right  h2{
     font-size:30px;
     padding-bottom:30px;
}
.right  h3{
     font-size:20px;
     padding-bottom:30px;
     color:#747474;
     font-weight:normal;
}
.right .spe{
     font-size:20px;
     color:#d10000;
     line-height:40px;
}
.right  .buy{                             /*“点击购买”按钮的样式 */
     width:140px;
     height:40px;
     line-height:40px;
     font-size:20px;
     color:#fff;
     text-align:center;
     background-color: blue;
     border-radius:15px;
     position:absolute;                   /* 子元素绝对定位 */
     right:40px;                          /* 离父元素右边缘 40px */
     bottom:70px;                         /* 离父元素下边缘 70px */
     cursor:pointer;
```

```
        box-shadow:5px 5px 5px #ccc;
    }
</style>
```

6. **保存并浏览网页**

浏览网页，效果如图 10-1 所示。

说明 在上述样式代码中，采用绝对定位定义了“点击购买”按钮的位置，其实也可以采用静态定位，即设置其 padding-left 属性和 padding-top 属性，但采用绝对定位的位置会更灵活。

10.3 相关知识点

下面对元素的定位、定位类型和 z-index 属性进行详细介绍。

微课 10-2：元素的定位

10.3.1 元素的定位

元素的定位需要设置 position 属性确定定位方式，再结合 left、top 等坐标属性确定元素的位置。

1. **定位方式**

在 CSS 中，position 属性用于定义元素的定位方式，其格式如下。

```
选择器{position:static|relative|absolute|fixed;}
```

说明 （1）static：静态定位，默认定位方式。

（2）relative：相对定位，相对于其原文档流的位置进行定位。

（3）absolute：绝对定位，相对于其已经定位的父元素进行定位。

（4）fixed：固定定位，相对于浏览器窗口进行定位。

2. **确定元素位置**

position 属性仅用于定义元素以哪种方式定位，并不能确定元素的具体位置。在 CSS 中，通过 left、right、top、bottom 这 4 个坐标属性来精确定位元素。

① left：定义元素相对于其父元素左边线的距离。

② right：定义元素相对于其父元素右边线的距离。

③ top：定义元素相对于其父元素上边线的距离。

④ bottom：定义元素相对于其父元素下边线的距离。

10.3.2 定位类型

元素的定位类型包括静态定位、相对定位、绝对定位和固定定位，下面分别进行介绍。

1. **静态定位**

静态定位是元素的默认定位方式，是各个元素按照标准流（包括浮动方式）进行定位。在静态定位状态下，无法通过设置 left、right、top、bottom 这 4 个属性来改变元素的位置。

例 10-1 演示静态定位。在项目 project10 中再新建一个网页文件，在网页中定义一个大盒子，其中包含 3 个小盒子，将文件保存为 example01.html，代码如下。

```
<!DOCTYPE html>
<html>
 <head>
     <meta charset="utf-8">
     <title>静态定位</title>
     <style type="text/css">
     .box {                              /* 定义大盒子的样式 */
         width: 200px;
         height: 200px;
         background: #CCC;
     }
     .one, .two, .three {                /* 定义 3 个小盒子的样式 */
         width: 50px;
         height: 50px;
         background-color:#aaffff;
         border: 1px solid #333;
     }
     </style>
 </head>
 <body>
     <div class="box">
       <div class="one">one</div>
       <div class="two">two</div>
       <div class="three">three</div>
     </div>
 </body>
</html>
```

浏览网页，效果如图 10-4 所示。

对图 10-4 所示的所有元素都采用静态定位，即按标准流的方式定位。

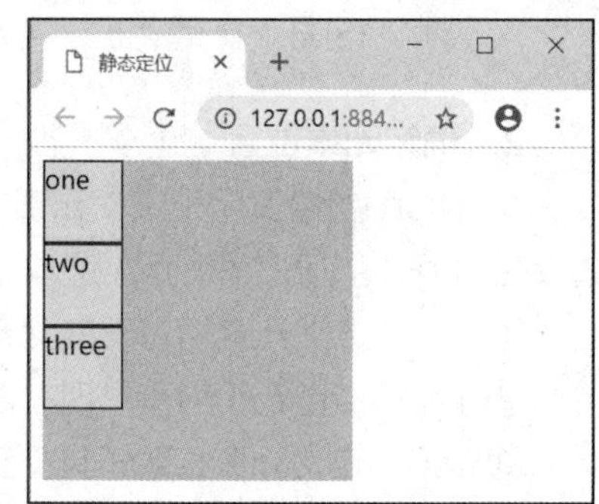

图 10-4 静态定位效果

2. 相对定位

采用相对定位的元素会相对于自身原本的位置，通过偏移指定的距离到达新的位置。其中，水平方向的偏移量由 left 属性或 right 属性指定；竖直方向的偏移量由 top 属性和 bottom 属性指定。

例 10-2 演示相对定位。在项目 project10 中再新建一个网页文件，在网页中定义一个大盒子，其中包含 3 个小盒子，对第二个小盒子进行相对定位，将文件保存为 example02.html，代码如下。

```
<!DOCTYPE html>
<html>
 <head>
     <meta charset="utf-8">
     <title>相对定位</title>
     <style type="text/css">
```

```
    .box {                                /* 定义大盒子的样式 */
        width: 200px;
        height: 200px;
        background: #CCC;
    }
    .one, .two, .three {                  /* 定义 3 个小盒子的样式 */
        width: 50px;
        height: 50px;
        background-color:#aaffff;
        border: 1px solid #333;
    }
    .two {
        position: relative;               /* 设置相对定位 */
        left: 50px;                       /* 距原来的位置水平偏移 50px */
        top: 30px;                        /* 距原来的位置垂直偏移 30px */
    }
    </style>
</head>
<body>
    <div class="box">
      <div class="one">one</div>
      <div class="two">two</div>
      <div class="three">three</div>
    </div>
</body>
</html>
```

浏览网页，效果如图 10-5 所示。

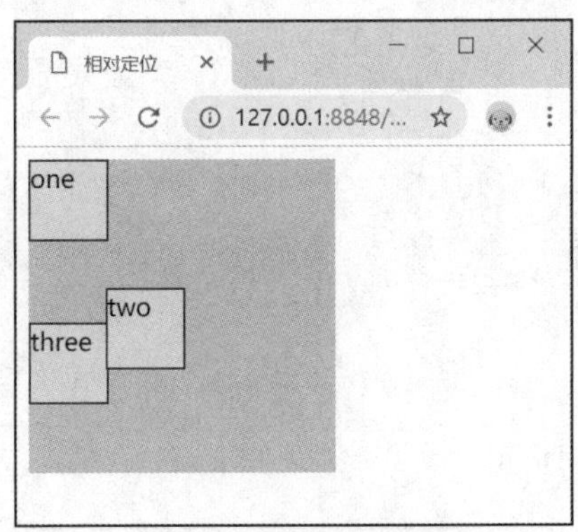

图 10-5　相对定位效果

如图 10-5 所示，对第二个小盒子采用相对定位，可以看出该元素相对于其自身原来的位置向右偏移了 50px、向下偏移了 30px，但是它在文档流中的位置仍然保留。

注意　采用相对定位的元素在文档流中的位置仍然保留。

3. 绝对定位

绝对定位是将元素依据最近的已经定位（相对定位或绝对定位）的父元素进行定位，若所有父元素都没有定位，则依据 body 元素（浏览器窗口）进行定位。

例 10-3 演示绝对定位。在项目 project10 中再新建一个网页文件，在网页中定义一个大盒子，其中包含 3 个小盒子，对第二个小盒子进行绝对定位，将文件保存为 example03.html，代码如下。

```
<!DOCTYPE html>
<html>
 <head>
     <meta charset="utf-8">
     <title>绝对定位</title>
     <style type="text/css">
     .box {   /*定义大盒子的样式*/
         width: 200px;
         height: 200px;
         background: #CCC;
         position: relative;            /* 对父元素设置相对定位 */
     }
     .one, .two, .three {               /* 定义 3 个小盒子的样式 */
         width: 50px;
         height: 50px;
         background-color:#aaffff;
         border: 1px solid #333;
     }
     .two {
         position: absolute;            /* 设置绝对定位 */
         left: 50px;                    /* 距父元素的左边缘 50px */
         top: 30px;                     /* 距父元素的上边缘 30px */
     }
     </style>
 </head>
 <body>
     <div class="box">
       <div class="one">one</div>
       <div class="two">two</div>
       <div class="three">three</div>
     </div>
 </body>
</html>
```

浏览网页，效果如图 10-6 所示。

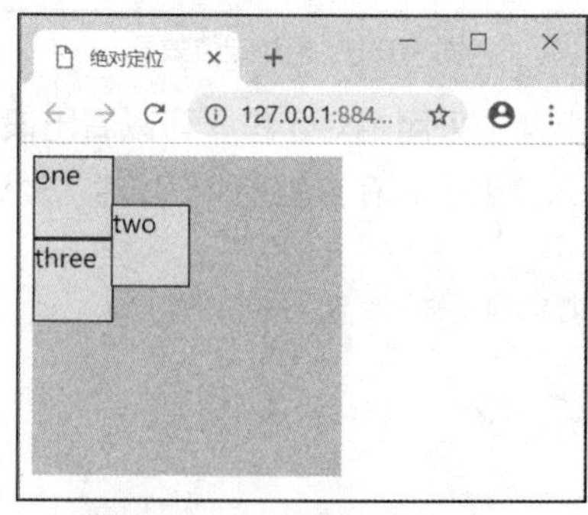

图 10-6 绝对定位效果

在例 10-3 中对父元素设置相对定位，但不对其设置偏移量，同时，对第二个小盒子设置绝对定位，并通过 left 属性和 top 属性设置其精确位置。这种方法在实际网页制作中经常使用。如果在例 10-3 中去掉父元素的 position:relative 属性设置，那么第二个小盒子将相对于浏览器窗口进行定位。

注意 采用绝对定位的元素从标准流中脱离，不再占用标准流中的空间。

在 10.2 节案例实现中，对“点击购买”按钮采用的就是绝对定位，其父元素是外层的大盒子（采用相对定位）。

4. 固定定位

固定定位是绝对定位的一种特殊形式，它总是以浏览器窗口作为参照物来定位网页元素。当对元素设置固定定位后，元素将脱离标准流的控制，总是显示在浏览器窗口的固定位置。

例如，下面的代码用于将二维码图片固定定位在浏览器窗口的右侧。

```
<img style="position:fixed;right:0;top:200px; z-index:999;width:100px;" src="images/ewm.png" />
```

该行代码还用到了 z-index 属性，下面对该属性进行介绍。

10.3.3 z-index 属性

当对多个元素同时设置定位类型时，定位元素之间有可能会发生重叠。要想调整定位元素的堆叠顺序，可以对定位元素应用 z-index 属性，其取值可为正整数、负整数和 0。z-index 属性的默认属性值为 0，值越大，定位元素在层叠元素中越居上。

注意 z-index 属性仅对定位元素有效。

案例小结

本案例介绍了创建笔记本电脑展示网页，将图像和文字放入盒子并对盒子中的内容进行一系列样式设置，对下方的按钮采用绝对定位来精确控制它的位置。在知识点中介绍了元素的定位、4 种定位类型和 z-index 属性。

习题与实训

一、单项选择题

1. position 属性用于定义元素的定位类型，下列选项中不属于 position 属性常用属性值的是（　　）。

A．static　　B．relative　　C．absolute　　D．visible

2．下列样式代码中,不能够设置元素定位类型的是（　　）。

A．position:auto;　　B．position:fixed;

C．position:absolute;　　D．position:relative;

3．下列样式代码中,可对元素进行绝对定位的是（　　）。

A．.special{ position:relative;}

B．.special{ position:absolute;top:20px;left:16px;}

C．.special{ position:fixed;top:20px;left:16px;}

D．.special{ position:static;}

二、判断题

1．绝对定位是将元素依据浏览器窗口进行定位。（　　）

2．在 CSS 中，可以通过 position 属性为元素设置浮动。（　　）

3．z-index 属性用于调整重叠定位元素的堆叠顺序。（　　）

4．在静态定位状态下，无法通过坐标属性（top、bottom、left 和 right 属性）来改变元素的位置。（　　）

三、实训练习

创建新年快乐网页，在网页上使用<div>标记创建一个大盒子，在大盒子中再定义 4 个小盒子。将大盒子的背景图像设置为红灯笼图片，每个小盒子分别显示“新年快乐”中的一个字，将小盒子设置为采用绝对定位，并定义相关样式，浏览效果如图 10-7 所示。

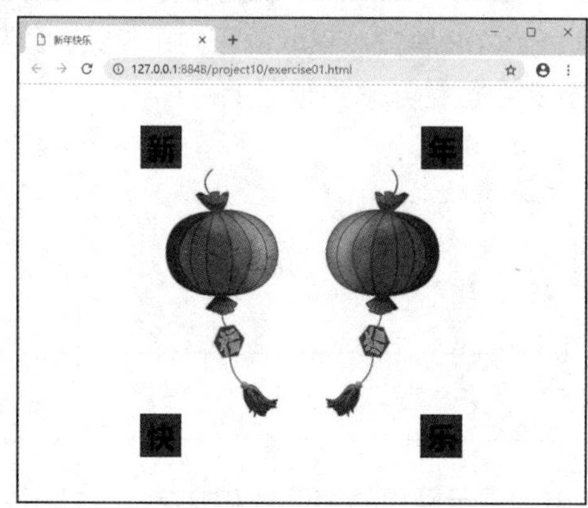

图 10-7　新年快乐网页

案例 11　公司新闻块

案例 3 介绍过创建新闻列表网页，但案例 3 中的新闻列表是直接显示到整个网页中的，在实际制作网站时，往往是把相关的新闻放入一个盒子中，多个盒子构成网页中丰富多彩的内容板块。本案例介绍创建公司新闻块网页，对公司新闻块中的新闻条目使用无序列表构建，每条新闻都是一个超链接，无序列表和超链接的样式设置是创建公司新闻块中非常关键的部分。在知识点中介绍超链接和无序列表的样式设置。

11.1 案例描述

创建公司新闻块网页，将新闻标题和新闻条目放入一个盒子中，并使用 CSS 定义盒子及盒子中元素的样式，浏览效果如图 11-1 所示。要求如下。

（1）页面字体采用微软雅黑、13px，页面的背景颜色为灰色（#ccc）。

（2）盒子的宽度为 450px、高度为 220px，背景颜色为白色，在浏览器中居中显示。

（3）标题文字大小为 16px。

（4）为新闻条目添加超链接，鼠标指针悬停在超链接文字上时，超链接文字为暗红色（#900）、无下画线。

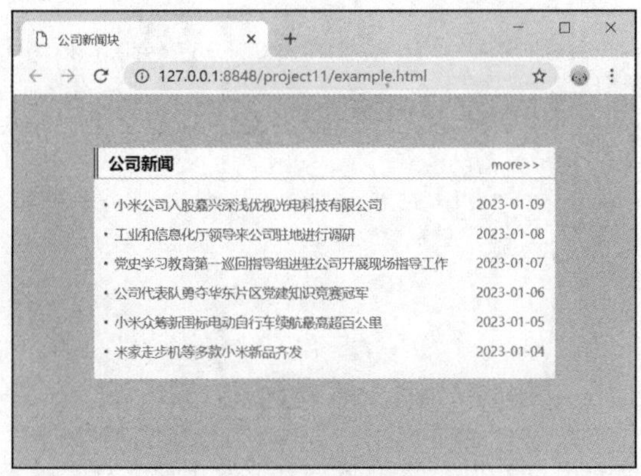

图 11-1　公司新闻块网页

11.2 案例实现

创建公司新闻块网页的步骤如下。

微课 11-1：案例实现

1. 案例分析

图 11-1 所示的网页内容是放在一个盒子中的，首先要用<div>标记定义一个盒子，盒子中的标题使用<h2>标记定义，标题右侧的“more>>”使用<span>标记定义，使用无序列表标记<ul>定义新闻条目，最后设置盒子和盒子中内容的样式。

2. 新建项目

在 HBuilderX 中新建项目 project11，设置项目存放位置为 E:/网页设计/源代码，选择模板类型为“基本 HTML 项目”，单击“创建”按钮。将素材图片复制、粘贴到 images 目录中。

3. 在项目中创建网页文件

在 project11 中新建 HTML 文件，设置文件名为 example.html。

4. 搭建页面结构

根据案例分析，使用相应的 HTML 标记来构建网页结构，代码如下。

```
<!DOCTYPE html>
<html>
```

```
    <head>
        <meta charset="utf-8" />
        <title>公司新闻块</title>
    </head>
    <body>
        <div class="box">
            <h2>公司新闻<span><a href="#">more>></a></span></h2>
            <ul>
                <li><a href="#"><span>2023-01-09</span>小米公司入股嘉兴深浅优视光电科技
有限公司</a></li>
                <li><a href="#"><span>2023-01-08</span>工业和信息化厅领导来公司驻地进行
调研</a></li>
                <li><a href="#"><span>2023-01-07</span>党史学习教育第一巡回指导组进驻公
司开展现场指导工作</a></li>
                <li><a href="#"><span>2023-01-06</span>公司代表队勇夺华东片区党建知识竞
赛冠军</a></li>
                <li><a href="#"><span>2023-01-05</span>小米众筹新国标电动自行车续航最高
超百公里</a></li>
                <li><a href="#"><span>2023-01-04</span>米家走步机等多款小米新品齐发
</a></li>
            </ul>
        </div>
    </body>
   </html>
```

说明 将日期的内容放到新闻条目内容的前面是为了便于设置样式，否则容易显示错乱。

此时浏览网页，效果如图 11-2 所示。

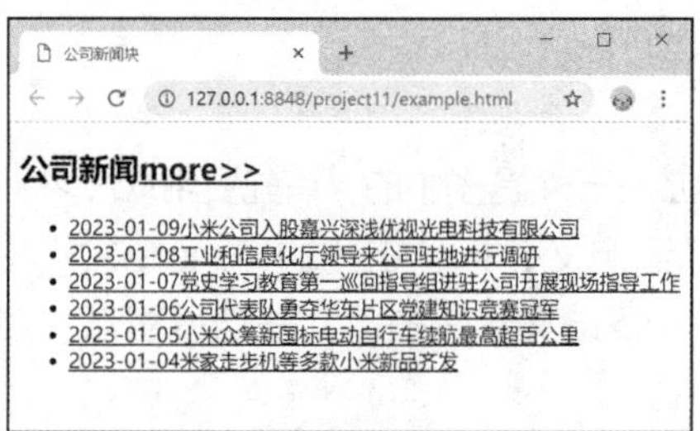

图 11-2　公司新闻块结构

5. 定义 CSS 样式

在<head>标记内添加内部样式表，样式代码如下。

```
<style type="text/css">
    body,h2,ul,li{
    margin: 0;
    padding: 0;
    }
    ul,li{
        list-style:none;                /* 去掉无序列表项的项目符号 */
```

```
    }
    body {
        font-size: 13px;
        color: #000;
        font-family: "微软雅黑";
        background-color:#ccc;
    }
    a {                                         /* 设置超链接文字的样式 */
        color: #696969;
        text-decoration: none;                  /* 去掉超链接文字的下画线 */
    }
    a:hover {                       /* 设置鼠标指针悬停在超链接文字上时超链接文字的样式 */
        color: #900;
    }
    .box {
        width: 450px;
        height: 220px;
        margin: 50px auto;
        background-color:#fff;
    }
    .box  h2 {
        width: 436px;
        height: 29px;
        line-height: 29px;
        border-left: 4px double #900;          /* 添加左侧的竖线 */
        border-bottom: 1px solid #ccc;         /* 添加标题下面的水平线 */
        font-size: 16px;
        padding-left: 10px;
    }
    .box  h2  span a {                          /* 设置"more>>"的样式 */
        font-size: 12px;
        padding-left:310px;
        font-weight: normal;
    }
    .box  ul {
        width: 430px;
        height: 250px;
        padding: 10px;
    }
    .box  ul  li {
        width: 420px;
        height: 28px;
        line-height: 28px;
        padding-left: 10px;
        background: url(images/dot.png) no-repeat left center; /* 添加左侧的项目符号 */
    }
    .box  ul  li  span {                        /* 设置日期的样式 */
        float: right;
        font-size: 12px;
    }
</style>
```

6. 保存并浏览网页

网页浏览效果如图 11-1 所示。

11.3 相关知识点

11.2 节案例实现中定义了无序列表样式和超链接样式，下面对这些知识进行详细介绍。

11.3.1 列表样式设置

案例 3 中已介绍过，列表有无序列表、有序列表和自定义列表，对应的标记分别是<ul>、<ol>和<dl>。通过标记的属性可以控制列表的项目符号，但是这种方式实现的效果并不理想，为此，CSS 提供了一系列列表样式属性来设置列表的样式。

微课 11-2：列表样式设置

（1）list-style-type 属性：设置无序列表或有序列表的项目符号。例如，无序列表的 list-style-type 属性的取值有 disc、circle、square。

（2）list-style-image 属性：设置列表项目图像，使列表的样式更加美观，其取值为图像的 URL（地址）。

（3）list-style-position 属性：设置列表项目符号的位置，其取值有 inside 和 outside 两种。

（4）list-style 属性：综合设置列表样式，可以代替上面 3 个属性。

list-style 属性的格式如下。

```
list-style:列表项目符号  列表项目符号的位置  列表项目图像
```

实际上，在网页制作过程中，为了更高效地控制列表项目符号，通常将 list-style 的值定义为 none，清除列表的默认样式，然后为<li>设置背景图像来实现不同的列表项目符号。下面举例说明。

例 11-1 在项目 project11 中新建一个网页文件，在网页上创建无序列表，并定义列表样式，将文件保存为 example01.html，代码如下。

```
<!DOCTYPE html>
<html>
 <head>
     <meta charset="utf-8">
     <title>列表样式设置</title>
     <style type="text/css">
          li {
               list-style: none;       /* 清除列表的默认样式 */
               height: 28px;
               line-height: 28px;
               background: url(images/arror.gif) no-repeat left center;
/* 自定义项目符号 */
               padding-left: 25px;   /* 使文字往右移动，使背景图像与文字不重叠 */
          }
     </style>
 </head>
 <body>
     <h2>三国演义人物</h2>
     <ul>
```

```
            <li>刘备</li>
            <li>曹操</li>
            <li>诸葛亮</li>
            <li>关羽</li>
            <li>张飞</li>
        </ul>
    </body>
</html>
```

浏览网页，效果如图 11-3 所示。

从图 11-3 可以看到，对每个列表项都用背景图像重新定义了列表的项目符号。如果想重新选择列表项目符号，则只需修改 background 属性的值即可。

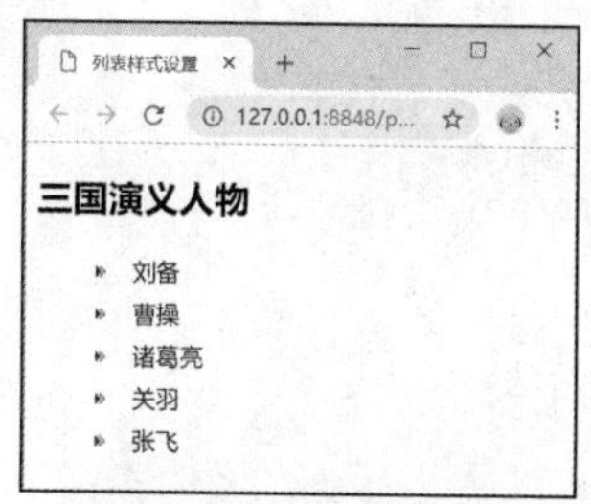

图 11-3　无序列表样式

微课 11-3：超链接样式设置

11.3.2　超链接样式设置

定义超链接时，为了提高用户体验，经常需要为超链接指定不同的状态，使超链接在单击前、单击后和鼠标指针悬停在其上时的样式不同。在 CSS 中，通过超链接伪类可以实现不同的超链接状态。

伪类并不是真正意义上的类，它的名称是由系统定义的。超链接标记<a>的伪类有如下 4 种。

（1）a:link{CSS 样式规则;}：未访问时超链接的状态。

（2）a:visited{CSS 样式规则;}：访问后超链接的状态。

（3）a:hover{CSS 样式规则;}：鼠标指针悬停在其上时超链接的状态。

（4）a:active{CSS 样式规则;}：按下鼠标按键和松开按键之间超链接的状态。

通常在实际应用时，只需要使用 a:link、a:visited 来定义未访问时和访问后超链接的样式，而且 a:link 和 a:visited 定义的样式相同；使用 a:hover 定义鼠标指针悬停在其上时超链接的样式即可。有时只定义 a 和 a:hover 的样式。

例 11-2　在项目 project11 中新建一个网页文件，设置超链接文字的样式，将文件保存为 example02.html，代码如下。

```
<!DOCTYPE html>
<html>
 <head>
     <meta charset="utf-8">
     <title>超链接样式设置</title>
     <style type="text/css">
     body{
         padding:0;
         margin:0;
```

```
        font-size:16px;
        font-family:"微软雅黑";
        color:#3c3c3c;
    }
    a{
        color:#4c4c4c;                  /* 超链接文字的颜色 */
        text-decoration:none;           /* 设置超链接文字无下画线 */
    }
    a:hover{
        color:#FF8400;
        text-decoration:underline;      /* 设置鼠标指针悬停在其上时超链接文字有下画线 */
    }
    </style>
    </head>
    <body>
        <a href="#">公司简介</a>
        <a href="#">新闻动态</a>
        <a href="#">产品介绍</a>
        <a href="#">联系我们</a>
 </body>
</html>
```

浏览网页，效果如图 11-4 所示。

在例 11-2 中，鼠标指针悬停在超链接文字上时，超链接文字变成橘红色，且带有下画线。设置超链接样式，可以改变默认超链接的文字样式。在实际制作网站时，一般都要对网站的超链接进行个性化的设置，而不采用默认的样式。

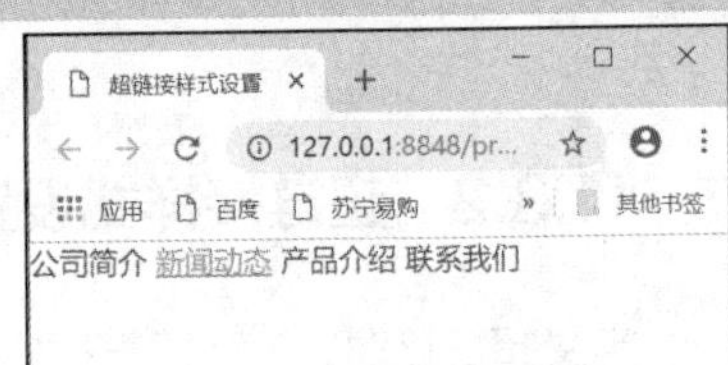

图 11-4　超链接文字样式

案例小结

本案例介绍了创建公司新闻块，将新闻内容放在盒子中，然后设置盒子、无序列表和超链接的样式。在知识点中介绍了无序列表的样式设置和超链接文字的样式设置。新闻块是网页上大量出现的板块，熟练制作新闻块是网页设计非常关键的内容。

习题与实训

一、单项选择题

1．在 CSS 样式设置中，用于综合设置无序列表的样式属性是（　　）。

A．list-style　　B．list-type

C．list-css　　D．list-class

2．在 CSS 样式设置中，用于设置鼠标指针悬停在其上时超链接的状态的伪类是（　　）。

A．a:visited　　B．a:link　　C．a:hover　　D．a:active

二、实训练习

创建产品列表网页，在网页上使用<div>标记创建一个盒子，在盒子中放入标题和无序列表，定义样式使浏览效果如图 11-5 所示。

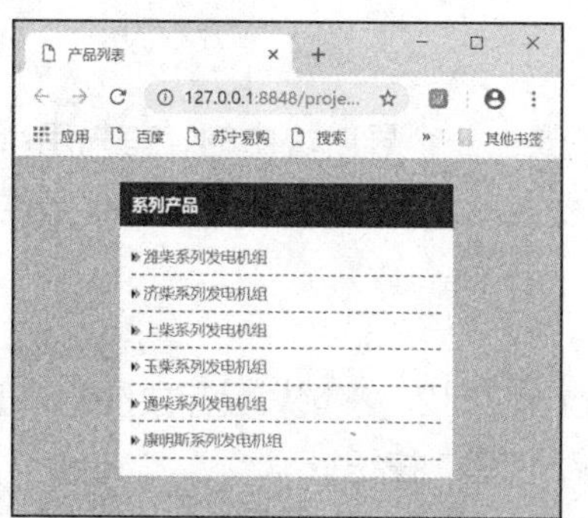

图 11-5　产品列表网页

11-4：实训参考步骤

案例 12　导航条

导航条是网页中很重要的组成部分，通过导航条可以进入网站中的其他页面。导航条其实也是一个盒子，在盒子中一般使用无序列表构建导航条的内容，再对盒子和列表进行一系列样式设置。本案例介绍创建水平导航条，在知识点中介绍元素类型的转换等内容。

12.1　案例描述

创建水平导航条，将导航条目放入一个导航块中，使用无序列表构建导航条的内容，使用 CSS 定义导航块及导航条中内容的样式，浏览效果如图 12-1 和图 12-2 所示。要求如下。

（1）页面字体采用微软雅黑、14px。

（2）导航条与浏览器一样宽，高度是 35px，背景颜色为灰色的渐变色（#838383 到#393939 的渐变）。

（3）导航条中内容的宽度是 1000px，内容在导航条中水平居中显示。

（4）鼠标指针悬停到导航条目上时，背景颜色变为红色的渐变色（#c70412 到#940203 的渐变）。

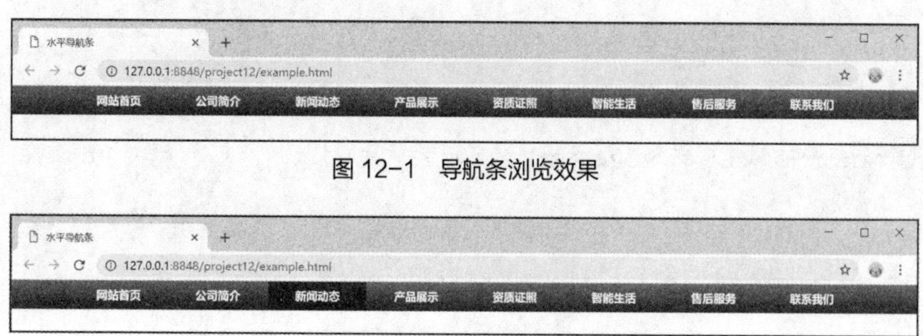

图 12-1　导航条浏览效果

图 12-2　鼠标指针悬停在导航条目上时的浏览效果

12.2 案例实现

微课 12-1：案例实现

创建水平导航条的步骤如下。

1. 案例分析

图 12-1 所示的网页内容是放在一个导航块中的，首先用<nav>标记定义导航块，对其中的内容使用无序列表标记<ul>定义，最后设置导航块和内容的样式。

2. 新建项目

在 HBuilderX 中新建项目 project12，设置项目存放位置为 E:/网页设计/源代码，选择模板类型为“基本 HTML 项目”，单击“创建”按钮。

3. 在项目中创建网页文件

在 project12 中新建 HTML 文件，设置文件名为 example.html。

4. 搭建导航条结构

根据案例分析，使用相应的 HTML 标记来构建网页结构，代码如下。

```
<!DOCTYPE html>
<html>
<head>
    <meta charset="utf-8" />
    <title>水平导航条</title>
</head>
<body>
    <nav>
        <ul class="navCon">
            <li><a href="#" target="_blank">网站首页</a></li>
            <li><a href="#" target="_blank">公司简介</a></li>
            <li><a href="#" target="_blank">新闻动态</a></li>
            <li><a href="#" target="_blank">产品展示</a></li>
            <li><a href="#" target="_blank">资质证照</a></li>
            <li><a href="#" target="_blank">智能生活</a></li>
            <li><a href="#" target="_blank">售后服务</a></li>
            <li><a href="#" target="_blank">联系我们</a></li>
        </ul>
    </nav>
</body>
</html>
```

说明 <nav>标记是 HTML5 新增加的标记，表示导航元素。

此时浏览网页，效果如图 12-3 所示。

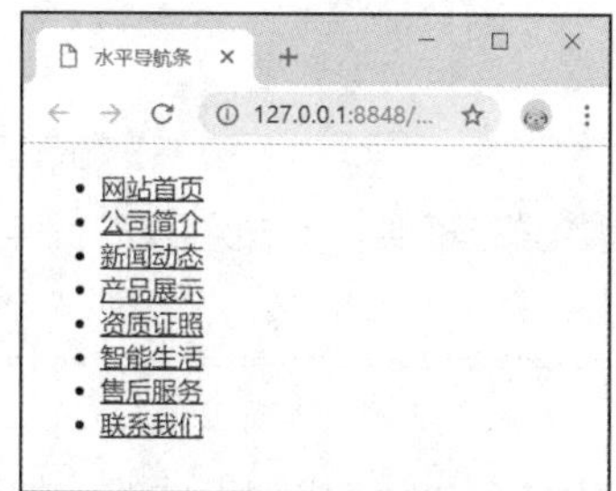

图 12-3 水平导航条结构

5. 定义 CSS 样式

在<head>标记内添加内部样式表，样式代码如下。

```
<style type="text/css">
     body,ul,li{margin:0;padding:0;}
     ul,li{list-style:none;}
     body{
         font-family: "微软雅黑";
         font-size:14px;
     }
     nav {
         width: 100%;                          /* 导航条与浏览器一样宽 */
         height: 35px;
         background:linear-gradient(#838383,#393939);   /* 设置渐变色的背景 */
     }
     .navCon {
         width: 1000px;                        /* 导航条内容的宽度是 1000px */
         height: 35px;
         margin: 0 auto;                       /* 导航条内容在浏览器中水平居中 */
     }
     .navCon li {
         width: 125px;
         height: 35px;
         float: left;
         text-align: center;
         line-height: 35px;
     }
     .navCon li a {
         display: block;    /* 超链接元素变为块元素，目的是设置超链接元素的宽度和高度 */
         width: 125px;
         height: 35px;
         color: #fff;
         font-weight: bold;
         text-decoration: none;
     }
     .navCon li a:hover {          /* 鼠标指针悬停在超链接元素上时变换背景图像 */
         background:linear-gradient(#c70412,#940203);     /* 设置渐变色的背景 */
         text-decoration: none;
     }
</style>
```

6. 保存并浏览网页

网页浏览效果如图 12-1 和图 12-2 所示。

12.3 相关知识点

12.2 节案例实现中用到了元素类型的转换，下面对其进行详细介绍。

元素类型的转换

微课 12-2：元素类型的转换

网页是由多个块元素和行内元素构成的盒子排列而成的。如果希望行内元素具有块元素的某些特性（如可以设置宽度和高度），或者需要块元素具有行内元素的某些特性（如不独占一行），则可以使用 display 属性转换元素的类型。

display 属性常用的属性值及其含义如下。

- inline：行内元素。
- block：块元素。
- inline-block：行内块元素，可以对其设置宽度、高度和对齐方式等属性，但是该元素不会独占一行。
- none：元素被隐藏，不显示。

例如，超链接元素默认情况下是行内元素，不能设置其宽度和高度，在 12.2 节案例实现中为了设置其宽度和高度，将其转换为块元素，使用了下面的代码。

```
.navCon  li  a {
        display: block;   /* 超链接元素变为块元素 */
        width: 125px;
        height: 35px;
        color: #fff;
        font-weight: bold;
        text-decoration: none;
    }
```

12.2 节介绍的案例中制作了水平导航条，实际上在网页设计时导航条的样式是多种多样的，竖直导航条也是经常使用的样式，下面举例说明竖直导航条的创建方法。

例 12-1 在项目 project12 中新建一个网页文件，制作竖直导航条，如图 12-4 和图 12-5 所示，将文件保存为 example01.html，制作步骤如下。

微课 12-3：制作竖直导航条

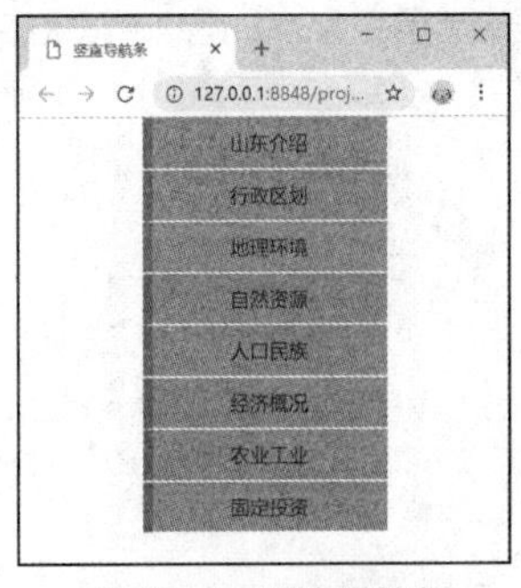

图 12-4 竖直导航条

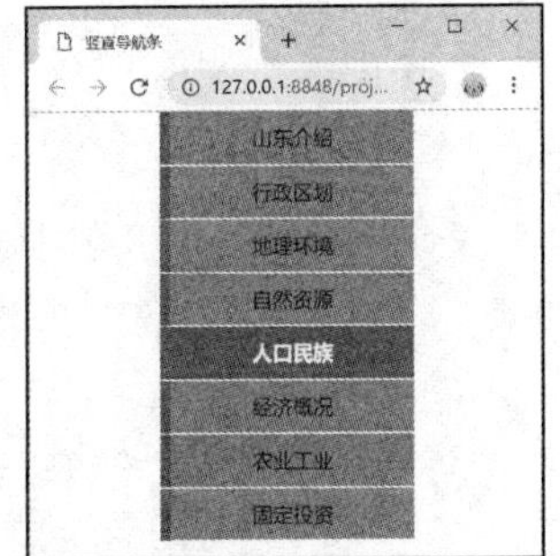

图 12-5 鼠标指针悬停在导航条上时的效果

1. 搭建导航条结构

使用导航标记和无序列表标记构建竖直导航条结构，代码如下。

```
<!DOCTYPE html>
<html>
 <head>
     <meta charset="utf-8">
     <title>竖直导航条</title>
 </head>
 <body>
     <nav>
          <ul>
               <li><a href="#">山东介绍</a></li>
               <li><a href="#">行政区划</a></li>
               <li><a href="#">地理环境</a></li>
               <li><a href="#">自然资源</a></li>
               <li><a href="#">人口民族</a></li>
               <li><a href="#">经济概况</a></li>
               <li><a href="#">农业工业</a></li>
               <li><a href="#">固定投资</a></li>
          </ul>
     </nav>
 </body>
</html>
```

此时浏览网页，效果如图 12-6 所示。

图 12-6 竖直导航条结构

2. 定义 CSS 样式

在<head>标记内添加内部样式表，样式代码如下。

```
<style type="text/css">
     body,ul,li {
          list-style: none;
          margin: 0;
          padding: 0;
     }
     nav {
          width: 200px;
          height: 328px;
          margin:0 auto;
          background-color: #8dae9d;
     }
     nav  ul  li {
          width: 200px;
          height: 40px;
          line-height: 40px;
          text-align:center;
          border-bottom: 1px solid #FFF;
```

```
        }
        nav  ul  li  a {
            color: #333;
            text-decoration: none;
            display: block;                        /* 超链接元素变为块元素 */
            width: 192px;
            height: 40px;
            border-left: 8px solid #54a11d;        /* 设置超链接左侧的边框 */
        }
        nav  ul  li  a:hover {
            font-weight: bold;
            background-color:#54a11d;              /* 背景颜色与边框颜色相同 */
            color: #FFF;
        }
    </style>
```

浏览网页，效果如图 12-4 和图 12-5 所示。

从水平导航条和竖直导航条的制作步骤可以得出以下结论。

（1）导航条通常使用无序列表来搭建结构。

（2）竖直导航条中的列表项不需要设置浮动，而水平导航条中的列表项需要设置浮动，使列表项水平排列。

（3）两者在制作过程中都需要将超链接元素转换为块元素，目的是设置超链接元素的宽度和高度，实现鼠标指针悬停在其上时的显示效果。

案例小结

本案例介绍了基本导航条的制作方法，在知识点中介绍了元素类型的转换。导航条是网页中非常重要的构成部分，熟练制作导航条是网页设计非常关键的内容。

习题与实训

一、单项选择题

1. CSS 样式设置中，要去掉无序列表项的项目符号，需要设置的样式属性是（　　）。

A. list-style　　B. list-type　　C. list-css　　D. list-class

2. 在 CSS 样式设置中，将行内元素转换为块元素，需要设置的样式属性是（　　）。

A. block　　B. type　　C. display　　D. inline

二、实训练习

创建图标导航条，将图标放入 nav 元素中，设置相应样式，浏览效果如图 12-7 所示。

图 12-7　图标导航条

12-4：实训参考步骤

模块三 创建表格和表单

在网页设计中经常需要创建表格与表单，利用表格可以使数据有条理地展示到网页上，而利用表单则可以与用户进行交互，例如，登录表单可以接收用户的登录信息，提交到服务器供后台程序处理，实现用户的登录；注册表单可以收集用户的注册信息等。

本模块通过 3 个案例的实现，介绍表格的创建、表格样式的定义、表单的创建和表单样式的定义，帮助读者达到在网页上熟练创建表格和表单的目的。

知识目标

- 掌握创建表格的各种标记。
- 掌握合并单元格的方法。
- 掌握表格的样式定义方法。
- 掌握创建表单的标记。
- 掌握表单中各种常用控件的使用方法。
- 掌握表单的样式定义方法。

技能目标

- 会使用表格标记创建表格。
- 会使用表单标记和表单控件创建表单。
- 会使用 CSS 定义表格和表单的样式。

素质目标

- 培养耐心细致的职业素养。
- 在编写代码中培养精益求精的工匠精神。

情景导入

李华最近想买一部手机，于是他上网查询各种手机的型号，看到手机的型号等信息很多是用表格呈现的，正在学网页设计的李华就想，在网页上怎么创建表格呢？

李华经过一番考察，决定在网上商城购买手机，但他发现，如果没有注册和登录的话，就没法购买，网上商城的注册和登录又是怎么实现的呢？

带着这一系列的疑问，我们和李华一起来学习表格和表单的创建吧！

案例 13　手机型号表

表格是 HTML 网页中的重要元素，利用表格可以有条理地显示网页内容。早期的网页版面采用表格进行布局，随着网页技术的发展，现在的网页排版一般采用 HTML5+CSS3 布局。但网页上的一些内容，如通讯录、学生信息表、课程表等，采用表格仍然能较好地呈现。本案例介绍创建手机型号表，在知识点中介绍表格的标记、合并单元格，以及定义表格 CSS 样式等内容。

13.1　案例描述

创建 7 行 6 列的手机型号表，浏览效果如图 13-1 所示。具体要求如下。

（1）表格标题——小米手机型号表，在浏览器中水平居中显示。

（2）表格宽度为 600px，高度为 240px，在浏览器中水平居中显示。

（3）表格边框为 1px、实线、深灰色（#666）。

（4）表头单元格背景颜色为灰色（#7f7d7e），文字为白色。

（5）表格隔行显示不同的背景颜色，奇数行背景颜色为粉色（#ffe9fc），偶数行背景颜色为浅灰色（#dedede）。

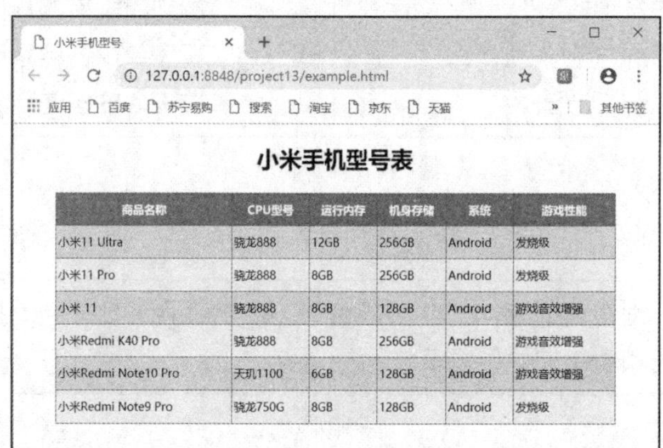

小米手机型号表

商品名称	CPU型号	运行内存	机身存储	系统	游戏性能
小米11 Ultra	骁龙888	12GB	256GB	Android	发烧级
小米11 Pro	骁龙888	8GB	256GB	Android	发烧级
小米 11	骁龙888	8GB	128GB	Android	游戏音效增强
小米Redmi K40 Pro	骁龙888	8GB	256GB	Android	游戏音效增强
小米Redmi Note10 Pro	天玑1100	6GB	128GB	Android	游戏音效增强
小米Redmi Note9 Pro	骁龙750G	8GB	128GB	Android	发烧级

图 13-1　手机型号表

13.2　案例实现

创建手机型号表的步骤如下。

微课 13-1：案例实现

1. 案例分析

图 13-1 所示的表格有 7 行 6 列，需要使用表格的标记<table>、<tr>、<th>、<td>等定义表格，再使用 CSS 定义表格的样式。

2. 新建项目

在 HBuilderX 中新建项目 project13，设置项目存放位置为 E:/网页设计/源代码，选择模板类型为“空项目”，单击“创建”按钮。

3. 在项目中创建网页文件

在 project13 中新建 HTML 文件，设置文件名为 example.html。

4. 输入网页代码

根据案例分析，使用相应的 HTML 表格标记来构建网页结构，代码如下。

```
<!DOCTYPE html>
<html>
 <head>
     <meta charset="utf-8">
     <title>小米手机型号</title>
     </head>
     <body>
          <h2>小米手机型号表</h2>
          <table class="gridtable">            <!-- 表格标记<table> -->
               <tr>                            <!-- 表格行标记<tr> -->
                    <th>商品名称</th>          <!-- 表头单元格标记<th> -->
                    <th>CPU 型号</th>
                    <th>运行内存</th>
                    <th>机身存储</th>
                    <th>系统</th>
                    <th>游戏性能</th>
               </tr>
               <tr>
                    <td>小米 11 Ultra</td>     <!-- 数据单元格标记<td> -->
                    <td>骁龙 888</td>
                    <td>12GB</td>
                    <td>256GB</td>
                    <td>Android</td>
                    <td>发烧级</td>
               </tr>
               <tr>
                    <td>小米 11 Pro</td>
                    <td>骁龙 888</td>
                    <td>8GB</td>
                    <td>256GB</td>
                    <td>Android</td>
                    <td>发烧级</td>
               </tr>
               <tr>
                    <td>小米 11</td>
                    <td>骁龙 888</td>
                    <td>8GB</td>
                    <td>128GB</td>
                    <td>Android</td>
                    <td>游戏音效增强</td>
               </tr>
               <tr>
                    <td>小米 Redmi K40 Pro</td>
                    <td>骁龙 888</td>
                    <td>8GB</td>
```

```
                    <td>256GB</td>
                    <td>Android</td>
                    <td>游戏音效增强</td>
               </tr>
               <tr>
                    <td>小米 Redmi Note10 Pro</td>
                    <td>天玑 1100</td>
                    <td>6GB</td>
                    <td>128GB</td>
                    <td>Android</td>
                    <td>游戏音效增强</td>
               </tr>
               <tr>
                    <td>小米 Redmi Note9 Pro</td>
                    <td>骁龙 750G</td>
                    <td>8GB</td>
                    <td>128GB</td>
                    <td>Android</td>
                    <td>发烧级</td>
               </tr>
          </table>
 </body>
</html>
```

此时浏览网页，效果如图 13-2 所示。可以看出，此时表格没有表格线。

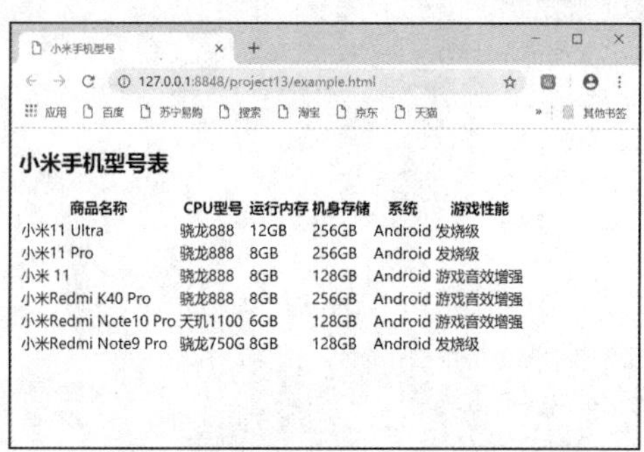

图 13-2　没有定义样式的表格

5. 定义 CSS 样式

在<head>标记内添加内部样式表，样式代码如下。

```
<style type="text/css">
     body, h2 {
       margin: 0;
       padding: 0
     }
     h2 {
        text-align: center;
     }
     .gridtable {                              /* 定义类的样式，应用到表格上 */
        width: 600px;
        height: 240px;
```

```
        margin: 0 auto;                    /* 让表格在浏览器中水平居中 */
        border: 1px solid #666;            /* 给表格加边框 */
        border-collapse: collapse;         /* 合并表格的边框，双线变单线 */
        font-family: "微软雅黑";
        font-size: 12px;
    }
    .gridtable  th, .gridtable  td {       /* 设置表格单元格的样式 */
         border: 1px solid #666;           /* 给单元格加边框 */
         padding: 2px;                     /* 设置单元格中的内容与边框的距离 */
    }
    .gridtable  th {
          background: #7f7d7e;             /* 设置表头单元格的背景颜色 */
          color: #FFF;
    }
    .gridtable  tr:nth-child(odd) {        /* 设置表格奇数行的背景颜色 */
          background: #ffe9fc;
    }
    .gridtable  tr:nth-child(even) {       /* 设置表格偶数行的背景颜色 */
           background: #dedede;
    }
</style>
```

6. 保存并浏览网页

网页浏览效果如图 13-1 所示。

13.3 相关知识点

13.2 节案例实现中用到了表格的各种标记、合并单元格和定义表格样式的知识，下面详细介绍这些知识。

13.3.1 表格标记

微课 13-2：表格标记

通过 13.2 节案例实现中的代码，可以看出用于创建表格的基本标记有以下 4 个。

（1）<table></table>

<table>标记用于定义一个表格。

（2）<tr></tr>

<tr>标记用于定义表格的一行，该标记必须包含在<table>和</table>中，表格有几行，在<table>和</table>中就要有几对<tr>和</tr>。

（3）<th></th>

<th>标记用于定义表头的单元格，该标记必须包含在<tr>和</tr>中，表头有几个单元格，在<tr>和</tr>中就要有几对<th>和</th>，该单元格中的文字自动设为粗体、在单元格中居中对齐显示。

（4）<td></td>

</td>标记用于定义表格的单元格，该标记必须包含在<tr>和</tr>中，一行有几个单元格，在<tr>和</tr>中就要有几对<td>和</td>，该单元格中的文字自动设为左对齐显示。

说明 创建表格时，若不设置表格的属性或 CSS 样式，则表格默认情况下无边框，表格的宽度和高度靠其自身的内容来确定。

13.3.2 合并单元格

可以给单元格标记<td>或<th>添加 colspan 属性或 rowspan 属性来合并单元格。

如果要将表格的列合并，也就是将同一行不同列的单元格合并为一个单元格，那么要找到被合并的几个单元格中处于最左侧的那个单元格，给它加上 colspan 属性，其他被合并的单元格的标记要删除。

如果要将表格的行合并，也就是将同一列不同行的单元格合并为一个单元格，那么要找到被合并的几个单元格中处于最上面的那个单元格，给它加上 rowspan 属性，其他被合并的单元格的标记要删除。

下面以列合并为例，说明单元格合并的表格的创建。

微课 13-3：合并单元格

例 13-1 在项目 project13 中新建一个网页文件，在网页上创建图 13-3 所示的表格，将文件保存为 example01.html，代码如下。

基本信息				成绩信息		
学号	姓名	性别	班级	Web前端开发	信息技术基础	C语言
2023020101	王大军	男	2023级计应1班	90	47	88
2023020102	于晓雪	女	2023级计应1班	89	76	90
2023020103	张君丽	女	2023级计应1班	79	93	53

图 13-3 合并了单元格的表格

```
<!DOCTYPE html>
<html>
 <head>
     <meta charset="utf-8">
     <title>合并单元格</title>
 </head>
 <body>
     <h2>学生成绩表</h2>
     <table border="1">              <!-- border 是表格的属性，用于给表格添加边框 -->
          <tr>
               <th colspan="4">基本信息</th> <!-- 列合并 4 个单元格 -->
               <th colspan="3">成绩信息</th> <!-- 列合并 3 个单元格 -->
          </tr>
          <tr>
               <th>学号</th>
               <th>姓名</th>
               <th>性别</th>
               <th>班级</th>
               <th>Web 前端开发</th>
               <th>信息技术基础</th>
               <th>C 语言</th>
          </tr>
          <tr>
               <td>2023020101</td>
               <td>王大军</td>
               <td>男</td>
               <td>2023 级计应 1 班</td>
```

```
                <td>90</td>
                <td>47</td>
                <td>88</td>
            </tr>
            <tr>
                <td>2023020102</td>
                <td>于晓雪</td>
                <td>女</td>
                <td>2023 级计应 1 班</td>
                <td>89</td>
                <td>76</td>
                <td>90</td>
            </tr>
            <tr>
                <td>2023020103</td>
                <td>张君丽</td>
                <td>女</td>
                <td>2023 级计应 1 班</td>
                <td>79</td>
                <td>93</td>
                <td>53</td>
            </tr>
        </table>
    </body>
</html>
```

上述代码创建了一个 5 行 7 列的表格，在表格第一行的代码中分别使用 colspan 属性合并了第 1～4 列的单元格和第 5～7 列的单元格，因此第一行的代码中只写两对<th>标记就可以了。

在上述代码中给表格添加边框时，使用了表格的 border 属性，但这种方法不灵活，建议使用 CSS 样式给表格添加边框。

13.3.3 定义表格 CSS 样式

微课 13-4：定义表格 CSS 样式

在 13.2 节案例实现的代码中，可以看出设置表格的 CSS 样式可以通过给表格设置 width、height、border、border-collapse 等属性来完成，表格常用的 CSS 样式属性如表 13-1 所示。

表 13-1 表格常用的 CSS 样式属性

属性	说明
width	设置表格的宽度，其值可以是像素值或者百分比
height	设置表格的高度，其值可以是像素值或者百分比
text-align	设置单元格中内容的水平对齐方式（默认左对齐，取值有 left、center、right）
padding	设置表格内容到表格边框的距离
border	设置表格的边框
border-collapse	设置表格的行和单元格的边框是否合并在一起（默认值 separate 表示边框独立，collapse 表示边框合并）

这些属性主要是定义表格样式的基础属性，而表格中内容的样式设置可以继续采用前面学习的有关文本的一些属性，如设置文字的颜色、大小、背景等。下面通过例 13-2 进一步说明表格样式的定义。

例 13-2 为例 13-1 中创建的表格使用 CSS 样式属性定义样式，效果如图 13-4 所示，将文件保存为 example02.html，代码如下。

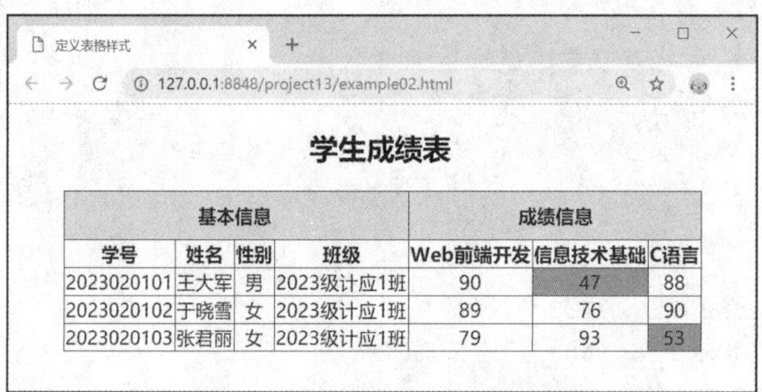

基本信息				成绩信息		
学号	姓名	性别	班级	Web前端开发	信息技术基础	C语言
2023020101	王大军	男	2023级计应1班	90	47	88
2023020102	于晓雪	女	2023级计应1班	89	76	90
2023020103	张君丽	女	2023级计应1班	79	93	53

图 13-4 定义了样式的表格

```
<!DOCTYPE html>
<html>
<head>
    <meta charset="utf-8">
    <title>定义表格样式</title>
    <style type="text/css">
       h2 {
           text-align: center;
       }
       table {
           border: 1px solid #000;          /* 设置表格的边框 */
           border-collapse: collapse;       /* 表格的边框合并 */
           margin: 0 auto;
           text-align: center;
       }
       th, td {
           border: 1px solid #000;          /* 设置单元格的边框 */
       }
       tr:first-child {                     /* 设置表格第一行的样式 */
           background: #DEDEDE;
           height: 40px;
       }
       .redTd {                             /* 设置成绩不及格的单元格的样式 */
           background:#F4696B;
       }
    </style>
</head>
<body>
 <h2>学生成绩表</h2>
 <table>
      <tr>
```

```
        <th colspan="4">基本信息</th>  <!-- 列合并 4 个单元格 -->
        <th colspan="3">成绩信息</th>  <!-- 列合并 3 个单元格 -->
    </tr>
    <tr>
        <th>学号</th>
        <th>姓名</th>
        <th>性别</th>
        <th>班级</th>
        <th>Web 前端开发</th>
        <th>信息技术基础</th>
        <th>C 语言</th>
    </tr>
    <tr>
        <td>2023020101</td>
        <td>王大军</td>
        <td>男</td>
        <td>2023 级计应 1 班</td>
        <td>90</td>
        <td class="redTd">47</td>      <!-- 对单元格单独设置样式 -->
        <td>88</td>
    </tr>
    <tr>
        <td>2023020102</td>
        <td>于晓雪</td>
        <td>女</td>
        <td>2023 级计应 1 班</td>
        <td>89</td>
        <td>76</td>
        <td>90</td>
    </tr>
    <tr>
        <td>2023020103</td>
        <td>张君丽</td>
        <td>女</td>
        <td>2023 级计应 1 班</td>
        <td>79</td>
        <td>93</td>
        <td class="redTd">53</td>      <!-- 对单元格单独设置样式 -->
    </tr>
  </table>
</body>
</html>
```

在例 13-2 的代码中没有设置表格的宽度和高度，表格中内容的多少决定了表格的宽度和高度。为<table>标记、<th>标记、<td>标记设置了边框样式。使用 border-collapse 属性使表格的边框和单元格的边框合并，这样可以制作边框为 1px 的细线表格。对于特殊的行和单元格，可以定义类样式来单独定义它们的样式。

tr:first-child 表示选取表格的第一行，:first-child 也是 CSS 的选择器，用于选取第一个元素，类似的选择器还有很多，感兴趣的读者可以查阅 CSS3 手册进行拓展学习。

案例小结

本案例介绍了创建手机型号表，在知识点中介绍了表格的常用标记、合并单元格，以及定义表格的 CSS 样式等。

习题与实训

一、单项选择题

1．以下说法正确的是（　　）。

A．<table>是表单标记　　B．<td>是表格行标记

C．<tr>是表格列标记　　D．<table>是表格标记

2．在 HTML 中，设置围绕表格边框的宽度的 HTML 代码是（　　）。

A．<table size=#>　　B．<table border=#>

C．<table bordesize=#>　　D．<tableborder=#>

3．定义表头单元格的 HTML 标记是（　　）。

A．<table>　　B．<td>　　C．<tr>　　D．<th>

4．合并多行单元格的 HTML 代码是（　　）。

A．<th colspan=#>　　B．<th rowspan="#">

C．<td colspan=#>　　D．<tr rowspan=#>

二、判断题

1．表格的列数取决于一行中数据单元格的数量。（　　）

2．colspan 属性用于合并单元格的行。（　　）

3．只需要设置 border-collapse 属性就可以显示表格边框。（　　）

4．表格的结构标记是必须设置的。（　　）

5．创建的表格在默认情况下是没有边框的。（　　）

13-5：实训参考步骤

三、实训练习

1．创建网页，使用表格标记创建图 13-5 所示的课程表。

2．创建网页，使用表格标记创建图 13-6 所示的学生信息表。注意：鼠标指针移动到表格数据行上时高亮（黄色）显示相应数据行。

课程表

时间	节次	星期一	星期二	星期三	星期四	星期五
上午	1-2节	网页设计	数据库应用	Linux操作系统	Java程序设计	计算机网络
	3-4节	数据库应用	计算机网络	Java程序设计	网页设计	专业英语
下午	5-6节	自习	Linux操作系统	自习	专业英语	计算机网络
	7-8节	课外活动	课外活动	课外活动	课外活动	课外活动

图 13-5　课程表

学生信息表

学号	个人信息			入学信息		
	姓名	性别	年龄	班级	入学年月	宿舍号
2023010201	王大巍	男	18	2023计应1班	2023年9月	201
2023010202	于雪鲲	男	19	2023计应1班	2023年9月	201
2023010203	王攀岩	男	18	2023计应1班	2023年9月	202
2023010204	刘雪红	女	17	2023计应1班	2023年9月	502
2023010205	李子海	男	18	2023计应1班	2023年9月	202
2023010206	张君玉	女	18	2023计应1班	2023年9月	502

图 13-6　学生信息表

案例 14　登录表单

表单是可以通过网络接收其他用户数据的平台，例如，登录页面的用户名和密码的输入、用户注册和网上调查问卷等，都通过表单的形式来收集用户信息，并将这些信息传递给后台服务器，实现用户与网页的“对话”。本案例介绍创建登录表单网页，在知识点中介绍表单标记、<input>控件等内容。

14.1　案例描述

创建登录表单，浏览效果如图 14-1 所示。具体要求如下。

（1）定义表单域。

（2）使用表单控件定义各输入控件。

（3）通过 CSS 定义表单样式。

图 14-1　登录表单

14.2　案例实现

创建登录表单的步骤如下。

1. 案例分析

微课 14-1：案例实现

图 14-1 所示的登录表单由表单域和表单中的内容构成，对表单域使用<form>标记定义，表单中的内容分别使用标题标记<h1>和输入标记<input>定义。其中，<input>标记是表单输入控件，其 type 属性的取值为 text 时，用于输入用户名等文本信息；type 属性的取值为 password 时，用于输入密码；type 属性的取值为 button 时，用于创建各种按钮。最后使用 CSS 定义表单的样式。表单结构分析如图 14-2 所示。

2. 新建项目

在 HBuilderX 中新建项目 project14，设置项目存放位置为 E:/网页设计/源代码，选择模板类型为“空项目”，单击“创建”按钮。

3. 在项目中创建网页文件

在 project14 中新建 HTML 文件，设置文件名为 example.html。

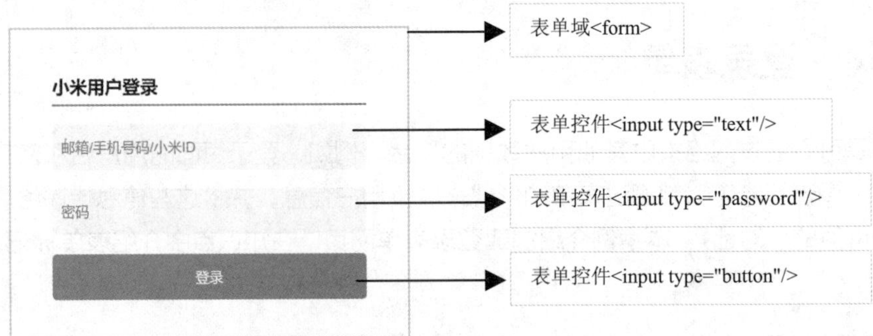

图 14-2　表单结构分析

4. 输入网页代码

根据案例分析，使用相应的 HTML 标记来构建网页结构，代码如下。

```
<!DOCTYPE html>
<html>
 <head>
     <meta charset="utf-8">
     <title>登录表单</title>
 </head>
 <body>
     <form action="" method="post" class="login">
          <h1>小米用户登录</h1>
          <p><input type="text" class="user" placeholder="邮箱/手机号码/小米 ID"
required="required" /></p>
          <p><input type="password" class="pwd" placeholder="密码" /></p>
          <p><input type="button" class="btn" value="登录" /></p>
     </form>
 </body>
</html>
```

此时浏览网页，效果如图 14-3 所示。

5. 定义 CSS 样式

采用从整体到局部的方式，定义 CSS 样式的步骤如下。

（1）定义表单域的样式，设置宽度、高度、内边距、外边距和边框。

（2）定义标题的样式，设置宽度、高度、行高、下边框和文字大小。

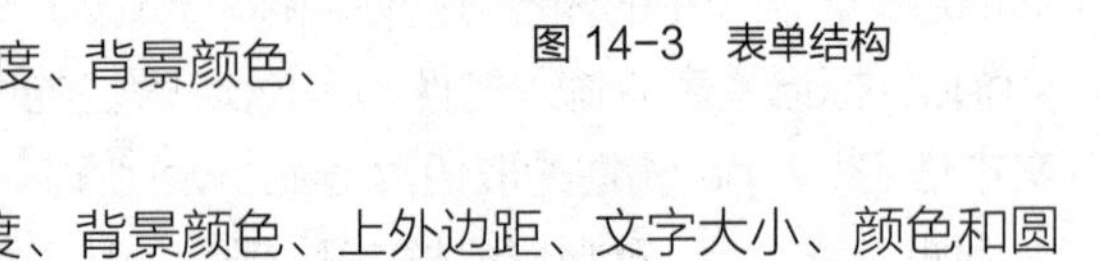

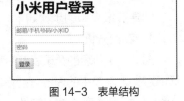

图 14-3　表单结构

（3）定义两个输入框的样式，同时设置宽度、高度、背景颜色、内边距、下外边距、文字大小、圆角半径等。

（4）定义“登录”按钮的样式，设置宽度、高度、背景颜色、上外边距、文字大小、颜色和圆角半径等。

按照上面的步骤，在<head>标记内添加内部样式表，样式代码如下。

```
<style type="text/css">
     body,form,h1,p,input {    /* 重置浏览器的默认样式 */
          padding: 0;
          margin: 0;
```

```
        border: 0;
    }
    .login {                                /* 表单域的样式 */
        width: 357px;
        height: 254px;
        padding: 42px 47px;
        margin: 30px auto;
        border: 2px solid #ccc;
    }
    .login h1 {                             /* 标题的样式 */
        width: 357px;
        height: 40px;
        line-height: 40px;
        border-bottom: 2px solid #ff5c00;
        font-size: 20px;
    }
    .user,.pwd {                            /* 两个输入框的样式 */
        width: 357px;
        height: 50px;
        background: #f9f9f9;
        padding-left: 10px;
        margin-top: 20px;
        font-size: 16px;
        border-radius: 5px;
        box-sizing: border-box;
    }
    .btn {                                  /* "登录"按钮的样式 */
        width: 357px;
        height: 50px;
        background: #ff5c00;
        margin-top: 22px;
        color: #fff;
        font-size: 16px;
        border-radius: 5px;
        cursor: pointer;                    /* 鼠标指针为小手形状 */
    }
</style>
```

6. 保存并浏览网页

网页浏览效果如图 14-1 所示。

14.3 相关知识点

14.2 节案例实现中用到了表单标记、表单控件等知识，下面对这些知识进行详细介绍。

微课 14-2：表单标记

14.3.1 表单标记

表单是一种包含表单控件的容器，表单控件允许用户在表单中使用表单域输入信息。可以使用<form>标记在网页中创建表单。<form>标记是成对出现的，在开始标记<form>和结束标记</form>之间的部分就是表单。

表单的基本语法格式如下。

```
<form name="表单名称" action="URL 地址" method="提交方式" >
   ……
</form>
```

<form>标记主要用于处理和传送表单信息，其常用属性的含义如下。

（1）name 属性：给定表单名称，以区分同一个页面中的多个表单。

（2）action 属性：指定处理表单信息的服务器端应用程序。

（3）method 属性：设置表单数据的提交方式，其取值为 get 或 post。其中，get 为默认值，以这种方式提交的数据将显示在浏览器的地址栏中，保密性差，且有数据量的限制；而 post 方式的保密性好，并且无数据量的限制，使用 method="post"可以大量提交数据。

注意 <form>标记的属性并不会直接影响表单的显示效果。要想让一个表单有意义，就必须在<form>与</form>之间添加相应的表单控件。

14.3.2 <input>控件

表单通常包含一个或多个表单控件，14.1 节介绍的案例中的登录表单就包含两个输入框和一个按钮。接下来详细介绍表单的<input>控件。

微课 14-3：<input>控件

<input>控件即<input>标记，表单中最为核心的是<input>标记，使用<input>标记可以定义很多控件，如文本框、单选按钮、复选框、提交按钮、重置按钮等。格式如下。

```
<input type="控件类型" />
```

<input>标记为单标记，type 属性是其最基本的属性之一，其值有多个，用于指定不同的控件类型，如表 14-1 所示。除了 type 属性之外，<input>标记还有很多其他的属性，如表 14-2 所示。

表 14-1 <input>控件的 type 属性常用值

属性	属性值	作用
type	text	单行文本框
	password	密码输入框
	radio	单选按钮
	checkbox	复选框
	button	普通按钮
	submit	提交按钮
	reset	重置按钮
	image	图像形式的提交按钮
	hidden	隐藏域
	file	文件域
	date、time 等	日期和时间的输入
	tel	电话号码的输入

表 14-2 <input>控件的其他属性

属性	属性值	作用
name	由用户自定义	控件的名称
id	由用户自定义	控件的 ID
value	由用户自定义	<input>控件中的默认文本值
readonly	readonly	该控件内容为只读（不能编辑修改）
disabled	disabled	第一次加载页面时禁用该控件（显示为灰色）
checked	checked	定义选择控件默认被选中的项
maxlength	正整数	控件允许输入的最多字符数
pattern	字符串	设置正则表达式，验证数据合法性
placeholder	字符串	设置提示信息
required	required	输入框中不能为空

下面通过创建考试界面表单介绍将<input>控件作为单选按钮和复选框的使用方法。

例 14-1 在项目 project14 中新建一个网页文件，创建中华传统文化考试界面，浏览效果如图 14-4 所示，将文件保存为 example01.html，制作步骤如下。

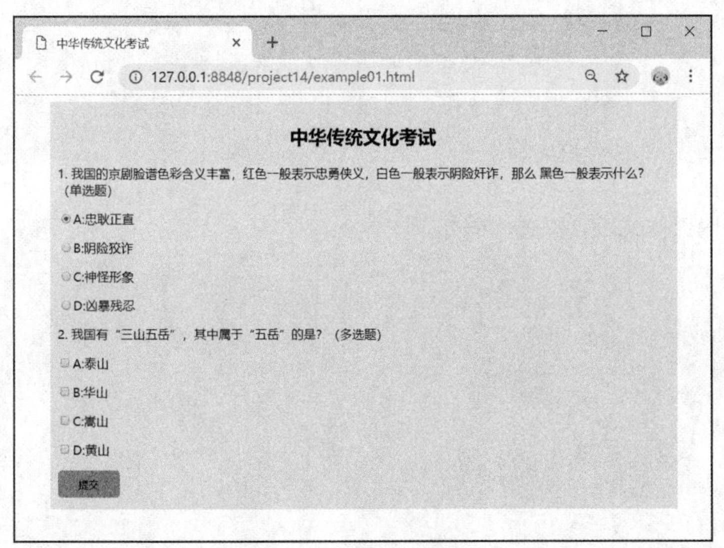

图 14-4 考试界面表单

微课 14-4：创建中华传统文化考试界面

1. 搭建页面结构

单选题中的选项使用单选按钮，多选题中的选项使用复选框，搭建页面结构，代码如下。

```
<!DOCTYPE html>
<html>
 <head>
     <meta charset="utf-8">
     <title>中华传统文化考试</title>
 </head>
 <body>
```

```
        <div class="exam">
            <h2>中华传统文化考试</h2>
            <form action="#" method="post" name="frmExam">
                <p>1. 我国的京剧脸谱色彩含义丰富，红色一般表示忠勇侠义，白色一般表示阴险奸诈，那么黑
色一般表示什么？（单选题）</p>
                <p><input type="radio" name="choose" id="a"><label for="a">A:忠耿正直
</label></p>
                <p><input type="radio" name="choose" id="b"><label for="b">B:阴险狡诈
</label></p>
                <p><input type="radio" name="choose" id="c"><label for="c">C:神怪形象
</label></p>
                <p><input type="radio" name="choose" id="d"><label for="d">D:凶暴残忍
</label></p>
                <p>2. 我国有“三山五岳”，其中属于“五岳”的是？（多选题）</p>
                <p><input type="checkbox" name="taishan" id="taishan"><label for=
"taishan">A:泰山</label></p>
                <p><input type="checkbox" name="huashan" id="huashan"><label for=
"huashan">B:华山</label></p>
                <p><input type="checkbox" name="songshan" id="songshan"><label for=
"songshan">C:嵩山</label></p>
                <p><input type="checkbox" name="huangshan" id="huangshan"><label for=
"huangshan">D:黄山</label></p>
               <p><input type="submit" value="提交" class="sub"/></p>
            </form>
        </div>
    </body>
   </html>
```

2. 定义 CSS 样式

在<head>标记内添加内部样式表，样式代码如下。

```
    <style type="text/css">
         .exam{                    /* 盒子的样式 */
              width:800px;
              height:500px;
              margin:0 auto;
              padding:10px;
              background-color: #cdf5ff;
         }
         h2{
              text-align:center;
         }
         .sub{                    /*“提交”按钮的样式 */
              width:80px;
              height:35px;
              background:#FB8C16;
              border:0;
              border-radius:5px;
         }
   </style>
```

浏览网页，效果如图 14-4 所示。

对于例 14-1 的代码，说明如下。

（1）单选题的 4 个选项是 4 个单选按钮，单选按钮的 type 属性是 radio，name 属性都是 choose。因为这 4 个单选按钮是一组，所以它们的 name 属性必须是相同的。

（2）多选题的 4 个选项是 4 个复选框，复选框的 type 属性是 checkbox。

（3）若要设置单选按钮和复选框的默认值，则可以添加 checked 属性。

（4）<label>控件的作用是扩大控件的选择范围，提供更好的用户体验。例如，在单击单选按钮或复选框时，也可以单击右边的文字来选中相应的单选按钮或复选框，这样使用的前提是将<label>控件的 for 属性值设置为关联控件的 id 属性值。

案例小结

本案例介绍了创建登录表单，在知识点中介绍了表单标记、<input>控件，以及如何使用 CSS 定义表单的样式。

习题与实训

一、单项选择题

1. 下面关于表单的叙述错误的是（　　）。

A. 表单是用户与网站实现交互的重要手段　　B. 表单可以收集用户的信息

C. 表单是网页上的一个特定区域　　D. 表单是由一对<table>标记组成的

2. 要建立一个用于输入单行文字的文本框，下面代码正确的是（　　）。

A. <input>　　B. <input type="text">

C. <input type="radio">　　D. <input type="password">

3. 要建立一个密码输入框，<input>标记的 type 属性值应该为（　　）。

A. password　　B. radio　　C. text　　D. image

4. 要建立一对用于选择性别的单选按钮，下面关于它们的 name 属性值不正确的是（　　）。

A. name="boy"，name="girl"　　B. name="boy"，name=" boy"

C. name="girl "，name="girl"　　D. name=" sex "，name="sex"

5. 下面这段代码中，哪种颜色为加载页面后默认选中的颜色？（　　）

```
<form>
红色<input type="checkbox" checked="checked">
黄色<input type="checkbox">
蓝色<input type="checkbox">
白色<input type="checkbox">
</form>
```

A. 红色　　B. 黄色　　C. 蓝色　　D. 白色

6. 关于下列代码片段分析正确的是（　　）。

```
<form name="frm" action="register.html" method="post">
...
</form>
```

A. 表单的名称是 form

B. 表单的数据提交方式是 post

C. 表单提交的数据将会出现在地址栏中

D. 提交表单后，用户输入的数据会附加在 URL 之后

7. 在 HTML 中，关于表单提交方式说法错误的是（　　）。

A. action 属性用来设置表单的提交方式

B. 表单提交有 get 和 post 两种方式

C. post 方式比 get 方式安全

D. 用 post 方式提交的数据不会显示在地址栏中，而用 get 方式时会显示

8. 在 HTML 中，将表单中<input>控件的 type 属性值设置为哪个选项，可用于创建重置按钮？（　　）

A. reset　　B. set　　C. button　　D. image

9. 在 HTML 中，下列哪个选项可以在表单中创建一个初始状态被选中的复选框？（　　）

A. <input type="radio" name="agree" value="y" selected="selected" />同意

B. <input type="checkbox" name="agree" value="y" selected="selected" />同意

C. <input type="radio" name="agree" value="y" checked="checked" />同意

D. <input type="checkbox" name="agree" value="y" checked="checked" />同意

10. 在 HTML 中，表单中的<input>控件的 type 属性值不可以是（　　）。

A. password　　B. radiobutton　　C. text　　D. submit

二、判断题

1. 在 HTML 中，<form>标记用于定义表单域，即创建一个表单，以实现网站对用户信息的收集和传递。（　　）

2. 在 HTML5 中，checked="checked"可以简写为 checked，readonly="readonly"可以简写为 readonly。（　　）

3. <form>标记的 method 属性值默认为 post。（　　）

三、实训练习

制作图 14-5 所示的登录表单。

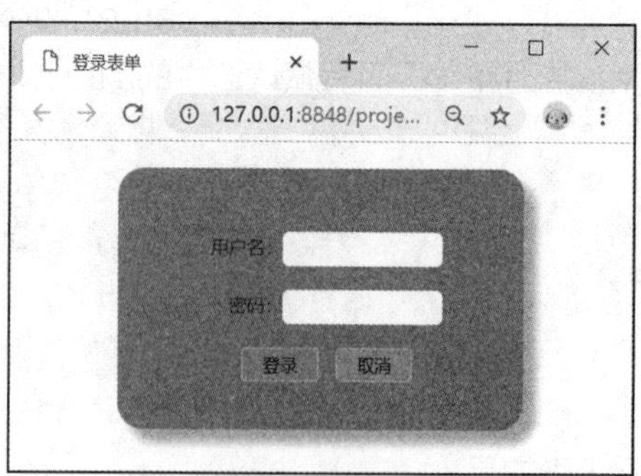

图 14-5　登录表单

案例 15　调查问卷表单

目前，各行各业经常要对客户进行调查问卷，以便更好地服务客户，满足不同客户的个性化需求，因此经常在网上发布调查问卷表单，收集客户信息。本案例介绍使用各种表单控件来构建调查问卷表单，通过该案例帮助读者进一步掌握各种表单控件及其属性的使用方法，在知识点中介绍表单的<select>控件和<textarea>控件等内容。

15.1　案例描述

创建调查问卷表单，浏览效果如图 15-1 所示。具体要求如下。

（1）定义表单域。

（2）使用表单控件定义各输入控件。

（3）通过 CSS 定义表单样式。

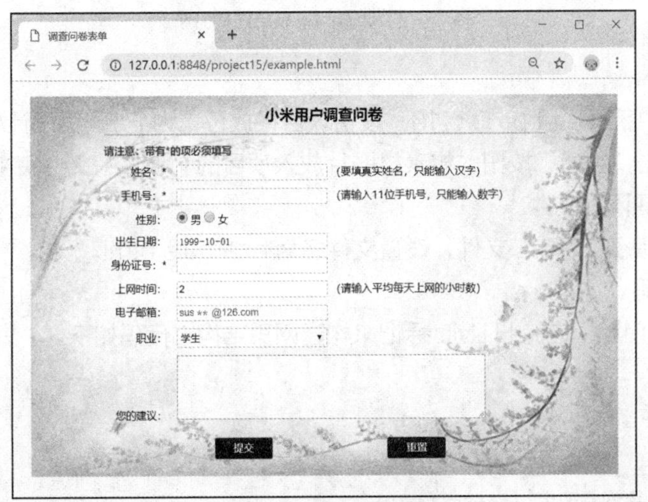

图 15-1　调查问卷表单

15.2　案例实现

创建调查问卷表单的步骤如下。

1. 案例分析

微课 15-1：案例实现

图 15-1 所示的调查问卷表单由表单域和表单中的内容构成，对表单域使用<form>标记定义，表单中的内容主要使用<input>标记、<select>标记和<textarea>标记定义。其中，通过<input>标记的 type 属性分别定义单行文本框、单选按钮、日历控件、数值控件和按钮控件等，通过<select>标记结合<option>标记定义下拉列表框，通过<textarea>标记定义多行文本框。最后使用 CSS 定义表单的样式。调查问卷表单结构分析如图 15-2 所示。

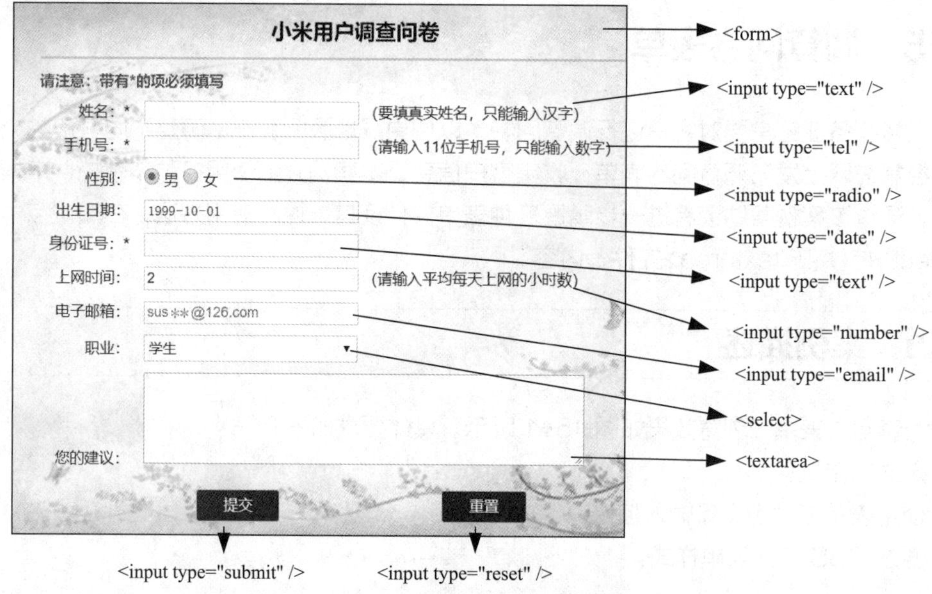

图 15-2　调查问卷表单结构分析

2. 新建项目

在 HBuilderX 中新建项目 project15，设置项目存放位置为 E:/网页设计/源代码，选择模板类型为“空项目”，单击“创建”按钮，将素材图片放入项目的 images 文件夹中。

3. 在项目中创建网页文件

在 project15 中新建 HTML 文件，设置文件名为 example.html。

4. 输入网页代码

根据案例分析，使用相应的 HTML 标记来构建网页结构，代码如下。

```
<!DOCTYPE html>
<html>
 <head>
      <meta charset="utf-8">
      <title>调查问卷表单</title>
 </head>
 <body>
      <form action="" method="get" class="frm">
           <h2>小米用户调查问卷</h2>
           <p class="redc">请注意：带有*的项必须填写</p>
           <p><span>姓名：*</span>
                <input type="text" name="txtName" required pattern="^[\u4e00-\u9fa5]
{0,}$" />
                （要填真实姓名，只能输入汉字）
           </p>
           <p><span>手机号：*</span>
                <input type="tel" name="telphone" required pattern="\d{11}$">
                （请输入 11 位手机号，只能输入数字）
           </p>
           <p><span>性别：</span>
                <input type="radio" name="gender" checked class="spe">男
```

```
                <input type="radio" name="gender" class="spe">女
            </p>
            <p><span>出生日期：</span>
                <input type="date" name="birthday" value="1999-10-01">
            </p>
            <p><span>身份证号：*</span>
            <input type="text" name="card" required pattern="^\d{8,18}|[0-9x]{8,18}|
[0-9X]{8,18}?$">
            </p>
            <p><span>上网时间：</span>
              <input type="number" name="age" value="2" min="0" max="24">
              （请输入平均每天上网的小时数）
            </p>
            <p><span>电子邮箱：</span>
                <input type="email" name="myemail" placeholder="sus**@126.com">
            </p>
            <p><span>职业：</span>
                <select>
                    <option>公司职员</option>
                    <option selected="selected">学生</option>
                    <option>教师</option>
                    <option>工程师</option>
                </select>
            </p>
            <p><span>您的建议：</span>
                <textarea rows="5" cols="60"></textarea>
            </p>
            <p class="btn">
                <input type="submit" value="提交">
                <input type="reset" value="重置">
            </p>
        </form>
    </body>
</html>
```

此时浏览网页，效果如图 15-3 所示。

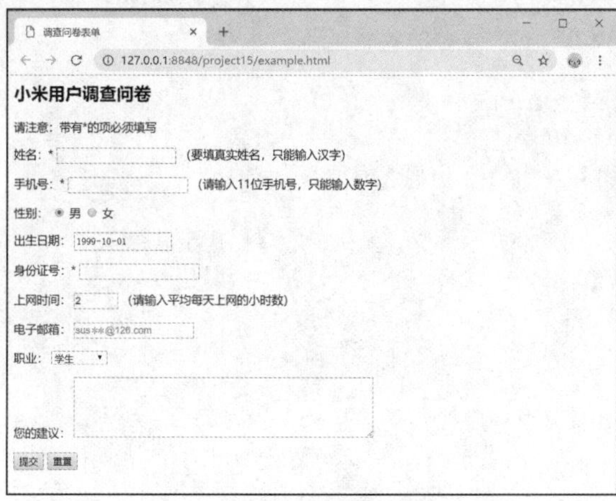

图 15-3　添加表单结构后的页面

对于上面的代码，说明如下。

（1）通过<input>标记定义了不同类型的输入框，如 type 属性分别是 tel、email 和 number 等，这些输入框在提交数据时，会自动验证输入的内容是否符合要求，不符合要求时会有错误提示。

（2）pattern 属性用于设置正则表达式，验证数据是否合法。pattern="^[\u4e00-\u9fa5]{0,}$" 表示姓名只能输入汉字，pattern="\d{11}$"表示手机号码只能输入 11 位数字。关于正则表达式的详细内容，读者可自行进行拓展学习。

（3）<input>标记的 required 属性表示输入不能为空，min 表示输入数据的最小值，max 表示输入数据的最大值。

（4）<select>控件和<textarea>控件分别是下拉列表框和多行文本框，接下来在知识点中会进行详细介绍。

5. 定义 CSS 样式

在<head>标记内添加内部样式表，样式代码如下。

```
<style type="text/css">
     body,form,input,select,h2,p {          /* 重置浏览器的默认样式 */
          padding: 0;
          margin: 0;
          border: 0;
     }
     body {                                 /* 全局控制 */
          font-size: 14px;
          font-family: "微软雅黑";
          color: #000;
     }
     .frm {                                 /* 表单样式 */
          width: 800px;
          height: 500px;
          background: url(images/bg.png) no-repeat;
          margin: 20px auto;
          padding: 0 100px;
          box-sizing: border-box;
     }
     h2 {                                   /* 标题样式 */
          height: 50px;
          line-height: 50px;
          text-align: center;
          font-size: 20px;
          border-bottom: 2px solid #ccc;
     }
     .redc {                                /* 提示信息样式 */
          color: #F00;
          font-weight: bold;
     }
     p {
          margin-top: 10px;
     }
     p  span {
          width: 85px;
```

```
        display: inline-block;              /* 将行内元素转换为行内块元素 */
        text-align: right;
        padding-right: 10px;
    }
    p  input {                              /* <input>控件的样式 */
        width: 200px;
        height: 15px;
        line-height: 15px;
        border: 1px solid #d4cdba;
        padding: 2px;                       /* 设置输入框与输入内容有 2px 的间隔 */
    }
    p  input.spe {                          /* 单选按钮的样式 */
        width: 15px;
        height: 15px;
        border: 0;
        padding: 0;
    }
    p  select {                             /* <select>控件的样式 */
        width: 205px;
        height: 25px;
        line-height: 25px;
        border: 1px solid #d4cdba;
    }
    .btn  input {                           /* 两个按钮的样式 */
        width: 80px;
        height: 30px;
        background: #111ab5;
        margin-top: 10px;
        margin-left: 150px;
        border-radius: 3px;                 /* 设置圆角半径 */
        color: #fff;
    }
</style>
```

6. 保存并浏览网页

网页浏览效果如图 15-1 所示。

15.3 相关知识点

15.2 节案例实现中用到了<select>控件和<textarea>控件，下面对这两个控件的使用方法进行详细介绍。

微课 15-2：
<select>控件

15.3.1 <select>控件

<select>控件用于定义下拉列表框，供用户选择。下拉列表中的选项通过<option>标记来定义。例如，在调查问卷表单中，职业的选择就是使用下拉列表实现的。其基本语法格式如下。

```
<select>
        <option value="1">第一个选项</option>
```

```
        <option value="2">第二个选项</option>
        <option value="3">第三个选项</option>
</select>
```

使用<select>控件时的注意事项如下。

（1）<select>和</select>用于在表单中添加一个下拉列表框。

（2）<option>和</option>用于定义下拉列表中的具体选项。

（3）每对<select>和</select>之间至少应包含一对<option>和</option>。

可以为<select>标记和<option>标记设置属性，以改变下拉列表的外观显示效果，常用属性如表 15-1 所示。

表 15-1　<select>标记和<option>标记的常用属性

标记	属性	描述
<select>	size	指定下拉列表的可见选项数（取值范围为正整数）
	multiple	定义 multiple= multiple 时，下拉列表将具有多项选择的功能，多选方法为按住 Ctrl 键的同时选择多项
<option>	selected	定义 selected=selected 时，当前项即默认选中项

接下来通过例 15-1 介绍<select>控件的使用方法。

例 15-1　在项目 project15 中新建一个网页文件，使用<select>控件创建单选和多选下拉列表，将文件保存为 example02.html，代码如下。

```
<!DOCTYPE html>
<html>
 <head>
      <meta charset="utf-8">
      <title>select 控件</title>
 </head>
 <body>
      学历：
      <select>
           <option selected="selected">高中</option>
           <option>专科</option>
           <option>本科</option>
           <option>硕士</option>
           <option>博士</option>
      </select><br><br>
      希望工作的城市（多选）：
      <select multiple="multiple" size="5">
           <option selected="selected">济南市</option>
           <option>青岛市</option>
           <option>淄博市</option>
           <option>潍坊市</option>
           <option>临沂市</option>
      </select><br><br>
 </body>
</html>
```

浏览网页，效果如图 15-4 所示。

例 15-1 实现了单选和多选下拉列表，多选和单选下拉列表的区别在于是否设置<select>标记的 multiple 属性，显示下拉列表和带箭头的下拉列表框的区别在于是否将 size 属性设置为大于 1 的值。

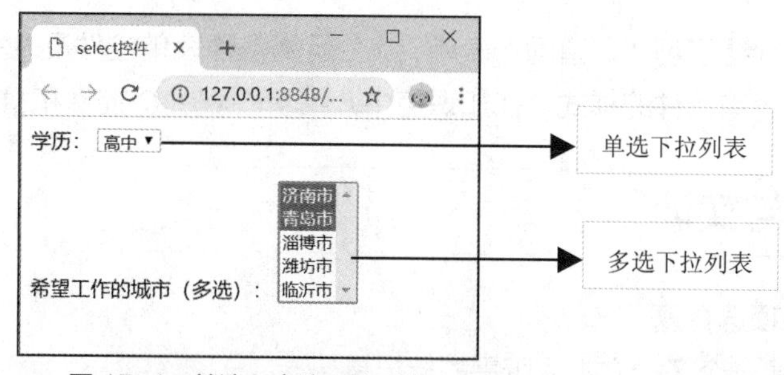

图 15-4 单选和多选下拉列表

15.3.2 <textarea>控件

当定义<input>控件的 type 属性值为 text 时，可以创建一个单行文本框。如果需要输入大量信息，且字数没有限制，就需要使用<textarea>标记。例如，输入个人简历时使用的控件就是<textarea>控件。其基本语法格式如下。

```
<textarea  cols="每行中的字符数"  rows="显示的行数">
    文本内容
</textarea>
```

微课 15-3：<textarea>控件

使用< textarea >控件时的注意事项如下。

（1）cols 和 rows 为<textarea>控件的必需属性。

（2）cols 用来定义多行文本框中每行的字符数，rows 用来定义多行文本框显示的行数。

（3）cols 属性、rows 属性的取值范围均为正整数。

<textarea>控件的常用属性如表 15-2 所示。

表 15-2 <textarea>控件的常用属性

属性	属性值	作用
name	由用户自定义	设置控件的名称
readonly	readonly	设置该控件内容为只读（不能编辑）
disabled	disabled	设置在第一次加载页面时禁用该控件（显示为灰色）
maxlength	正整数	设置控件允许输入的最大字符数
autofocus	autofocus	设置页面加载后是否自动获取焦点
placeholder	字符串	设置文本提示
required	required	设置多行文本框不能为空
cols	数值	规定多行文本框内的可见宽度
rows	数值	规定多行文本框内的可见行数

例如，在15.2节案例实现中，定义“您的建议”多行文本框的代码如下。

```
<textarea rows="5" cols="60"></textarea>
```

案例小结

本案例介绍了创建调查问卷表单，综合运用各种表单控件及表单控件属性构建表单，使用CSS定义表单及表单控件的样式。在知识点中介绍了<select>控件和<textarea>控件。

习题与实训

一、单项选择题

1. 创建一个多行文本框所需的标记是（　　）。

A. <input>　　B. <select>　　C. <option>　　D. <textarea>

2. 创建下拉列表，下面标记正确的是（　　）。

A. <select></select>　　B. <option></option>

C. <select><option></option></select>　　D. <option><select></option>

二、判断题

1. 将<input>控件的type属性设置为text时，该控件既可以用于输入多行文本，又可以用于输入单行文本。（　　）

2. 控制文本框中输入内容不能为空的属性是required。（　　）

3. 设置文本框中符合正则表达式输入规范的属性是pattern。（　　）

三、实训练习

制作空间日志页面，如图15-5所示。具体要求如下。

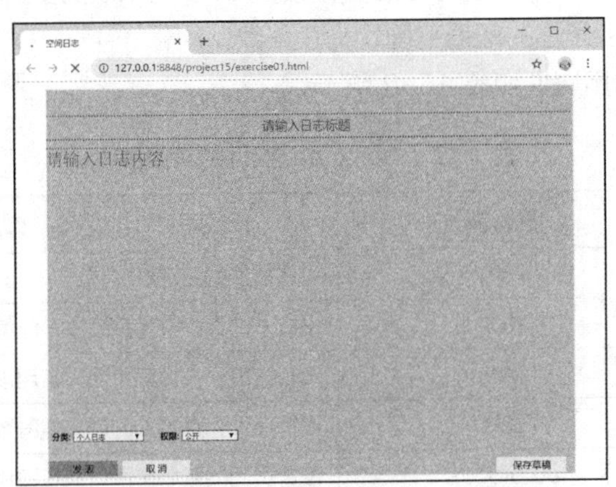

图15-5　空间日志页面

15-4：实训参考步骤

日志标题输入框使用<input>标记定义，日志内容输入框使用<textarea>标记定义，分类下拉列表框和权限下拉列表框使用<select>标记定义，“发表”按钮、“取消”按钮和“保存草稿”按钮都使用<input>标记定义。

模块四
使用CSS3实现动画效果

为了追求更好的网页浏览与交互体验，用户对网站美观性和交互性的要求越来越高。CSS3 不仅可以实现页面的基本样式，还提供了对动画的强大支持，可以实现过渡、移动、缩放和旋转等动画效果，提升用户的体验。本模块通过 4 个案例的实现，介绍各种动画效果的实现方法。

知识目标

- 掌握通过 transition 属性生成过渡动画、遮罩动画的方法。
- 掌握通过 transform 属性生成 2D 变形和 3D 变形的方法。
- 掌握通过 animation 属性创建关键帧动画的方法。

技能目标

- 会使用 transition 属性、transform 属性和 animation 属性灵活创建动画。

素质目标

- 在 3D 动画实现中培养空间思维能力。

情景导入

李华在暑假找了一份在旅行社兼职的工作，老板希望李华为公司制作一个能够呈现摄影作品的网页，要求制作的网页能够提高网站的美观性和用户的交互性体验。李华来请教张老师，张老师说可以用 CSS3 动画技术使网页呈现“酷炫”效果，接下来我们和李华一起来学习 CSS3 动画技术吧！

案例16　图片遮罩效果

我们在上网浏览时经常可以看到好多网站的图片上有遮罩动画效果，即当鼠标指针划过或悬停在图片上时，可从任意方向过渡出现一个遮罩层，遮罩层上通常有相应的文字或图片等内容，效果非常酷炫，这种效果主要是利用CSS3提供的过渡属性transition来实现的。本案例介绍实现图片遮罩效果，在知识点中介绍过渡属性和遮罩动画实现的原理。

16.1　案例描述

创建图片遮罩动画效果，当鼠标指针移动到图片上时，从图片上方下拉出一个半透明的遮罩，在遮罩上面显示放大镜图像和“查看相册”按钮，网页浏览效果如图16-1和图16-2所示。

图16-1　图片初始显示效果

图16-2　鼠标指针移动到图片上时的遮罩效果

16.2　案例实现

创建图片遮罩动画效果的步骤如下。

微课16-1：案例实现

1. 案例分析

将页面内容放到一个盒子中，盒子里面有图像和遮罩的内容，对图像使用<img>标记定义，将遮罩中的放大镜图像和“查看相册”按钮分别放到标题标记<h2>中，将两个<h2>标记放到<hgroup>标题组标记中，如图16-3所示。初始时，对遮罩内容设置绝对定位，使其隐藏，鼠标指针划过图片时，再通过定位将其显示。

2. 新建项目

在HBuilderX中新建项目project16，设置项目存放位置为E:/网页设计/源代码，选择模板类型为“空项目”，单击“创建”按钮，在项目中添加images目录，将素材中的图片放到该目录中。

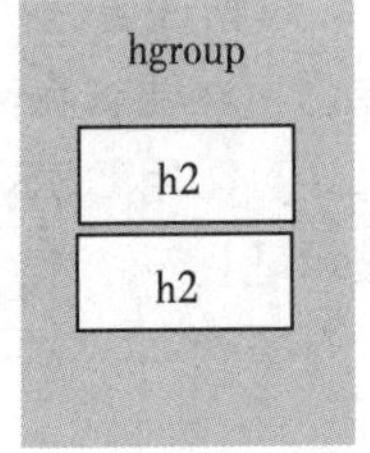

图16-3　遮罩构成

3. 在项目中创建网页文件

在project16中新建HTML文件，设置文件名为example.html。

4. 输入网页代码

根据案例分析，使用相应的HTML标记构建网页结构，代码如下。

```
<!DOCTYPE html>
<html>
 <head>
     <meta charset="utf-8">
     <title>图片遮罩效果</title>
 </head>
 <body>
     <div>
          <img src="images/sk.png" alt="三孔">
          <hgroup>
               <h2></h2>
               <h2>查看相册</h2>
          </hgroup>
     </div>
 </body>
</html>
```

此时浏览网页，效果如图 16-4 所示。

图 16-4　网页效果

5. 定义 CSS 样式

定义 CSS 样式的主要步骤如下。

（1）定义盒子的样式，设置宽度、高度、外边距，设置定位方式为相对定位，并设置溢出内容隐藏。

（2）定义遮罩的样式，设置宽度、高度，设置定位方式为绝对定位、背景颜色半透明，并设置位置在盒子上方、不可见。

（3）定义盒子的 hover 伪类样式，设置鼠标指针经过盒子时遮罩可见。

（4）定义<hgroup>中两个<h2>的样式，第一个设置背景为放大镜图像，并设置宽度、高度和位置；第二个设置为按钮的样式，并设置宽度、高度、背景颜色和圆角半径等。

按照上面的步骤，在<head>标记内添加内部样式表，样式代码如下。

```
<style type="text/css">
     body,h2 {                            /* 重置浏览器默认样式 */
          margin: 0;
          padding: 0;
     }
     div {                                /* 盒子的样式 */
          position: relative;             /* 相对定位 */
          overflow: hidden;               /* 溢出内容隐藏 */
          width: 200px;
          height: 270px;
          margin: 20px auto;
     }
     div  hgroup {                        /* 遮罩的样式 */
          position: absolute;             /* 绝对定位 */
          left: 0;
          top: -270px;                    /* 在盒子的上方 */
          width: 200px;
```

```
        height: 270px;
        background: rgba(0, 0, 0, 0.5);     /* 背景颜色半透明 */
        transition: all 0.5s ease-in 0s;    /* 过渡效果 */
    }
    div:hover  hgroup {                     /* 鼠标指针经过盒子时遮罩出现 */
        position: absolute;
        left: 0;
        top: 0;
    }
    hgroup  h2:nth-child(1) {               /* 第一个<h2>的样式 */
        width: 48px;
        height: 48px;
        margin-top: 80px;
        margin-left: 75px;
        background: url(images/img-search.png) no-repeat;
    }
    hgroup  h2:nth-child(2) {               /* 第二个<h2>的样式 */
        width: 100px;
        height: 30px;
        margin-top: 10px;
        margin-left: 50px;
        background-color: #ff8e1c;
        font-size: 18px;
        color: white;
        text-align: center;
        font-weight: normal;
        line-height: 30px;
        border-radius: 15px;
        cursor: pointer;
    }
</style>
```

6. 保存并浏览网页

网页浏览效果如图 16-1 和图 16-2 所示。

16.3 相关知识点

CSS3 提供了强大的过渡属性，在元素从一种样式转变为另一种样式时添加效果，如颜色和形状的变换等。过渡效果使用过渡属性 transition 来定义，过渡属性是一个复合属性，它包含一系列子属性，主要包括 transition-property、transition-duration、transition-timing-function、transition-delay 等属性。

16.3.1 过渡属性

表 16-1 所示为过渡属性的含义。

微课 16-2：过渡属性

表 16-1　过渡属性

属性	作用	属性值	描述
transition-property	指定应用过渡效果的 CSS 属性名称	none	没有属性会获得过渡效果
		all	所有属性都将获得过渡效果
		property	定义应用过渡效果的 CSS 属性名称，多个名称以逗号分隔
transition-duration	定义过渡效果持续的时间	time	默认值为 0，常用单位是秒（s）或毫秒（ms）
transition-timing-function	定义过渡效果的速度曲线	ease	慢速开始，中间变快，最后慢速结束的过渡效果，默认值
		linear	以相同速度开始至结束的线性过渡效果
		ease-in	慢速开始，逐渐加快的过渡效果
		ease-out	慢速结束的过渡效果
		ease-in-out	慢速开始和结束的过渡效果
		cubic-bezier	特殊的立方贝塞尔曲线效果，它的值为 0～1
transition-delay	定义过渡效果延迟时间	time	默认值为 0，常用单位是秒（s）或毫秒（ms）
transition	综合设置过渡效果	property duration timing-function delay	按照各子属性顺序用一行代码设置 4 个参数值，子属性顺序不能颠倒

例 16-1　在项目 project16 中新建网页文件，使用 transition 属性的子属性设置过渡效果，将文件保存为 example01.html，代码如下。

```
<!DOCTYPE html>
<html>
 <head>
      <meta charset="utf-8" />
      <title>背景颜色过渡</title>
      <style type="text/css">
            div{
                  width:200px;
                  height:200px;
                  background-color:#F00;
                  margin:50px auto;
                  transition-property:background;  /* 设置应用过渡效果的属性 */
                  transition-duration:0.5s;                /* 过渡效果持续的时间 */
                  transition-timing-function:ease-in-out;  /* 过渡方式 */
                  transition-delay:0s;                     /* 过渡效果的延迟时间 */
            }
            div:hover{                          /* 设置鼠标指针移动到块元素上时的状态 */
                  background:#ff0;              /* 改变背景颜色 */
            }
      </style>
 </head>
 <body>
      <div>背景颜色过渡</div>
 </body>
</html>
```

上述代码中设置了应用过渡效果的属性、过渡效果持续的时间、过渡方式和过渡效果的延迟时间，当鼠标指针经过块元素时，背景颜色从红色过渡为黄色，如图 16-5 和图 16-6 所示。

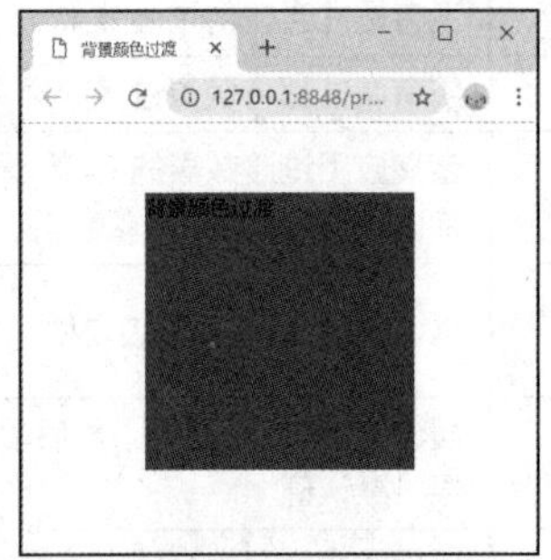

图 16-5　鼠标指针未经过块元素时的效果

图 16-6　鼠标指针经过块元素时的效果

在上述样式代码中分别设置了 transition-property 属性、transition-duration 属性、transition-timing-function 属性和 transition-delay 属性，为了简化代码，可使用 transition 属性进行综合设置，只需一行代码，代码如下。

```
div{
      width:200px;
      height:200px;
      background-color:#F00;
      margin:50px auto;
      transition:background 0.5s ease-in-out; /* 综合设置过渡效果，最后一个值为 0，可以省略 */
}
```

注意　使用 transition 属性设置过渡效果时，它的各个参数必须按照顺序来定义，不能颠倒；第三个和第四个参数可以省略，省略时表示以 ease 方式过渡，过渡效果的延迟时间为 0。

例 16-2　在项目 project16 中新建网页文件，使用 transition 属性对块元素的多个属性设置过渡效果，将文件保存为 example02.html，代码如下。

```
<!DOCTYPE html>
<html>
 <head>
      <meta charset="utf-8">
      <title>多个属性过渡</title>
      <style type="text/css">
            div{
                  width:200px;
                  height:200px;
                  line-height:200px;
                  background-color:#FF0000;
                  border:3px #0f0 solid;
                  margin:50px auto;
                  text-align:center;
                  transition:all 1s ease-in;
/* 对所有属性设置过渡效果，过渡时间为 1s，过渡效果是慢速开始、逐渐加快的 */
            }
```

```
            div:hover{
                    border:3px solid #F00;
                    background-color:#0f0;
                    border-radius:150px;
                    box-shadow:5px 5px 10px #000;
            }
        </style>
    </head>
    <body>
        <div>多个属性过渡</div>
    </body>
</html>
```

在上述代码中设置了边框、背景颜色、圆角半径和盒子阴影的过渡效果，当鼠标指针经过块元素时，块元素的边框、背景颜色、圆角半径和盒子阴影都产生了过渡效果，如图 16-7 和图 16-8 所示。

图 16-7　鼠标指针未经过块元素时的效果

图 16-8　鼠标指针经过块元素时的效果

例 16-3　在项目 project16 中新建网页文件，使用 transition 属性设置图像的过渡效果，将文件保存为 example03.html，代码如下。

```
<!DOCTYPE html>
<html>
 <head>
      <meta charset="utf-8">
      <title>图像过渡</title>
      <style type="text/css">
            div{
                  width:200px;
                  height:200px;
                  line-height:200px;
                  border:3px solid #FF0000;
                  margin:50px auto;
                  background: url(images/pic1.jpg) no-repeat center center;
                  text-align:center;
                  transition:all 1s ease-in-out;     /* 过渡效果 */
            }
            div:hover{
                  background: url(images/pic2.jpg) no-repeat center center;
                  border:3px solid #a5a5a5;
                  border-radius:50%;
```

```
            }
        </style>
    </head>
    <body>
        <div>图像过渡</div>
    </body>
</html
```

在上述代码中设置了背景图像、边框和圆角半径的过渡效果，当鼠标指针经过块元素时，块元素的背景图像、边框和圆角半径都产生了过渡效果，如图 16-9 和图 16-10 所示。

图 16-9　鼠标指针未经过块元素时的效果

图 16-10　鼠标指针经过块元素时的效果

16.3.2　遮罩动画原理

遮罩动画一般由两部分内容组成，下面的部分通常是图像，上面的部分是遮罩层。遮罩层其实就是一个任意形状的"视窗"，利用 CSS 可以实现鼠标指针划过图像时，"视窗"出现的动画效果。在遮罩动画中，当鼠标指针划过或悬停在图片上时，遮罩层可根据设置按任意方向、任意大小过渡出现。具体实现方法可参照 16.2 节案例实现中的代码。

案例小结

本案例介绍了创建图片遮罩动画效果，在知识点中介绍了 transition 属性及其各子属性的使用方法。图片遮罩动画的实现主要利用了 CSS 的定位属性和过渡属性。理解遮罩动画效果的制作方法，可以制作出各种遮罩效果。

习题与实训

一、单项选择题

1．transition-timing-function 属性规定过渡效果的速度曲线，其默认值为（　　）。

A．ease　　B．linear　　C．ease-in　　D．ease-out

2．可以同时指定多个参与过渡的属性值，这些属性值以什么符号分隔？（　　）

A．逗号　　B．分号　　C．顿号　　D．句号

3. 下面过渡动画类型中，为线性过渡的是（　　）。

A. ease　　B. linear　　C. ease-in　　D. ease-out

二、判断题

1. 使用 transiton 属性设置过渡效果时，它的各个参数必须按照顺序来定义，不能颠倒。（　　）
2. transition-delay 属性用于定义过渡效果花费的时间。（　　）
3. 使用 transition 属性一次只能实现一个属性的过渡效果。（　　）

三、实训练习

创建图像遮罩效果，当鼠标指针划过图像时，在左侧出现半透明的遮罩效果，如图 16-11 和图 16-12 所示。

图 16-11　鼠标指针未经过时的效果

图 16-12　鼠标指针经过时的效果

16-3：实训参考步骤

案例 17　图片变形效果

在 CSS3 出现之前，为页面中的元素设置变形效果，如移动、倾斜、缩放和翻转等，需要依赖 Flash 或 JavaScript 才能完成。CSS3 出现后，通过 transform 属性就可以轻松地对元素设置变形效果。本案例介绍实现图片的旋转、缩放等 2D 变形效果，在知识点中介绍 2D 变形。

17.1　案例描述

创建照片墙页面，实现图片变形效果。当鼠标指针移动到风景图片上时，每张风景图片实现不同的变形效果，网页浏览效果如图 17-1 所示。具体要求如下。

（1）在页面中放入 6 张照片，照片大小为 240px×240px。鼠标指针移动到照片上时，显示相应的动画效果。

（2）鼠标指针移动到第一张照片上时，照片变为圆形。

（3）鼠标指针移动到第二张照片上时，照片逆时针旋转 60°，并添加黄色边框。

（4）鼠标指针移动到第三张照片上时，照片顺时针旋转 360°。

（5）鼠标指针移动到第四张照片上时，照片添加阴影并逆时针旋转 10°。

（6）鼠标指针移动到第五张照片上时，照片逆时针旋转 360°。

（7）鼠标指针移动到第六张照片上时，照片放大 1.2 倍。

图 17-1 照片墙页面

17.2 案例实现

创建照片墙页面，实现图片变形效果的步骤如下。

微课 17-1：案例实现

1. 案例分析

页面内容由无序列表标记定义，对 6 张风景图片分别使用 6 对<li></li>标记嵌套<a>标记，<a>标记再嵌套<img>标记定义，定义 CSS 样式时，使用变形属性 transform 对不同图片进行不同的变换。

2. 新建项目

在 HBuilderX 中新建项目 project17，设置项目存放位置为 E:/网页设计/源代码，选择模板类型为“空项目”，单击“创建”按钮，在该项目中创建 images 文件夹，将图片素材放入该文件夹中。

3. 在项目中创建网页文件

在 project17 中新建 HTML 文件，设置文件名为 example.html。

4. 输入网页代码

根据案例分析，利用无序列表来搭建网页结构，代码如下。

```
<!DOCTYPE html>
<html>
 <head>
      <meta charset="utf-8">
      <title>照片墙</title>
 </head>
 <body>
      <ul class="photos">
           <li><a href="images/photo1.jpg" title="教学楼"><img src="images/photo1.jpg"
alt="教学楼" class="img1"></a></li>
           <li><a href="images/photo2.jpg" title="水映霞光"><img src="images/photo2.jpg"
alt="水映霞光" class="img2"></a> </li>
           <li><a href="images/photo3.jpg" title="餐厅"><img src="images/photo3.jpg"
alt="餐厅" class="img3"></a> </li>
           <li><a href="images/photo4.jpg" title="学生公寓"><img src="images/photo4.jpg"
alt="学生公寓" class="img4"></a> </li>
           <li><a href="images/photo5.jpg" title="秋"><img src="images/photo5.jpg"
```

```
alt="秋" class="img5"></a> </li>
            <li><a href="images/photo6.jpg" title="篮球场"><img src="images/photo6.jpg"
alt="篮球场" class="img6"></a> </li>
        </ul>
    </body>
   </html>
```

此时浏览网页，效果如图 17-2 所示。

图 17-2　照片墙页面结构

5. 定义 CSS 样式

定义 CSS 样式的主要步骤如下。

（1）定义无序列表<ul>的样式，设置宽度、高度和外边距。

（2）定义<li>的样式，设置左浮动使其水平排列，设置宽度、高度和外边距。

（3）定义超链接<a>的样式，设置超链接为行内块元素，设置宽度和高度等于<li>的宽度和高度。

（4）定义第偶数个<li>顺时针旋转 10°，倾斜显示。

（5）定义图像<img>的样式，设置宽度、高度、过渡效果。

（6）定义鼠标指针移动到<li>上时每个图像的变形效果。

按照上面的步骤，在<head>标记内添加内部样式表，样式代码如下。

```
<style type="text/css">
    body,ul,li,img {
        padding: 0;
        border: 0;
        margin: 0;
    }
    ul,li {
        list-style: none;
    }
    .photos {                               /* <ul>的样式 */
        width: 880px;
        height: 520px;
        margin: 50px auto;
    }
```

```
.photos li {
    float: left;
    width: 240px;
    height: 240px;
    margin-left: 40px;
    margin-bottom: 40px;
}
.photos li a {
    display: inline-block;              /* 变为行内块元素 */
    width: 240px;
    height: 240px;
    color: #333;
    text-align: center;
    text-decoration: none;
}
.photos a:after {
    content: attr(title);               /* 把 title 属性值显示到超链接的后面 */
}
.photos li:nth-child(even) a {          /* 第偶数个<li>的样式 */
    transform: rotate(10deg);           /* 顺时针旋转 10° */
}
.photos img {
    width: 240px;
    height: 240px;
    transition: all 0.5s ease;          /* 过渡效果 */
}
.photos li:hover .img1 {
    border-radius: 50%;                 /* 第一张照片变为圆形 */
}
.photos li:hover .img2 {
    border: 3px solid #ff0;
    transform: rotate(-60deg);          /* 第二张照片逆时针旋转 60° */
}
.photos li:hover .img3 {
    transform: rotate(360deg);          /* 第三张照片顺时针旋转 360° */
}
.photos li:hover .img4 {
    box-shadow: 10px 10px 10px #333;    /* 为第四张照片添加阴影 */
    transform: rotate(-10deg);          /* 第四张照片逆时针旋转 10° */
}
.photos li:hover .img5 {
    transform: rotate(-360deg);         /* 第五张照片逆时针旋转 360° */
}
.photos li:hover .img6 {
    transform: scale(1.2);              /* 第六张照片放大 1.2 倍 */
}
</style>
```

6. 保存并浏览网页

网页浏览效果如图 17-1 所示。

17.3 相关知识点

在 CSS3 中，使用 transform 属性来实现变形效果，如平移、倾斜、缩放和翻转等。通过调用 transform 属性中不同的变形函数能对元素实现不同的变形效果。

2D 变形

微课 17-2：2D 变形

在 CSS3 中，2D 变形主要包括平移、缩放、倾斜、旋转等变形效果。下面分别针对这些变形效果进行讲解。

1. 平移

使用 translate(x,y)函数可以重新定义元素的坐标，实现平移效果。该函数包含两个参数，分别用于定义水平坐标和垂直坐标，单位为像素或者百分比，参数为负数表示反方向移动元素（向左移动和向上移动）。如果省略了第 2 个参数，则取默认值 0。也可以使用 translateX(x)和 translateY(y)分别设置水平坐标和垂直坐标。

例 17-1 在项目 project17 中新建一个网页文件，在代码中使用 translate()函数实现元素的平移效果，将文件保存为 example01.html。代码如下。

```
<!DOCTYPE html>
<html>
 <head>
     <meta charset="utf-8">
     <title>元素平移</title>
     <style type="text/css">
          div {
               width: 100px;
               height: 100px;
               background-color: red;
          }
          .box2{
               transform: translate(100px,30px);/* 设置水平移动 100px、垂直移动 30px */
          }
     </style>
 </head>
 <body>
     <div class="box1">原始效果</div>
     <div class="box2">平移效果</div>
 </body>
</html>
```

在例 17-1 中，使用<div>标记定义了两个样式完全相同的盒子模型，然后利用 translate()函数将第二个盒子模型水平向右移动了 100px，垂直向下移动了 30px，效果如图 17-3 所示。

2. 缩放

使用 scale(x,y)函数可以设置元素的缩放效果。该函数包含两个参数，分别用于定义水平方向和垂直方向的缩放倍数，参数值为正表示放大元素，为负则翻转元素后再实现缩放。如果第二个参数省略，则默认等于第一个参数。也可以使用 scaleX(x)和 scaleY(y)分别设置水平方向和垂直方向的缩放倍数。

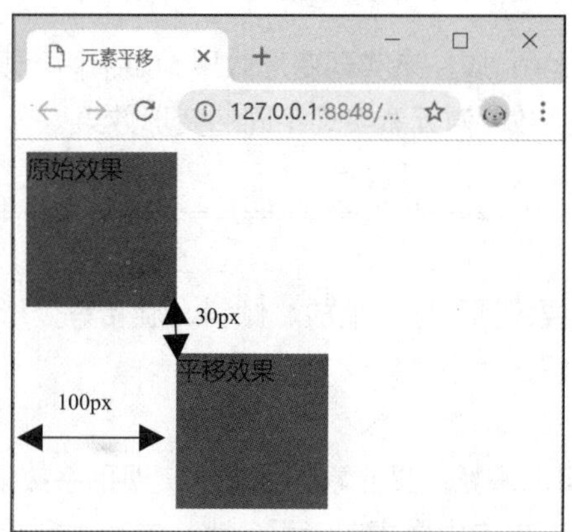

图 17-3　使用 translate()函数实现平移

例 17-2　在项目 project17 中新建一个网页文件，在代码中使用 scale()函数实现元素的缩放效果，将文件保存为 example02.html。代码如下。

```
<!DOCTYPE html>
<html>
 <head>
     <meta charset="utf-8">
     <title>元素缩放</title>
     <style type="text/css">
          div {
               width: 100px;
               height: 100px;
               background-color: red;
          }
          .box2{
               margin: 50px;
               transform: scale(1.2);   /* 元素放大 1.2 倍 */
          }
     </style>
 </head>
 <body>
     <div class="box1">原始效果</div>
     <div class="box2">放大效果</div>
 </body>
</html>
```

在例 17-2 中，使用<div>标记定义了两个样式完全相同的盒子模型，然后利用 scale()函数将第二个盒子模型的宽、高等比例放大 1.2 倍，效果如图 17-4 所示。

3．倾斜

使用 skew(x,y)函数可以设置元素的倾斜效果。该函数包含两个参数，分别用于定义水平方向和垂直方向的倾斜角度，单位为 deg，取值为正数或者负数表示不同的倾斜方向。如果第二个参数省略，则第二个参数默认为 0。也可以使用 skewX(x)和 skewY(y)分别设置水平方向和垂直方向的倾斜角度。

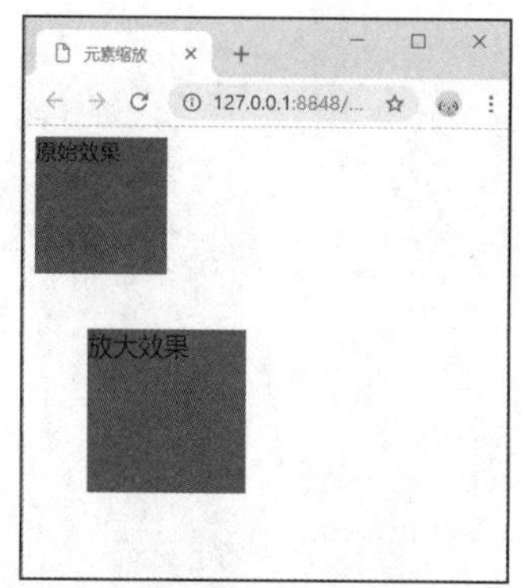

图 17-4　使用 scale()函数实现缩放

例 17-3　在项目 project17 中新建一个网页文件，在代码中使用 skew()函数实现元素的倾斜效果，将文件保存为 example03.html。代码如下。

```
<!DOCTYPE html>
<html>
 <head>
     <meta charset="utf-8">
     <title>元素倾斜</title>
     <style type="text/css">
          div {
               width: 100px;
               height: 100px;
               background-color: red;
          }
          .box2{
               margin: 50px;
               transform: skew(30deg,10deg); /* 水平倾斜 30°，垂直倾斜 10° */
          }
     </style>
 </head>
 <body>
     <div class="box1">原始效果</div>
     <div class="box2">倾斜效果</div>
 </body>
</html>
```

在例 17-3 中，使用<div>标记定义了两个样式完全相同的盒子模型，然后利用 skew()函数将第二个盒子模型在水平方向上倾斜 30°，在垂直方向上倾斜 10°，效果如图 17-5 所示。

图 17-5　使用 skew()函数实现倾斜

4. 旋转

使用 rotate(deg)函数可以设置元素的旋转效果。该函数只有一个参数，参数值为角度，单位为 deg，取值为正数或者负数（正数表示顺时针旋转，负数表示逆时针旋转）。

例 17-4　在项目 project17 中新建一个网页文件，在代码中使用 rotate()函数实现元素的旋转效果，将文件保存为 example04.html。

代码如下。

```
<!DOCTYPE html>
<html>
 <head>
     <meta charset="utf-8">
     <title>元素旋转</title>
     <style type="text/css">
          div {
               width: 100px;
               height: 100px;
               background-color: red;
          }
          .box2{
               margin: 50px;
               transform: rotate(45deg); /* 顺时针旋转 45° */
          }
     </style>
 </head>
 <body>
     <div class="box1">原始效果</div>
     <div class="box2">旋转效果</div>
 </body>
</html>
```

在例 17-4 中，使用<div>标记定义了两个样式完全相同的盒子模型，然后利用 rotate()函数将第二个盒子模型顺时针旋转了 45°，效果如图 17-6 所示。

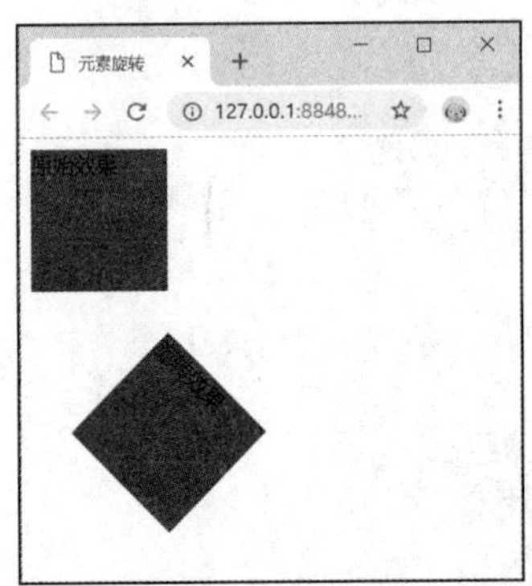

图 17-6　使用 rotate()函数实现旋转

> **注意**　如果需要对一个元素设置多种变形效果，则可以使用空格把多个变形函数隔开。

为例 17-4 中的第二个盒子模型设置多种变形效果，代码如下。

```
  transform: translate(200px,30px)  scale(1.2)  rotate(45deg);/* 设置多种变形效果，用空格把多个变形函数隔开 */
```

上述代码为第二个盒子模型同时设置平移、缩放、旋转效果，设置时使用空格将多个变形函数隔开，浏览效果如图 17-7 所示。

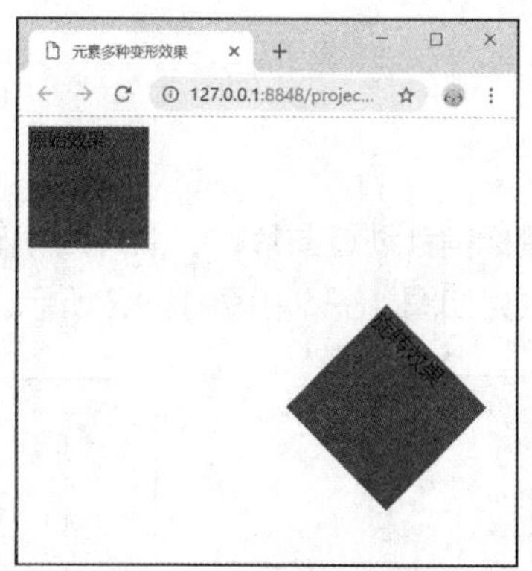

图 17-7　元素多种变形效果

案例小结

本案例介绍了创建照片墙页面，实现各种图片变形效果。在知识点中介绍了使用 CSS 2D 变形属性实现元素的平移、缩放、倾斜、旋转等效果。

习题与实训

一、单项选择题

1. 在 2D 变形中，能够实现元素旋转的函数是（　　）。

A. translate()　　B. scale()　　C. rotate()　　D. skew()

2. 下面哪个不是 transform 属性实现的变换？（　　）

A. 平移　　B. 缩放　　C. 倾斜　　D. 过渡

3. 下面哪个函数是用于实现平移的？（　　）

A. translate()　　B. scale()　　C. rotate()　　D. skew()

二、判断题

1. CSS3 变形是一系列效果的集合，比如平移、旋转、缩放和倾斜，每个效果都被称作变形函数。（　　）

2. 在 2D 变形中可以让元素围绕 *x* 轴、*y* 轴、*z* 轴旋转。（　　）

三、实训练习

创意设计：模仿本案例制作自己的班级照片墙页面。

案例 18　图片翻转效果

在 CSS3 变形效果中，除了可以进行 2D 变形实现元素的平移、旋转、缩放等效果外，还可以进行 3D 变形。3D 变形就是在 2D 变形的基础上加上 *z* 轴的变化，它更加注重空间位置的变化。3D 变形利用 transform 属性的 3D 变形函数来实现图片的移动、缩放和旋转等效果。本案例介绍实现图片翻转效果，在知识点中介绍翻转动画原理和 3D 变形等内容。

18.1 案例描述

创建图片翻转动画效果，当鼠标指针划过图片时，图片沿 y 轴翻转，前面的图片不可见，显示图片后面的文字内容，网页浏览效果如图 18-1 和图 18-2 所示。

图 18-1　图片初始显示效果

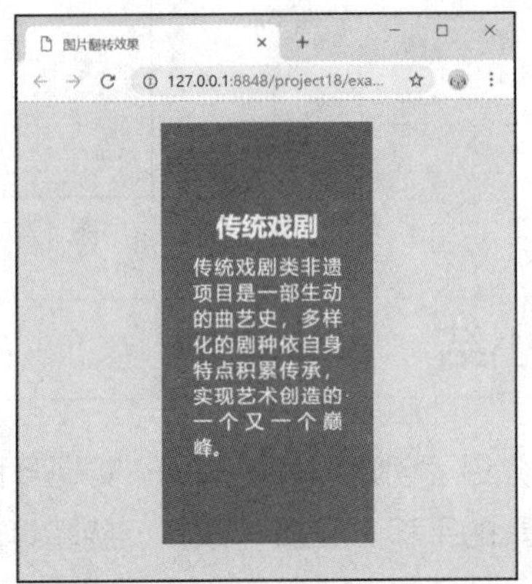

图 18-2　鼠标指针划过图片时的翻转效果

18.2 案例实现

创建图片翻转动画效果的步骤如下。

微课 18-1：案例实现

1. 案例分析

图 18-1 所示的页面内容是放到一个大盒子中的，大盒子里面有图像层和遮罩层，图像使用<img>标记，遮罩中包含标题标记<h1>和段落标记<p>。定义样式，使图像层和遮罩层重叠，对遮罩层沿 y 轴逆时针旋转 180°，使其不可见；鼠标指针划过图片时，图像层沿 y 轴顺时针旋转 180° 变为不可见，遮罩层沿 y 轴顺时针旋转回 0° 变为可见。

2. 新建项目

在 HBuilderX 中新建项目 project18，设置项目存放位置为 E:/网页设计/源代码，选择模板类型为“空项目”，单击“创建”按钮，在项目中新建 images 目录，将素材中的图片放入该目录中。

3. 在项目中创建网页文件

在 project18 中新建 HTML 文件，设置文件名为 example.html。

4. 输入网页代码

根据案例分析，使用相应的 HTML 标记来构建网页结构，代码如下。

```
<!DOCTYPE html>
<html>
 <head>
      <meta charset="utf-8">
      <title>图片翻转效果</title>
 </head>
 <body>
```

```
        <div class="box">
            <img src="images/culture-1.png" alt="戏剧" class="zheng"><!-- 图像 -->
            <div class="text  fan"> <!-- 遮罩，应用 text 和 fan 两个类样式 -->
                <h1>传统戏剧</h1>
                <p>传统戏剧类非遗项目是一部生动的曲艺史，多样化的剧种依自身特点积累传承，实现
艺术创造的一个又一个巅峰。</p>
            </div>
        </div>
    </body>
   </html>
```

此时浏览网页，效果如图 18-3 所示。

图 18-3　页面结构

5. 定义 CSS 样式

定义 CSS 样式的主要步骤如下。

（1）定义外层大盒子的样式，设置宽度、高度、外边距，设置定位方式为相对定位，并设置透视距离。

（2）定义图像层和遮罩层的样式，设置定位方式为绝对定位，设置宽度、高度和位置，使图像层和遮罩层重叠。

（3）定义遮罩层中标题和段落文字的样式。

（4）通过 transform 的 rotateY()函数使遮罩层旋转不可见，鼠标指针经过大盒子时，再使其旋转可见，图像层旋转不可见。

按照上面的步骤，在<head>标记内添加内部样式表，样式代码如下。

```
    <style type="text/css">
        body,h1,p,img{
            margin:0;
            padding:0;
            border:0;
        }
        body{
            background-color: #aaffff;
        }
        .box{
            position: relative;                    /* 外层大盒子相对定位 */
            width:200px;
            height:392px;
            margin:20px auto;
            perspective: 230px;                    /* 透视距离 */
        }
        .box  img,.box  .text{                     /* 图像层和遮罩层的样式，重叠 */
            position: absolute;                    /* 绝对定位 */
            top:0;
            left:0;
            width:200px;
            height: 392px;
        }
        .box  .text{                               /* 遮罩层的样式 */
```

```
            background-color: rgba(0,0,0,0.5);    /* 背景半透明 */
            color:white;
        }
        .box  .text  h1{
            width:150px;
            margin:80px auto 0;
            font-size:24px;
            text-align: center;
        }
        .box  .text  p{
            width:140px;
            margin:10px auto 0;
            font-size:18px;
            text-align: justify;
        }
        .zheng,.fan{
            backface-visibility: hidden;         /* 隐藏被旋转的元素的背面 */
            transition: all 0.5s ease-in 0s;     /* 过渡效果 */
        }
        .fan{
            transform: rotateY(-180deg);         /* 沿 y 轴逆时针旋转 180°，不可见 */
        }
        .box:hover  .zheng{
            transform: rotateY(180deg);          /* 沿 y 轴顺时针旋转 180°，不可见 */
        }
        .box:hover  .fan{
            transform: rotateY(0deg);            /* 沿 y 轴顺时针旋转回 0°，可见 */
        }
    </style>
```

6. 保存并浏览网页

网页浏览效果如图 18-1 所示。

说明

创建图片翻转效果时，在盒子中也可以放入两张图片，使图片翻转，一张可见时，另一张不可见。

18.3 相关知识点

可以利用 CSS 的 3D 变形效果实现鼠标指针经过图片时产生翻转动画效果。下面针对这些变形效果涉及的知识点进行讲解。

18.3.1 翻转动画原理

- 在外层的容器元素上设置整个动画区域的透视（perspective）属性。
- 对正面和背面的元素进行绝对定位，使正面和背面定位在相同的位置，并将背面的可视性（backface-visibility）属性设置为隐藏，此时，背面是不可见的。

- 当外层容器元素遇到鼠标指针悬停事件时，内部元素旋转相应角度。如果将旋转角度设置为负数，则表示逆时针旋转。

微课 18-2：3D 变形

18.3.2 3D 变形

2D 变形表示元素在 *x* 轴和 *y* 轴上产生的变化，3D 变形是在 2D 变形的基础上加上 *z* 轴的变化，它更加注重空间位置的变化。用于 3D 变形的函数如表 18-1 所示。

表 18-1　3D 变形函数

属性	函数	描述
transform	translate3d(x,y,z)	定义 3D 平移变形
	translateX(x)	定义 3D 平移变形，表示在 *x* 轴上移动的距离
	translateY(y)	定义 3D 平移变形，表示在 *y* 轴上移动的距离
	translateZ(z)	定义 3D 平移变形，表示在 *z* 轴上移动的距离
	scale3d(x,y,z)	定义 3D 缩放变形
	scaleX(x)	定义 3D 缩放变形，通过给定一个 *x* 轴的值
	scaleY(y)	定义 3D 缩放变形，通过给定一个 *y* 轴的值
	scaleZ(z)	定义 3D 缩放变形，通过给定一个 *z* 轴的值
	rotate3d(x,y,z,angle)	定义 3D 旋转变形
	rotateX(angle)	定义沿 *x* 轴的 3D 旋转变形
	rotateY(angle)	定义沿 *y* 轴的 3D 旋转变形
	rotateZ(angle)	定义沿 *z* 轴的 3D 旋转变形

在 2D 变形中已经详细介绍了平移、旋转、缩放方法，因此在 3D 变形中不再一一介绍，以旋转为例简要说明它的使用方法。

1. rotate3d()——3D 旋转

rotate3d()是 rotateX()、rotateY()、rotateZ()的综合属性，用于定义沿多个轴的 3D 旋转变形，其语法格式如下。

```
rotate3d(x,y,z,angle);
rotateY(angle);
```

其中，x、y、z 可以取 0 或 1，要沿着某个轴转动，就将该轴的值设置为 1，否则设置为 0；angle 是要旋转的角度，正数或者负数都可以，如果为正，则围绕某个轴顺时针旋转，否则逆时针旋转。rotateY(angle)中的 angle 也是要旋转的角度。

例 18-1　在项目 project18 中新建一个网页文件，使用 rotateX()实现元素围绕 *x* 轴的 3D 旋转变形，将文件保存为 example01.html，代码如下。

```
<!DOCTYPE html>
<html>
 <head>
     <meta charset="utf-8">
```

```
        <title>3D 旋转</title>
        <style type="text/css">
            div {
                width: 100px;
                height: 100px;
                background-color: rgba(255, 0, 0, 0.5);
            }
            #box2 {
                background-color: red;
                transform: rotateX(180deg);    /* 围绕 x 轴顺时针旋转 180° */
            }
        </style>
    </head>
    <body>
        <div id="box1">原始效果</div>
        <div id="box2">3D 旋转效果</div>
    </body>
</html>
```

在上述代码中，第一个盒子显示原始效果，第二个盒子使用rotateX()函数设置沿 x 轴旋转 180°，文字因旋转而显示反字，浏览效果如图 18-4 所示。

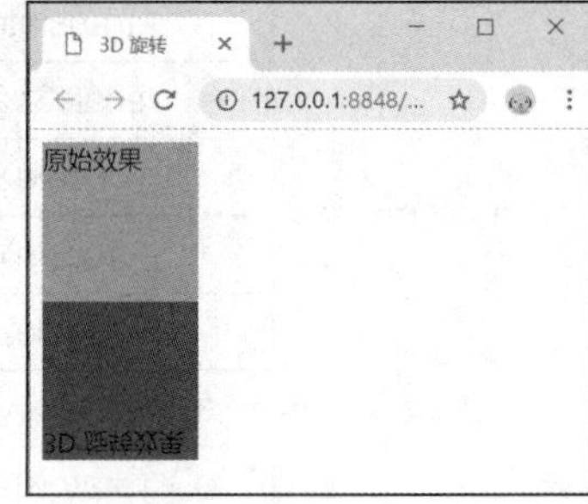

图 18-4　通过 rotateX()函数实现旋转

2. perspective 属性——设置 3D 透视效果

perspective 属性用于设置 3D 透视效果，该属性定义 3D 元素与视图的距离，以像素计。该属性允许改变 3D 元素来查看 3D 元素的视图。当为元素定义 perspective 属性时，其子元素（而不是元素本身）会获得透视效果。

例 18-2　在项目 project18 中新建一个网页文件，使用 perspective 属性设置透视效果，将文件保存为 example02.html，代码如下。

```
<!DOCTYPE html>
<html>
    <head>
        <meta charset="utf-8">
        <title>设置透视效果</title>
        <style type="text/css">
            .div1{
                margin: 0 auto;
                width: 100px;
                height: 100px;
                border:1px solid red;
                perspective: 100px;                /* 设置透视距离 */
            }
            .box1{
                width: 100px;
                height: 100px;
                background-color:rgba(255,0,0,0.5);
                transition: transform 4s ease;     /* 设置 3D 旋转花费 4s 时间过渡 */
            }
```

```
        .box1:hover{
            transform: rotateX(180deg);          /* 设置围绕 x 轴顺时针旋转 180° */
        }
        .div2{
            margin: 0 auto;
            width: 100px;
            height: 100px;
            border:1px solid red;
        }
        .box2{
            width: 100px;
            height: 100px;
            background-color: red;
            transition: transform 4s ease;
        }
        .box2:hover{
            transform: rotateX(180deg);          /* 设置围绕 x 轴顺时针转 180° */
        }
    </style>
</head>
<body>
    <div class="div1">
        <div class="box1">设置透视效果</div>
    </div>
    <div class="div2">
        <div class="box2">未设置透视效果</div>
    </div>
</body>
</html>
```

在上述代码中，对上面的盒子通过 perspective 属性设置透视效果，鼠标指针经过时的效果如图 18-5 所示；对下面的盒子没有设置透视效果，鼠标指针经过时的效果如图 18-6 所示。可以看出，不设置透视效果，盒子旋转时看不到立体旋转的效果。

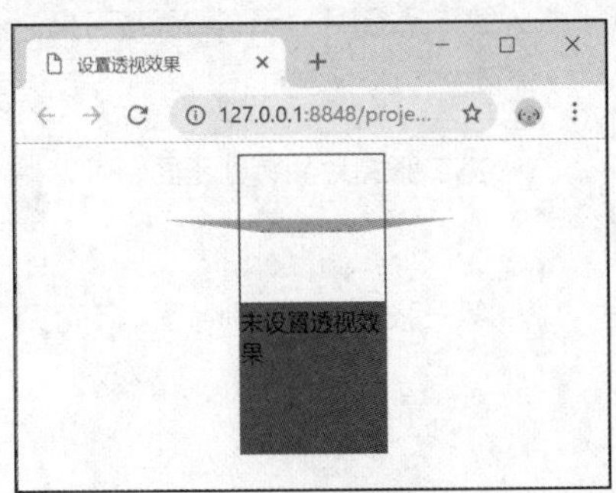

图 18-5　上面盒子的透视效果

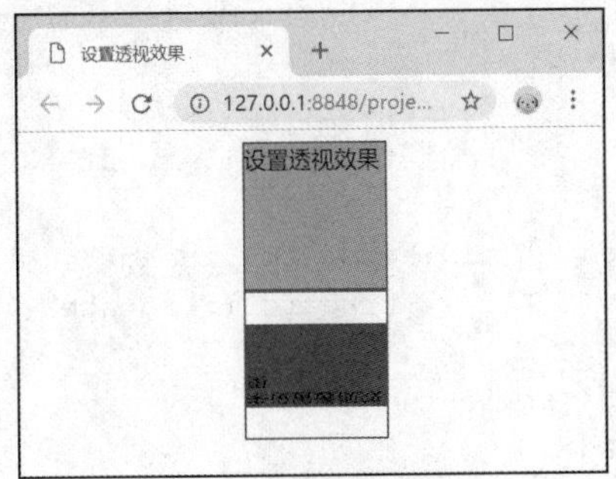

图 18-6　下面盒子未设置透视效果

例 18-3　在项目 project18 中新建一个网页文件，在盒子中放入两张图片，鼠标指针移动到图片上时，实现图片翻转效果，如图 18-7～图 18-9 所示。将文件保存为 example03.html，代码如下。

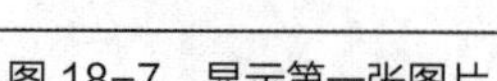
图 18-7　显示第一张图片

图 18-8　图片翻转

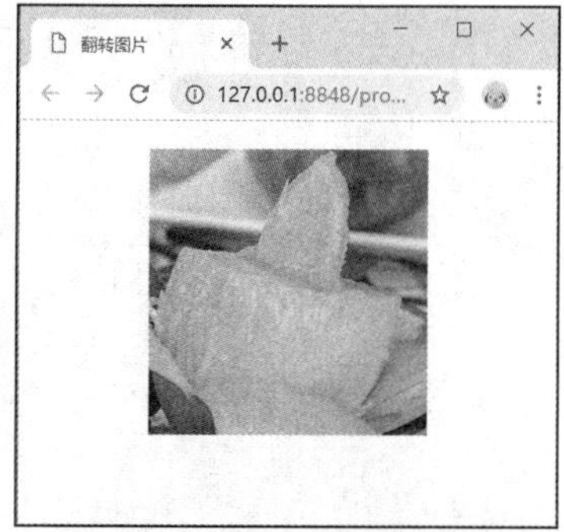

图 18-9　翻转后显示第二张图片

```
<!DOCTYPE html>
<html>
 <head>
      <meta charset="utf-8">
      <title>翻转图片</title>
      <style type="text/css">
           div {
                width: 200px;
                height: 200px;
                margin: 20px auto;
                position: relative;
                perspective: 230px;            /* 设置元素与查看位置的距离 */
           }
           div img {
                position: absolute;
                left: 0;
                top: 0;
                backface-visibility: hidden;   /* 隐藏被旋转的盒子的背面 */
                transition: all 4s ease-in 0s;
           }
           div img.fan {
                transform: rotateX(-180deg);   /* 第二张图片显示在背面不可见 */
           }
           div:hover img.fan {
                transform: rotateX(0deg);      /* 第二张图片翻转到正面，可见 */
           }
           div:hover img.zheng {
                transform: rotateX(180deg);    /* 第一张图片翻转到背面，不可见 */
           }
      </style>
 </head>
 <body>
      <div>
           <img class="zheng" src="images/mangguo1.jpg" width="200" alt="图片1">
           <img class="fan" src="images/mangguo2.jpg" width="200" alt="图片2">
      </div>
 </body>
</html>
```

上述代码通过定义 CSS 样式，使第一张图片在正面显示，第二张图片在背面显示，两张图片重叠。鼠标指针移动到盒子上时，翻转图片，第一张图片不可见，第二张图片可见。设置盒子的 perspective 属性实现透视效果时，其值越小，透视效果越明显。

案例小结

本案例介绍了实现图片翻转效果，主要使用 CSS 3D 变形属性实现元素的 3D 旋转、透视等效果。在知识点中介绍了翻转动画原理和 3D 变形的方法。

习题与实训

一、单项选择题

1. 在 3D 变形中，指定元素围绕 *x* 轴旋转的函数是（　　）。

A. rotateX()函数　　B. rotateY()函数　　C. rotateZ()函数　　D. rotate3d ()函数

2. 在 3D 变形中，指定元素围绕 *y* 轴旋转的函数是（　　）。

A. rotateX()函数　　B. rotateY()函数　　C. rotateZ()函数　　D. rotate3d ()函数

3. 在 3D 变形中，指定元素围绕 *z* 轴旋转的函数是（　　）。

A. rotateX()函数　　B. rotateY()函数　　C. rotateZ()函数　　D. rotate3d ()函数

4.（　　）属性用于设置 3D 透视效果，该属性定义 3D 元素与视图的距离，以像素计。

A. perspective　　B. transition　　C. transform　　D. rotate

二、判断题

在 3D 变形中可以让元素围绕 *x* 轴、*y* 轴、*z* 轴旋转。（　　）

三、实训练习

利用过渡属性 transition 和变形属性 transform 创建扑克牌翻转效果。鼠标指针移动到第一张图片时，产生图片围绕 *y* 轴旋转的变形效果；鼠标指针移动到第二张图片时，产生图片围绕 *x* 轴旋转的变形效果。网页浏览效果如图 18-10 所示。

图 18-10　扑克牌翻转

18-3：实训参考步骤

案例 19　魔方动画效果

CSS3 除了支持通过过渡属性和变形属性制作动画外，还支持通过动画属性 animation 创建帧动画。过渡和变形只能通过指定属性的开始值与结束值，然后在这两个属性值之间进行平滑过渡来实现动画效果，因此只能实现简单的动画效果。通过 animation 属性创建帧动画除了可以定义开始值和结束值之外，还可以定义多个关键帧，以及定义每个关键帧中元素的属性值来实现复杂的动画效果。本案例介绍使用 animation 属性创建魔方动画，在知识点中介绍定义动画关键帧和通过 animation 属性创建动画等内容。

19.1　案例描述

《论语》《道德经》《史记》等优秀典籍能够展现中华传统文化底蕴，彰显我国深厚的文化软实力，这些优秀典籍既是面向过去的传承，也是面向未来的开启，可激发当代大学生对于中华传统文化的文化自信。本案例介绍创建优秀典籍展示魔方动画效果，浏览效果如图 19-1 所示。

图 19-1　魔方动画效果

19.2　案例实现

创建魔方动画效果的步骤如下。

1. 案例分析

图 19-1 所示的网页内容需要使用<div>标记定义一个盒子，在盒子中放入 6 张图片，对图片使用<img>标记定义。定义 CSS 样式，通过定位和移动、旋转等，使 6 张图片构成一个立方体，通过 animation 属性定义动画，使立方体旋转，呈现魔方动画效果。

微课 19-1：案例实现

2. 新建项目

在 HBuilderX 中新建项目 project19，设置项目存放位置为 E:/网页设计/源代码，选择模板类型为“空项目”，单击“创建”按钮，在项目中新建 images 目录，将素材中的图片放入该目录中。

3. 在项目中创建网页文件

在 project19 中新建 HTML 文件，设置文件名为 example.html。

4. 输入网页代码

根据案例分析，使用相应的 HTML 标记来构建网页结构，代码如下。

```
<!DOCTYPE html>
<html>
 <head>
      <meta charset="utf-8">
      <title>优秀典籍展示</title>
 </head>
<body>
      <div>
           <img class="front" src="images/pic1.jpg" alt="前面">
           <img class="after" src="images/pic2.jpg" alt="后面">
           <img class="left" src="images/pic3.jpg" alt="左侧">
           <img class="right" src="images/pic4.jpg" alt="右侧">
           <img class="up" src="images/pic5.jpg" alt="上面">
           <img class="down" src="images/pic6.jpg" alt="下面">
      </div>
 </body>
</html>
```

5. 定义 CSS 样式

定义 CSS 样式的主要步骤如下。

（1）定义盒子的样式，设置盒子在浏览器中的位置，设置在 3D 空间中呈现元素，设置动画。

（2）定义 6 张图片的样式，使图片在浏览器中心位置。

（3）通过 transform 属性的相应函数使 6 张图片构成一个立方体。

（4）定义动画 change，在该动画中设置关键帧，使立方体旋转。

按照上面的步骤，在<head>标记内添加内部样式表，样式代码如下。

```
 <style  type="text/css">
      body,img {
           padding: 0;
           margin: 0;
           border:0;
      }
      div {
           position: absolute;            /* 绝对定位，使元素的左上角在浏览器的中心点 */
           top: 50%;
           left: 50%;
           transform-style: preserve-3d;   /* 规定如何在 3D 空间中呈现被嵌套的元素 */
           animation: change 15s linear infinite;   /* 设置动画 */
      }
      .front,.after,.left,.right,.up,.down {/* 定义 6 张图片的样式，使图片在浏览器中心位置 */
           position: absolute;
           margin-left: -150px;   /* 图片的宽度和高度都是 300px,设置左外边距和上外边距是宽
度和高度的一半,可以使图片位于浏览器的中心点 */
           margin-top: -150px;
      }
      .front {
```

```
            transform: translateZ(150px);      /* 沿 z 轴向前移动 150px */
        }
        .after {
            transform: translateZ(-150px);     /* 沿 z 轴向后移动 150px */
        }
        .left {
            transform: rotateY(-90deg) translateZ(150px);
/* 沿 y 轴逆时针旋转 90°，同时沿 z 轴向前移动 150px */
        }
        .right {
            transform: rotateY(90deg) translateZ(150px);
/* 沿 y 轴顺时针旋转 90°，同时沿 z 轴向前移动 150px */
        }
        .up {
            transform: rotateX(90deg) translateZ(150px);
/* 沿 x 轴顺时针旋转 90°，同时沿 z 轴向前移动 150px */
        }
        .down {
            transform: rotateX(-90deg) translateZ(150px);
/* 沿 x 轴逆时针旋转 90°，同时沿 z 轴向前移动 150px */
        }
        @keyframes change {
            0% {
            transform: translateZ(150px) rotateX(360deg) rotateY(360deg);
/* 沿 z 轴向前移动 150px,同时沿 x 轴顺时针旋转 360°、沿 y 轴顺时针旋转 360° */
            }
        }
    </style>
```

6. 保存并浏览网页

网页浏览效果如图 19-1 所示。

19.3 相关知识点

19.2 节案例实现中通过动画属性 animation 创建了帧动画。下面对通过 animation 属性创建动画涉及的知识点进行讲解。

微课 19-2：animation 属性创建动画

19.3.1 @keyframes——定义动画的关键帧

@keyframes 规则用于定义动画的关键帧，animation 属性必须配合 @keyframes 规则才能实现动画效果。其基本语法格式如下。

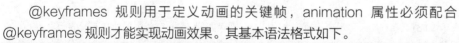

```
@keyframes animationname {
    keyframes-selector{css-styles}
}
```

在上述语法格式中，animationname 是当前动画的名称；keyframes-selector 是关键帧选择器，通俗地说就是动画发生的位置，可以是百分比、from 或 to；css-styles 是 CSS 样式属性的结合，也就是执行到当前关键帧时对应的动画状态。

例如，下面的代码定义了动画名称是 ball，定义了 5 个关键帧，在每帧中设置 left 属性和 top

属性，让它们的值发生改变，产生动画。

```
@keyframes ball {
      0% {left:0;top:0;}
      25% {left:200px;top:0;}
      50% {left:200px;top:200px;}
      75% {left:0;top:200px;}
      100% {left:0;top:0;}
}
```

说明 定义关键帧并不能产生动画效果，还需要设置 animation 属性才行。

19.3.2 设置动画属性

动画属性也是复合属性，可以直接设置 animation 属性，也可以分别设置它的一系列子属性，这些子属性主要包括 animation-name、animation-duration、animation-timing-function、animation-delay、animation-iteration-count、animation-direction 等。表 19-1 列出了这些子属性及其属性值等。

表 19-1 子属性及其属性值等

子属性	作用	属性值	描述
animation-name	指定要应用的动画名称	none	不应用动画
		keyframename	指定应用的动画名称，即@keyframes 定义的动画名称
animation-duration	定义动画效果完成所需的时间	time	默认值为 0，常用单位是秒（s）或毫秒（ms）
animation- timing-function	定义动画效果的速度曲线	ease	平滑过渡
		linear	线性过渡
		ease-in	由慢到快
		ease-out	由快到慢
		ease-in-out	由慢到快再到慢
		cubic-bezier	特殊的立方贝塞尔曲线效果
animation-delay	定义动画效果延迟时间	time	默认值为 0，常用单位是秒（s）或毫秒（ms）
animation-iteration-count	定义动画的播放次数	count	播放次数
		infinite	无限次
animation-direction	定义动画的播放方向	normal	默认值，动画每次都正方向播放
		alternate	第偶数次正方向播放，第奇数次反方向播放
animation	综合设置动画的所有属性值	name duration timing-function delay iteration-count direction	按照各子属性顺序用一行代码设置 6 个参数值，子属性顺序不能颠倒

例如，使用 animation 各子属性创建动画的格式如下。

```
animation-name: keyframename;       /* 定义动画名称 */
animation-duration:time;            /* 定义动画持续时间 */
animation-timing-function:ease;     /* 定义动画速度曲线 */
animation-delay:time;               /* 定义动画延迟播放的时间 */
animation-iteration-count:count;    /* 定义动画播放次数 */
animation-direction: normal;        /* 定义动画方向 */
```

设置动画时，和 transition 属性类似，一般通过 animation 属性进行设置，其基本语法格式如下。

```
animation:animation-name animation-duration animation-timing-function animation-delay animation-iteration-count animation-direction;
```

在上述语法中，必须指定第一个和第二个子属性，即 animation-name 和 animation-duration，否则动画不会播放。

例 19-1　在项目 project19 中新建一个网页文件，使用 animation 属性创建简单动画，将文件保存为 example01.html，代码如下。

```
<!DOCTYPE html>
<html>
 <head>
      <meta charset="utf-8">
      <title>简单动画</title>
      <style type="text/css">
      div{
            position: absolute;
            width: 100px;
            height: 100px;
            background-color: red;
            animation-name: ball;                   /* 设置动画名称 */
            animation-duration:3s;                  /* 设置持续时间 */
            animation-timing-function:ease;         /* 设置速度曲线 */
            animation-delay:0s;                     /* 设置延迟时间 */
            animation-iteration-count:4;            /* 设置播放次数 */
            animation-direction: alternate;         /* 设置动画播放方向为正反交替 */
            /* 上面 6 行代码可用以下一行代码代替 */
            /* animation: ball 3s ease 0s 4 alternate;
/* 设置 ball 动画持续 3s，正反方向交替播放共 4 次 */}
      @keyframes ball{
            from{
                  left: 0px;
            }
            to{
                  left: 300px;
                  border-radius: 50px;
            }
      }
      </style>
 </head>
 <body>
      <div></div>
```

```
  </body>
</html>
```

在上述代码中，通过 animation 属性设置动画效果。盒子初始效果如图 19-2 所示，然后开始从左向右移动，同时变成圆形，如图 19-3 所示。

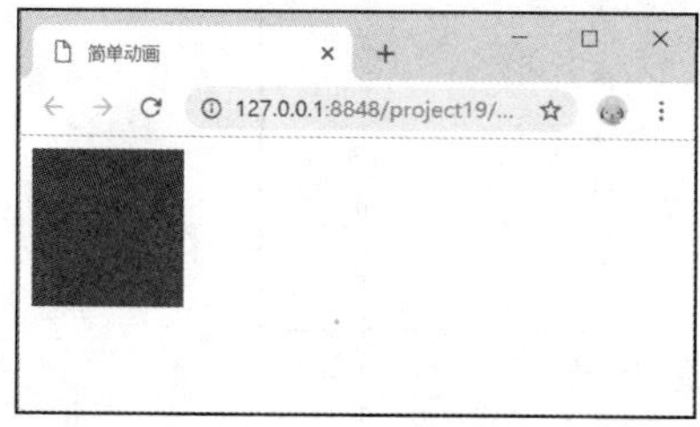
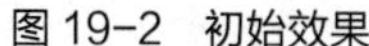

图 19-2　初始效果

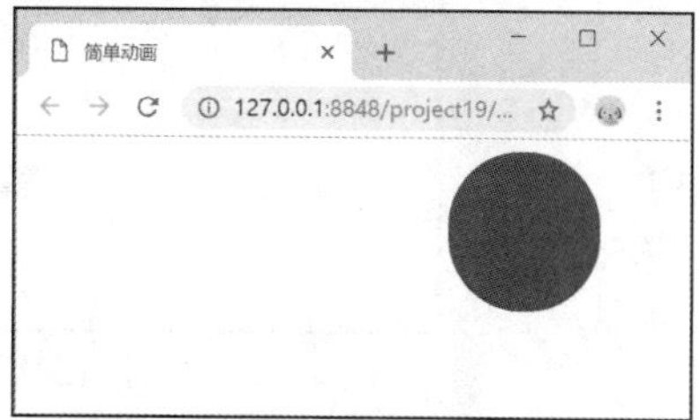

图 19-3　动画过程

下面再通过创建人物折返跑动画进一步说明使用 animation 属性创建动画的方法。

例 19-2　在项目 project19 中新建一个网页文件，使用 animation 属性创建人物折返跑动画，将文件保存为 example02.html，代码如下。

```
<!DOCTYPE html>
<html>
 <head>
      <meta charset="utf-8">
      <title>人物折返跑</title>
      <style type="text/css">
           img {
                width: 200px;
                animation: move 10s infinite; /* 设置动画名称和动画时间，循环播放动画 */
           }
           @keyframes move {                       /* 定义动画名称和关键帧 */
                from {
                     transform: translate(0) rotateY(180deg);         /* 起始位置 */
                }
                50% {
                     transform: translate(600px) rotateY(180deg);   /* 终点位置 */
                }
                51% {
                     transform: translate(600px) rotateY(0deg);      /* 终点位置 */
                }
                to {
                     transform: translate(0) rotateY(0deg);           /* 起始位置 */
                }
           }
      </style>
 </head>
 <body>
      <img src="images/people.gif" alt="跑步的人">
 </body>
</html>
```

在上述代码中，通过 animation 属性设置动画效果。人物起始位置在浏览器左侧，跑步到水平位置600px处，将人物旋转，再跑回起始位置，然后一直循环播放动画，实现人物折返跑的动画效果。浏览效果如图19-4所示。

图19-4　人物折返跑动画

案例小结

本案例介绍了创建魔方动画效果，在知识点中介绍了如何使用@keyframes定义关键帧及利用animation属性创建动画。

习题与实训

一、单项选择题

1．用于定义动画将会延迟2s的时间，然后才开始的代码是（　　）。

A．animation-duration:2s;　　B．animation-timing-function:2s;

C．animation-delay:2s;　　D．animation-direction:2s;

2．设定动画会在奇数次数正常播放，而在偶数次数逆向播放的代码为（　　）。

A．animation-direction:alternate;　　B．animation-direction:normal;

C．animation-direction:true;　　D．animation-direction:false;

3．下列选项中，用于定义动画需要播放3次的代码是（　　）。

A．animation:3;　　B．animation-timing-function:3;

C．animation-delay:3;　　D．animation-iteration-count:3;

4．认真阅读下列代码，并按要求作答。

```
animation-name:mymove;                  /* 定义动画名称 */
animation-duration:5s;                  /* 定义动画时间 */
animation-timing-function:linear;       /* 定义动画速度曲线 */
animation-delay:2s;                     /* 定义动延迟时间 */
animation-iteration-count:3;            /* 定义动画的播放次数 */
animation-direction:alternate;          /* 定义动画播放的方向 */
```

animation属性是一个复合属性，可以同时设置上述属性的代码为（　　）。

A．animation: mymove 3 2s linear 5s alternate;

B．animation: mymove linear 2s 5s 3 alternate;

C．animation: mymove 2s linear 5s 3 alternate;

D．animation: mymove 5s linear 2s 3 alternate;

5. 下面哪个属性用于指定动画延迟的时间？（　　）

A. animation-name　　B. animation-timing-function

C. animation-play-state　　D. animation-delay

二、实训练习

利用 animation 属性、@keyframes 规则创建轮播动画效果。网页浏览效果如图 19-5 所示。

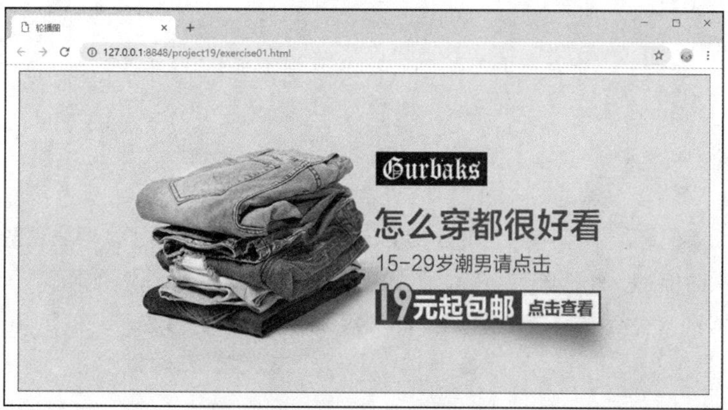

图 19-5　轮播动画

模块五 使用JavaScript添加动态效果

通过前面的学习，相信大家已经能够运用 HTML5 和 CSS3 搭建并美化网页了。但是有些效果还是无法实现，譬如表单验证、限时促销、轮播图效果等，因此还需要学习 JavaScript 技术。

本模块通过 5 个案例的实现，介绍使用 JavaScript 添加网页动态效果的方法。

知识目标

- 掌握将 JavaScript 引入网页的方式。
- 掌握 JavaScript 的基本语法。
- 掌握 BOM 对象和 DOM 对象的使用方法。

技能目标

- 会编写简单的 JavaScript 程序。
- 能阅读并理解简单的 JavaScript 程序。
- 会在网页上使用 JavaScript 添加动态效果。

素质目标

- 培养逻辑思维能力。
- 培养耐心细致、精益求精的工匠精神。

情景导入

通过前面的学习，李华学到了很多的网页设计知识，他听王强说，学习网页设计还需要学习 JavaScript 编程技术，它是以后创建动态网页必需的技术。但王强也提醒说，编程会比较难，告诉李华一定要迎难而上，不要打退堂鼓。接下来我们就来学习如何使用 JavaScript 在网页上添加动态效果。

案例 20 输出信息

使用 HTML 标记可以直接在网页上输出静态文本信息，但如果要以对话框的形式输出信息就需要使用 JavaScript 编写代码来实现。本案例介绍编写 JavaScript 代码输出信息，在知识点中介绍 JavaScript 的常见应用、语法规则、引入方式及输入输出方法等内容。

20.1 案例描述

创建 JavaScript 程序，运行效果如图 20-1~图 20-3 所示。具体要求如下。

（1）弹出输入对话框，输入姓名，单击“确定”按钮后，弹出显示信息对话框，显示××您好!。

（2）单击显示信息对话框中的“确定”按钮后，在网页上显示信息“欢迎学习 JavaScript!”。

（3）“欢迎学习 JavaScript!”为一级标题、红色，在浏览器中水平居中显示。

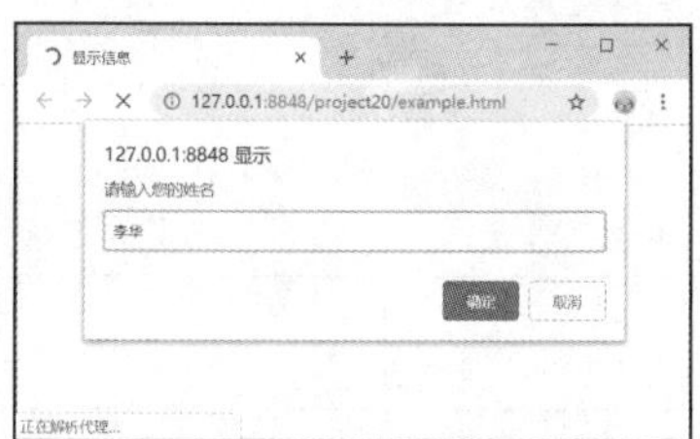

图 20-1　输入对话框

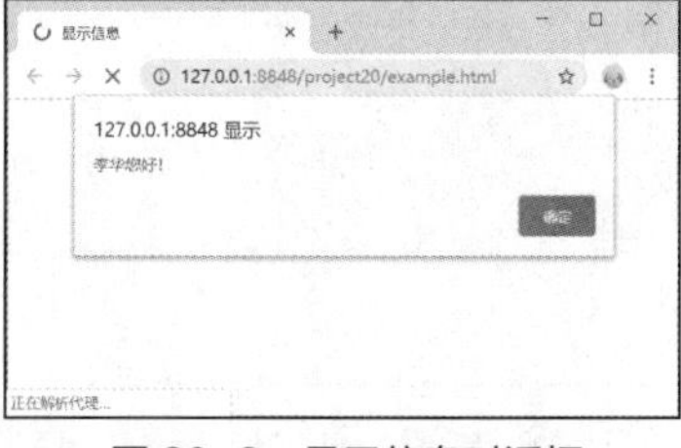

图 20-2　显示信息对话框

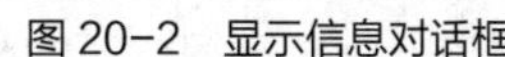

图 20-3　在网页上输出信息

20.2 案例实现

通过编写 JavaScript 程序输出信息的步骤如下。

微课 20-1：案例实现

1. 案例分析

图 20-1 所示的用于输入姓名的输入框需要使用 prompt()方法定义，图 20-2 所示的显示信息对话框需要使用 alert()方法定义，图 20-3 所示的在网页上输出的信息需要使用 document 对象的 write()方法定义。“欢迎学习 JavaScript!”文字需要使用 CSS 定义标题的样式。

2. 新建项目

在 HBuilderX 中新建项目 project20，设置项目存放位置为 E:/网页设计/源代码，选择模板类型为“基本 HTML 项目”，单击“创建”按钮。

3. 在项目中创建网页文件

在 project20 中新建 HTML 文件，设置文件名为 example.html。

4. 输入网页代码

在<body>标记内使用<script>标记添加脚本代码，再在<head>标记内使用<style>标记添加样式代码，完整代码如下。

```
<!DOCTYPE html>
<html>
```

```
  <head>
       <meta charset="utf-8" />
       <title>显示信息</title>
       <style type="text/css">
            h1{
                 color:#F00;
                 text-align:center;
            }
       </style>
  </head>
  <body>
       <script type="text/javascript">
            var name=prompt("请输入您的姓名");      //弹出输入对话框，输入姓名，存入变量 name
            alert(name+"您好！");                   //弹出显示信息对话框
            document.write("<h1>欢迎学习 JavaScript!</h1>");    //在网页上输出信息
        </script>
  </body>
</html>
```

5. 保存并浏览网页

网页浏览效果如图 20-1 所示。

20.3 相关知识点

JavaScript（简称 JS）是当前非常流行、应用很广泛的脚本语言，主要用来实现网页的动态交互效果。下面详细介绍 JavaScript 的常见应用、JavaScript 的语法规则、JavaScript 的引入方式和常用的输入输出方法。

20.3.1 JavaScript 的常见应用

JavaScript 在网页中的应用非常普遍，我们浏览的网页中或多或少都有 JavaScript 的影子。比如我们经常见到的网站轮播图效果，每隔几秒就自动切换到下一张图片，如图 20-4 所示；修改密码时如果新密码和确认密码不一致就会出现错误提示，如图 20-5 所示。这些都是通过 JavaScript 实现的。

图 20-4 人邮教育网站轮播图效果

修改密码
新密码和确认密码不一致
当前密码
新密码
确认密码
修改密码

图 20-5 修改密码

JavaScript 的具体应用可概括为以下 3 个方面。

1. 动态交互效果

随着信息技术的飞速发展，网页内容的呈现越来越注重带有动态效果的艺术展示，这些效果给我们带来了视觉冲击和美的享受，JavaScript 能使这些网页元素“动起来”，这是 JavaScript 的功能之一，比如各大电商平台首页的轮播图、操作提示框、图片放大等动态特效。

2. 数据验证

使用 JavaScript 可以在客户端对用户输入的内容进行验证，比如某个字段是否必填、密码和确认密码是否一致、手机号和身份证号是否符合要求等，在向 Web 服务器提交表单前，经客户端验证就可以发现错误，并提示警告信息。

3. 结合流行框架开发移动应用

JavaScript 并不仅用于网页和网站程序，还可以结合时下三大流行框架（Vue.js、Angular、React）进行微信公众号、小程序、混合 App 等移动应用开发。

20.3.2 JavaScript 的语法规则

在编写 JavaScript 代码时，应注意基本的语法规则，避免程序出错，具体如下。

（1）JavaScript 严格区分大小写，在编写代码时一定注意大小写的正确性。

例如，将 alert 改为 Alert，则对话框无法弹出。

（2）一般在每条语句结束后加分号。

JavaScript 并不要求必须以分号作为结束符，但最好在每行代码的结尾加上分号。

（3）JavaScript 的注释符号是//（单行注释）和/* ...... */（多行注释）。

例如，20.2 节案例实现中给代码添加的注释。

20.3.3 JavaScript 的引入方式

微课 20-2：JavaScript 的引入方式

JavaScript 脚本文件的引入方式与 CSS 样式文件的类似，在 HTML 文档中引入 JavaScript 文件主要有以下 3 种方式，即内嵌式、外链式、行内式。下面将对这 3 种引入方式进行具体介绍。

1. 直接将 JavaScript 代码嵌入 HTML 中（内嵌式）

JavaScript 代码可以直接在 HTML 中编写，JavaScript 代码是包含在<script>和</script>中的，所以在 HTML 中嵌入 JavaScript 代码时需要提供一对<script>和</script>，在这对标记中的代码会被浏览器自动解释为 JavaScript 代码，而不是 HTML 代码。

常用的在 HTML 中嵌入脚本的语法格式如下。

```
<script type="text/javascript">
    JavaScript 语句
</script>
```

说明如下。

（1）type 是<script>标记的常用属性，用于指定 HTML 中的脚本语言类型。在 HTML5 文档中，type 属性可以省略。

（2）<script>标记的代码一般放在<head>和</head>之间或者</body>之前，放在<head>

和</head>之间的脚本代码会在页面加载之前被优先载入，而放在</body>之前的脚本代码会在页面加载完成之后被载入并执行。

例 20-1 在项目 project20 中新建网页文件，使用<script>标记在 HTML 文档中插入脚本，将文件保存为 example01.html，代码如下。

```
<!DOCTYPE html>
<html>
 <head>
      <meta charset="utf-8" />
      <title>嵌入式</title>
 </head>
 <body>
      <script type="text/javascript">
           alert("李华，欢迎来到 JavaScript 的世界！"); //在弹出的对话框中显示信息
      </script>
 </body>
</html>
```

浏览网页，效果如图 20-6 所示。

在上面的代码中将脚本代码嵌入</body>之前，执行后在对话框中显示信息。

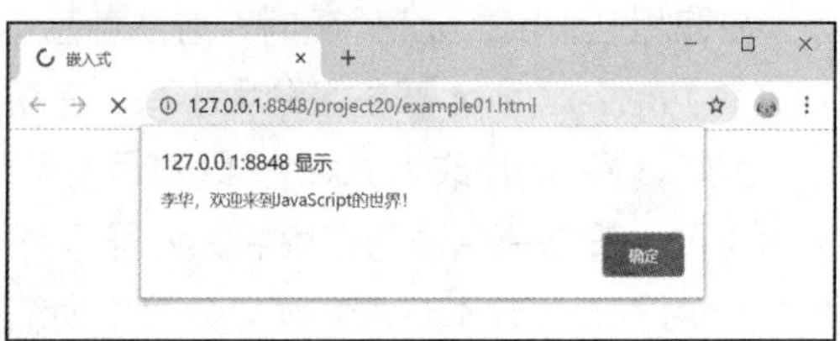

图 20-6 在 HTML 中直接嵌入 JavaScript 脚本

2. 链接外部的 JavaScript 代码（外链式）

外链式是指将所有脚本代码放在一个或多个扩展名为.js 的脚本文件中，通过 src 属性将脚本文件链接到 HTML 文档中。其基本语法格式如下。

```
<script type="text/javascript" src="脚本文件路径"></script>
```

说明 src 属性用于指定外部脚本文件的路径。

例 20-2 在项目 project20 中新建 HTML 文件，将文件保存为 example02.html，使用外链式添加脚本。

操作步骤如下。

（1）创建外部脚本文件。选中项目中的 js 目录，右击，选择“新建” | “js 文件”命令，输入文件名称 01.js，单击“创建”按钮，在代码窗口中输入如下代码并保存。

```
alert("李华，欢迎来到 JavaScript 的世界！"); //在弹出的对话框中显示信息
```

（2）将脚本文件链接到 HTML 文档。在 HTML 文件中链接外部脚本文件，代码如下。

```
<!DOCTYPE html>
<html>
 <head>
      <meta charset="utf-8">
      <title>外链式</title>
      <script src="js/01.js" type="text/javascript"></script>
 </head>
 <body>
 </body>
</html>
```

浏览网页，效果如图 20-6 所示。

注意 在外部脚本文件中，编写 JavaScript 脚本代码时，不需要写<script>标记。

在实际开发中，当需要编写大量、逻辑复杂的 JavaScript 代码时，推荐使用外链式。外链式将脚本代码与 HTML 文档分离开来，可便于后期的代码修改和维护。同时外链式可减小 HTML 文档的大小，加快页面加载速度。

3. 直接在 HTML 标记中使用（行内式）

有时需要使用 JavaScript 代码实现一个简单的页面效果，这时可以直接在标记中使用。有如下两种方式。

（1）使用“javascript:”调用。在 HTML 代码中，可以使用“javascript:”的方式来调用简单的 JavaScript 语句，如下所示。

```
<a href="javascript:alert('希望你成为前端开发的高手')">
      欢迎来到 JavaScript 世界!
</a>
```

（2）结合事件调用。JavaScript 支持很多的事件，如单击、鼠标指针划过、按下键盘上的键等。我们可以将 JavaScript 代码与事件结合，实现一些特效，如下所示。

```
<input type="button" value="显示信息" onclick="alert('Hello, Welcome!');" />
```

20.3.4 输入/输出方法

JavaScript 是基于对象的脚本编程语言，提供了很多的对象和方法。其中 prompt()和 alert()都是 window 对象的方法，在使用时可以省略 window 对象；write()是 document 对象的方法，在使用时不能省略 document 对象。下面对这些方法进行具体介绍。

微课 20-3：输入/输出方法

1. prompt()方法

prompt()方法用于弹出一个提示对话框，可以显示信息和提示用户输入信息，提示对话框具有返回值。prompt()方法的基本语法格式如下。

```
prompt("提示信息","默认值");
```

说明如下。

（1）第一个参数是显示的提示信息，第二个参数是默认值，第二个参数可以省略。

（2）该方法可以将返回值存储到变量中。

（3）用户单击“取消”按钮，prompt()方法的返回值是 null；单击“确定”按钮，prompt()方法的返回值是用户输入的字符串。

例如：

```
var name=prompt("请输入您的姓名","李华");
```

2. alert()方法

alert()方法用于弹出一个警示对话框，确保用户可以看到某些提示信息，警示对话框无返回值。alert()方法的基本语法格式如下。

```
alert("提示信息");
```

说明如下。

参数可以是变量、字符串或表达式。

例如：

```
alert("输入错误！");
```

3. write()方法

write()方法用于在当前网页文档中输出信息。

write()方法的基本语法格式如下。

```
document.write("输出信息");
```

说明如下。

（1）参数可以是变量、字符串或表达式。

（2）字符串中可以包含 HTML 标记或脚本代码。

例如：

```
document.write("<strong>明天更美好！</strong>");
```

案例小结

本案例介绍了创建简单的 JavaScript 程序来输出信息，在知识点中介绍了 JavaScript 的常见应用、JavaScript 的语法规则、JavaScript 的引入方式和常用的输入/输出方法等。

习题与实训

一、单项选择题

1. 为代码添加多行注释的语法为（　　）。

A. //　　B. /*……*/　　C. <!--……-->　　D. #

2. 下列选项中,哪个 HTML 标记中可以书写 JavaScript 代码？（　　）

A. <script>　　B. <javascript>　　C. <js>　　D. <jscript>

3. 向页面输出 hello world，正确的 JavaScript 语句是（　　）。

A. write("hello world");　　B. document.write("hello world");

C. alert("hello world");　　D. prompt("hello world");

4. 引用名称为 01.js 的外部脚本文件，正确的 JavaScript 语句是（　　）。

A. <script src="01.js"></script>　　B. <script href="01.js"></script>

C. <script name="01.js">　　D. <script src="01.js">

5. 插入 JavaScript 代码的正确位置是（　　）。

A. <head>标记中　　B. <body>标记中

C. <head>标记中和<body>标记中均可　　D. 都不行

二、判断题

1. JavaScript 中的方法名不区分大小写。（　　）

2. JavaScript 语句结束时的分号可以省略。（　　）

3. 通过外链式引入 JavaScript 文件时，可以省略</script>标记。（　　）

三、实训练习

1. 编写脚本程序，在对话框中输入出生年份，计算年龄并输出到网页中，运行效果如图 20-7 和图 20-8 所示。

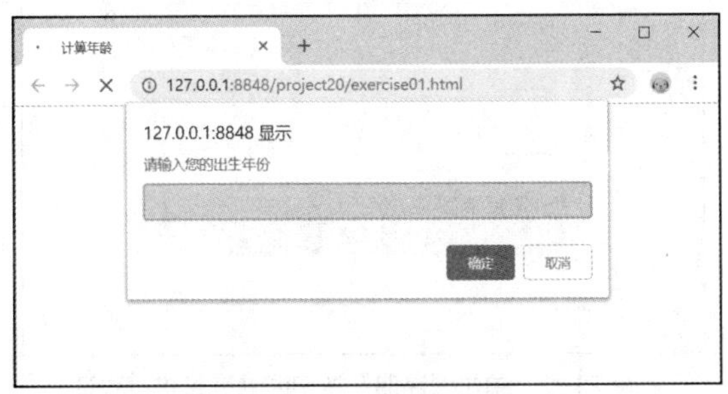

图 20-7　输入出生年份

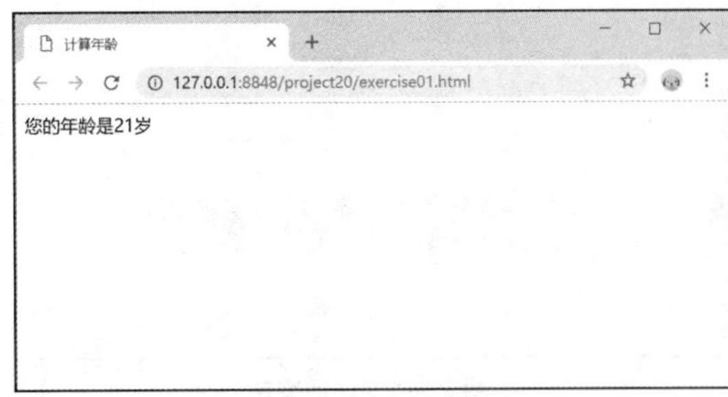

图 20-8　输出年龄

2. 编写脚本程序，在网页上输出自己的班级、学号和姓名，运行效果如图 20-9 所示。

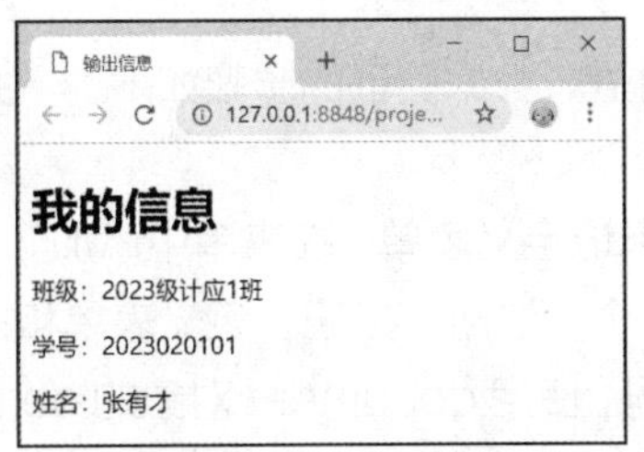

图 20-9　输出信息

20-4：实训参考步骤

案例 21　表单验证

JavaScript 最开始出现的目的就是解决表单验证方面的问题，这也是 JavaScript 最基本和最重要的作用之一。在表单数据提交到服务器前，在客户端提前进行验证，称为客户端表单验证。这样，用户得到了及时的交互，同时也减轻了网站服务器端的压力。本案例介绍创建用户注册表单，在用户提交表单时，通过 JavaScript 代码对表单输入内容进行验证。在知识点中介绍 JavaScript 中的变量、数据类型、运算符、函数和 DOM 等内容。

21.1　案例描述

创建注册表单，编写 JavaScript 代码，在表单提交时进行数据验证，运行效果如图 21-1 和图 21-2 所示。具体要求如下。

（1）在注册表单中添加一个文本输入框、两个密码输入框和一个命令按钮。

（2）表单样式如图 21-1 所示。

（3）如果小米 ID 和密码输入不符合要求或者密码输入和确认密码输入不一致，则在单击“注册”按钮时会弹出警示对话框，如图 21-2 所示。

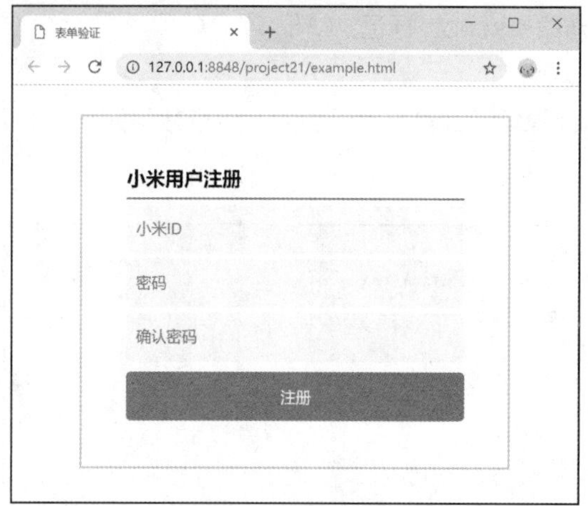

图 21-1　注册表单

图 21-2　单击“注册”按钮时对表单进行验证

21.2　案例实现

创建注册表单，在表单提交时进行数据验证的步骤如下。

微课 21-1：案例实现

1. 案例分析

创建注册表单，使用<form>标记定义表单，在表单中添加 3 个<input>标记用于输入小米 ID 和密码，添加一个“注册”按钮，定义表单和控件的样式。创建脚本文件，编写 JavaScript 代码，使用 document 对象的 getElementById() 方法获取输入框中的数据，判断是否满足要求。

2. 新建项目

在 HBuilderX 中新建项目 project21，设置项目存放位置为 E:/网页设计/源代码，选择模板类型为“基本 HTML 项目”，单击“创建”按钮。

3. 在项目中创建网页文件

在 project21 中新建 HTML 文件，设置文件名为 example.html。

4. 创建表单

根据案例分析，使用相应的 HTML 标记来构建表单结构，代码如下。

```
<!DOCTYPE html>
<html>
 <head>
      <meta charset="utf-8" />
      <title>表单验证</title>
 </head>
 </head>
 <body>
      <form action="" method="get" class="register" onsubmit="validate()">
           <h1>小米用户注册</h1>
           <p><input type="text" id="txtID" class="user" placeholder="小米 ID" required=
"required" />
           <p><input type="password" id="txtPwd1" class="pwd" placeholder="密码"
required="required"/></p>
```

```
            <p><input type="password" id="txtPwd2" class="pwd" placeholder="确认密码"
required="required"/></p>
            <p><input type="submit" class="sub" value="注册" /></p>
        </form>
    </body>
</html>
```

此时浏览网页，效果如图 21-3 所示。

图 21-3　表单结构

在上述代码中，“注册”按钮的 type 属性为 submit（提交）。当单击“注册”按钮时，提交表单，此时触发表单的 onsubmit 事件。在此事件代码中，执行验证表单的函数 validate()（该函数后文会创建），对表单数据进行验证。

5. 定义表单的 CSS 样式

在<head>标记内添加内部样式表，样式表代码如下。

```
<style type="text/css">
    body,form,h1,p,input {                  /* 重置浏览器的默认样式 */
        padding: 0;
        margin: 0;
        border: 0;
    }
    .register {                             /* 表单域的样式 */
        width: 357px;
        height: 254px;
        padding: 42px  47px 60px;
        margin: 30px auto;
        border: 2px solid #ccc;
    }
    .register h1 {                          /* 标题的样式 */
        width: 357px;
        height: 40px;
        line-height: 40px;
        border-bottom: 2px solid #ff5c00;
        font-size: 20px;
    }
    .user,.pwd {                            /* 3 个输入框的样式 */
        width: 357px;
```

```
            height: 50px;
            background: #f9f9f9;
            padding-left: 10px;
            margin-top: 5px;
            font-size: 16px;
            border-radius: 5px;
            box-sizing: border-box;
        }
        .sub {                                  /* “注册”按钮的样式 */
            width: 357px;
            height: 50px;
            background: #ff5c00;
            margin-top: 10px;
            color: #fff;
            font-size: 16px;
            border-radius: 5px;
            cursor: pointer;                    /* 鼠标指针为小手形状 */
        }
    </style>
```

此时浏览网页，效果如图 21-1 所示。

6. 创建 JavaScript 脚本文件

在项目中的 js 目录中新建脚本文件，设置文件名为 validate.js，代码如下。

```
// JavaScript Document
//验证小米 ID 输入的字符是否为 6～20 个字符
//验证密码输入的字符是否为 6～10 个字符
//验证密码输入和确认密码输入是否一致
function validate() {
    var userID = document.getElementById('txtID').value; //获取输入的小米 ID
    if (userID.length < 6 || userID.length > 20) {        //判断小米 ID 的长度
        alert("小米 ID 必须为 6～20 个字符，请重新输入！");   //在警示对话框中显示提示信息
        return false;
    }
    var password1 = document.getElementById('txtPwd1').value;   //获取输入的密码
    if (password1.length < 6 || password1.length > 10) {
        alert("密码必须为 6～10 个字符，请重新输入！");   //在警示对话框中显示提示信息
        return false;
    }
    var password2 = document.getElementById('txtPwd2').value;   //获取输入的确认密码
    if(password1!==password2){
        alert("两次输入密码不一致！");
        return false;
    }
}
```

在<head>标记内添加链接外部脚本文件的代码，代码如下。

```
<script src="js/validate.js" type="text/javascript" ></script>
```

7. 保存并浏览网页

在表单中输入数据，在单击“注册”按钮时，执行函数 validate()，对数据进行验证。小米 ID 输入不为 6～20 个字符时，或者密码输入不为 6～10 个字符时，或者密码输入和确认密码输入不

一致时都会弹出警示对话框，如图 21-2 所示。

21.3 相关知识点

21.2 节案例实现中用到了变量、数据类型、运算符、函数和 DOM 对象等知识，下面对这些知识进行详细介绍。

21.3.1 变量

当一个数据需要多次使用时，可以利用变量将数据保存起来。变量是程序中一个已经命名的存储单元，它的主要作用是为数据操作提供存放信息的容器。下面对变量的命名、变量的声明和赋值进行介绍。

1. 变量的命名

对变量进行命名要遵守标识符的命名规则。JavaScript 的变量命名规则如下。

微课 21-2：变量

- 必须以字母或下画线开头，中间可以是数字、字母或下画线。
- 变量名不能包含空格、加号、减号等字符。
- 不能使用 JavaScript 的关键字，如 var、int 等。
- JavaScript 的变量名是严格区分大小写的，例如，username 和 UserName 是两个不同的变量。

例如，name、result、stu_ID 等都是合法的变量名。

注意 虽然 JavaScript 的变量可以在遵守命名规则的基础上任意命名，但在编程中，建议遵循“见名知意”的变量命名规则，这样可便于记忆，提高程序的可读性。

2. 变量的声明和赋值

JavaScript 是弱类型语言，可以不提前声明变量而直接使用。这样虽然简单，但是不建议这样做，容易出现错误。通常的做法是在使用 JavaScript 变量前声明变量。使用 var 关键字声明变量，声明时无须指定数据类型。

使用 var 可以一次声明一个变量，也可以一次声明多个变量，不同变量使用逗号隔开，例如：

```
var name;                    //一次声明一个变量
var name,gender,age;         //一次声明多个变量
```

声明变量时可以不初始化，此时其默认值为 undefined，也可以在声明变量的同时初始化变量，例如：

```
var name="李华";                              //在声明的同时初始化变量
var name="李华",gender="男",age;              //在声明的同时初始化全部或者部分变量
```

使用 var 声明的变量，可以多次赋值，但是其结果只与最后一次赋值有关，例如：

```
var name="李华";
name="王红";
name = 3;
```

最后变量 name 的值是 3。

21.3.2 数据类型

微课 21-3：数据类型

JavaScript 是一种弱类型的语言，即在定义数据（变量或常量）时不必指明数据类型，其数据类型通过赋值来确定。JavaScript 的数据类型分为 3 类，即基本数据类型、引用数据类型和特殊数据类型，具体如表 21-1 所示。

表 21-1　JavaScript 的数据类型

分类	类型	说明
基本数据类型	数值型	整型，用十进制数、八进制数和十六进制数来表示
		浮点型，使用普通形式和指数形式
	字符串型	表示文本数据，主要由字母、数字、汉字和其他特殊字符组成，字符串型数据必须用单引号或者双引号引起来
	布尔型	逻辑型，布尔型数据只有两个值，即逻辑真和逻辑假
引用数据类型	支持对象编程的类型	对象、函数等
特殊数据类型	null	表示空类型，当前为空值
	undefined	未定义类型的变量，表示这个变量还没有被赋值
	NaN	JavaScript 特有的特殊数据类型，表示“非数值”，是指程序运行时由于某种原因发生计算错误，产生没有意义的数值
	转义字符	控制字符，它是以“\”开头、不可显示的特殊字符，利用转义字符可以在字符串中添加不可显示的特殊字符或者避免引号匹配问题

例 21-1　在项目 project21 中新建网页文件，将文件保存为 example01.html，代码如下。

```
<!DOCTYPE html>
<html>
 <head>
      <meta charset="utf-8">
      <title>认识数据类型</title>
 </head>
 <body>
      <script type="text/javascript">
           var a, type_a;
           a = 100;
           type_a = typeof a;
           document.write(a + "的类型是: " + type_a + "<br />");
           a = true;
           type_a = typeof a;
           document.write(a + "的类型是: " + type_a + "<br />");
           a = "hello";
           type_a = typeof a;
           document.write(a + "的类型是: " + type_a + "<br />");
           a = null;
           type_a = typeof a;
           document.write(a + "的类型是: " + type_a + "<br />");
           a = 2023 + "明天会更好";
           type_a = typeof(a);
```

```
            document.write(a + "的类型是: " + type_a + "<br />");
        </script>
    </body>
</html>
```

浏览网页，效果如图 21-4 所示。

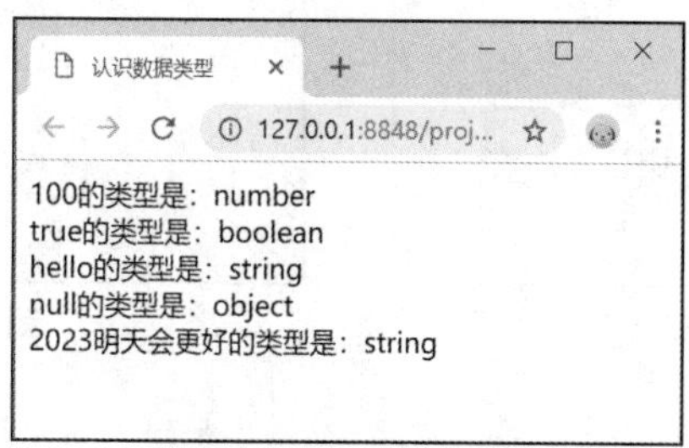

图 21-4　认识数据类型

在例 21-1 中，使用 typeof 运算符返回操作数的类型，该运算符有 2 种使用方式："typeof(表达式)" 和 "typeof 变量名"。

微课 21-4：运算符

21.3.3　运算符

运算符是指能够完成一系列计算操作的符号（如+、-、*、/等），通常将被计算的数称为操作数，例如，"1+2" 这个式子中，"1" 和 "2" 是操作数，"+" 是运算符。JavaScript 中的运算符主要包括算术运算符、比较运算符、赋值运算符、逻辑运算符和条件运算符，下面通过一个示例说明条件运算符 "？" 的应用。

例 21-2　在项目 project21 中新建网页文件，判断输入的年份是否是闰年，将文件保存为 example02.html，代码如下。

```
<!DOCTYPE html>
<html>
    <head>
        <meta charset="utf-8">
        <title>判断是否是闰年</title>
    </head>
    <body>
        <script>
            var year = window.prompt("请输入要判断的年份");
            year = parseInt(year);
            var str = year % 4 == 0 && year % 100 != 0 || year % 400 == 0;
            var result = str ? "是闰年" : "不是闰年";
            document.write(year + "年" + result);
        </script>
    </body>
</html>
```

浏览网页，效果如图 21-5 和图 21-6 所示。

在例 21-2 中，使用 window.prompt()方法来接收要判断的年份，该函数的返回值为字符串类型，然后通过 parseInt()方法将之转换为数值型。变量 str 的值如果是 true，则 result 的值是 "是闰年”，否则 result 的值是“不是闰年”。

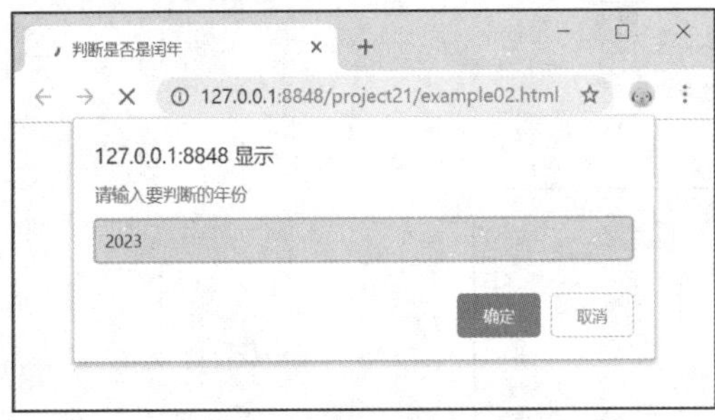

图 21-5　输入要判断的年份

图 21-6　显示结果

21.3.4　函数

在 JavaScript 程序中可能会出现非常多的相同代码，或者功能类似的代码，这些代码需要大量重复使用，这不仅会增加开发人员的工作量，而且会增加代码后期维护的难度。为此，JavaScript 提供了函数，它可以将程序中繁琐的代码模块化，以提高程序的可读性，并且便于后期维护。

1. 定义函数

自定义函数是根据需要自己定义的。声明自定义函数的语法格式如下。

微课 21-5：函数

```
function 函数名（[参数 1,参数 2…]）{
      函数体;
       [return 表达式]
}
```

需要注意以下几点。

（1）在函数定义语法格式中，function 是定义函数的关键字，function 的后面是函数名。函数名是必选项，且函数名在同一文件中是唯一的，除了要遵守标识符的命名规则以外，还要遵守函数名体现其功能的规则，即“见名知意”。

（2）“参数 1,参数 2…”是可选项。多个参数要用逗号隔开。

（3）函数体是必选项，用于实现函数功能。

（4）return 语句是可选项，用于返回函数值。表达式可以为任意的表达式、变量或者常量。

2. 调用函数

函数定义后并不会自动执行，而是需要在特定的位置调用函数。函数调用的语法格式如下。

```
函数名（[参数 1,参数 2…]）;
```

例 21-3　在项目 project21 中新建网页文件，定义函数 printStr()，将文件保存为 example03.html，代码如下。

```
<!DOCTYPE html>
<html>
 <head>
      <meta charset="utf-8">
      <title>定义函数</title>
 </head>
 <body>
      <script type="text/javascript">
```

```
            function printStr() {                    //定义函数
                alert("苟日新，日日新。");
            }
            printStr();                              //调用函数
        </script>
    </body>
</html>
```

浏览网页，效果如图 21-7 所示。

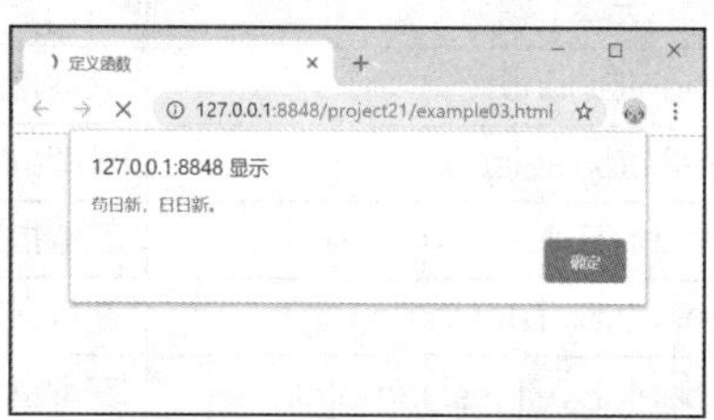

图 21-7　函数定义和调用

微课 21-6：DOM 简介

21.3.5　DOM 简介

文档对象模型（Document Object Model，DOM）是 JavaScript 操作网页的接口，它的作用是将网页转换为 JavaScript 对象，从而可以使用 JavaScript 对网页进行各种操作。

1. DOM

每当浏览器打开一个网页，会根据这个网页创建一个文档对象，这就是 DOM，它是一个树形结构模型。在这个树形结构模型中，网页中的元素与内容表现为一个个相互连接的节点。DOM 的最小组成单位叫作节点（node），以树节点的方式表示文档中的各种内容，如下列代码所示。

```
<!DOCTYPE html>
<html>
  <head>
        <title>标题</title>
  </head>
  <body>
        <h1>一级标题</h1>
        <p>文档段落</p>
  </body>
</html>
```

在 DOM 中会根据 HTML 文档中标记的嵌套层次将 HTML 文档处理为 DOM 节点树，如图 21-8 所示。

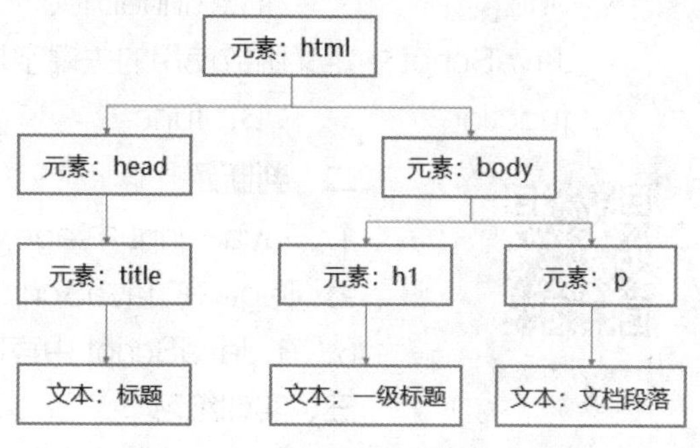

图 21-8　HTML 文档 DOM 节点树

如图 21-8 所示，在 DOM 中，每一个对象都是一个节点，下面分别介绍其概念。

（1）根节点，处于节点树的最顶层，如 html。

（2）父节点，一个节点之上的节点，如 head 的父节点是 html。

（3）子节点，一个节点之下的节点是该节点的子节点，如 p 是 body 的子节点。

（4）兄弟节点，处于同一层次的节点，如 head 和 body 是兄弟节点。

（5）叶子节点，节点树最底层的节点，如“标题”“文档段落”等文本。

2. 获取元素

要想设置某个元素，首先要获取相应元素，常用的方法如表 21-2 所示。

表 21-2　获取元素和集合的方法

分类	方法	说明
获取元素	document.getElementById(id)	获取指定 id 的页面元素对象
	document.querySelector(selector);	获取指定选择器的页面元素对象
获取元素集合	documnet.getElementsByName(name)	获取指定 name 属性值的页面元素对象集合
	documnet.getElementsByTagName(tag)	获取指定标记的页面元素对象集合
	documnet.getElementsByClassName(class)	获取指定类的页面元素对象集合
	document.querySelectorAll(selector);	获取指定选择器的页面元素对象集合

例如，获取网页中 id 为 txtName 的文本框中的值，使用如下代码。

```
document.getElementById('txtName').value
```

案例小结

本案例介绍了创建注册表单，通过编写 JavaScript 代码，在提交表单时进行数据验证。在知识点中介绍了 JavaScript 的变量、数据类型、运算符、函数和 DOM。

习题与实训

一、单项选择题

1. 以下变量名非法的是（　　）。

A. num_1　　B. 1num　　C. sum　　D. _num

2. 运行下面 JavaScript 代码后的返回值是（　　）。

```
var flag=true;
document.write(typeof(flag));
```

A. null　　B. undefined　　C. string　　D. boolean

3. JavaScript 中定义函数使用的关键字是（　　）。

A. function　　B. func　　C. var　　D. new

21-7：实训参考步骤

二、判断题

1. JavaScript 中 age 与 Age 代表不同的变量。（　　）

2. $age 在 JavaScript 中是合法的变量名。（　　）

3. 在 JavaScript 中声明变量的同时可以对变量进行赋值。（　　）

三、实训练习

编写脚本程序，在圆的半径文本框中输入半径值，单击“计算”按钮时，计算出圆的周长和面积，显示在相应文本框中，运行效果如图 21-9 所示。

图 21-9　计算圆的周长和面积

案例 22　简单计算器

JavaScript 能通过编程实现各种运算，这是 JavaScript 最基本的功能之一。本案例介绍制作一个简单的计算器，实现四则运算。在知识点中介绍 JavaScript 中的分支语句、数据类型的转换、事件及事件调用。

22.1　案例描述

创建简单计算器，编写 JavaScript 代码，实现四则运算，当输入数据不合法时（输入非数值型数据或除数为 0）进行提示，运行效果如图 22-1 所示。具体要求如下。

（1）添加 3 个文本框，用于输入两个数和显示计算结果。

（2）添加下拉列表框，用于选择运算符。

（3）添加“计算”按钮，单击该按钮时进行计算，将结果显示到“结果”文本框中。

（4）输入非数值型数据或者除数为 0 时，出现警示对话框，给予操作提示。

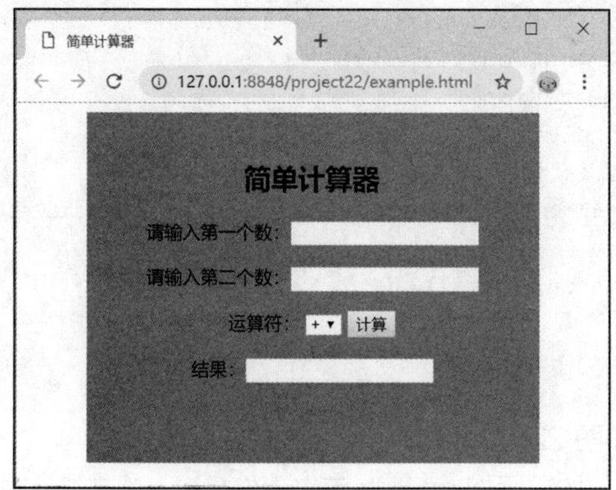

图 22-1　简单计算器

22.2 案例实现

创建简单计算器的步骤如下。

微课 22-1：案例实现

1．案例分析

在页面上添加盒子，在盒子中添加标题<h2>标记和 4 对<p>标记，在<p>标记中放入提示信息和相应控件，输入数据和显示结果的控件使用<input>标记定义，下拉列表框使用<select>标记定义，“计算”按钮使用<input>标记定义，定义盒子和控件的样式。创建脚本文件，编写 JavaScript 代码，使用 document 对象的 getElementById()方法获取输入的数据和运算符，通过多分支语句完成运算。

2．新建项目

在 HBuilderX 中新建项目 project22，设置项目存放位置为 E:/网页设计/源代码，选择模板类型为“基本 HTML 项目”，单击“创建”按钮。

3．在项目中创建网页文件

在 project22 中新建 HTML 文件，设置文件名为 example.html。

4．搭建计算器结构

根据案例分析，使用相应的 HTML 标记来搭建计算器结构，代码如下。

```
<!DOCTYPE html>
<html>
 <head>
      <meta charset="utf-8" />
      <title>简单计算器</title>
 </head>
 <body>
      <div id="box">
           <h2>简单计算器</h2>
           <p>请输入第一个数：<input id="num1" type="text"></p>
           <p>请输入第二个数：<input id="num2" type="text"></p>
           <p>运算符：
                <select id="opt">
                     <option value="+" selected>+</option>
                     <option value="-">-</option>
                     <option value="*">*</option>
                     <option value="/">/</option>
                </select>
                <input type="button" value="计算" onclick="calc()">
           </p>
           <p>结果：<input id="result" type="text"></p>
      </div>
 </body>
</html>
```

此时浏览网页，效果如图 22-2 所示。

在上述代码中给“计算”按钮添加 onclick 单击事件代码，单击“计算”按钮时，执行函数 calc()（该函数后文会进行创建）。

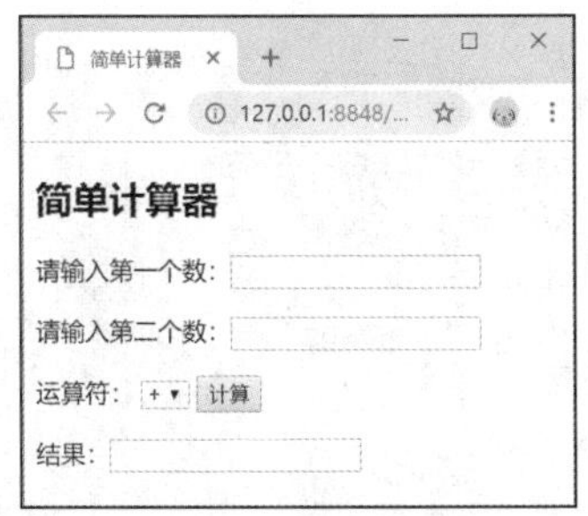

图 22-2　计算器结构

5. 定义计算器的 CSS 样式

在<head>标记内添加内部样式表，样式表代码如下。

```
<style type="text/css">
      #box {                     /* 定义盒子的样式 */
           width: 400px;
           height: 300px;
           background: #55aa7f;
           margin: 0px auto;
           padding-top: 20px;
           text-align: center;
           box-sizing: border-box;
      }
 </style>
```

此时浏览网页，效果如图 22-1 所示。

6. 添加 JavaScript 脚本代码

在<body>标记中</div>的下面添加如下脚本代码。

```
<script type="text/javascript">
      function calc() {                                                //定义函数
           var num1 = document.getElementById('num1').value;          //获取第一个数
           var num2 = document.getElementById('num2').value;          //获取第二个数
           num1 = parseFloat(num1) && Number(num1);                   //将输入内容转换为数值
           num2 = parseFloat(num2) && Number(num2);                   //将输入内容转换为数值
           var result;                                                //定义存放结果的变量
           if (isNaN(num1) || isNaN(num2)) {                        //如果输入数据不是数值型
                alert('请输入数字');                                  //显示提示信息
                return false;                                        //返回
           } else {
                var opt = document.getElementById('opt').value //获取运算符
                switch (opt) {                         //根据运算符选择不同的分支进行计算
                     case '+':
                          result = num1 + num2;
                          break;
                     case '-':
                          result = num1 - num2;
                          break;
                     case '*':
                          result = num1 * num2;
                          break;
```

```
                    case '/':
                         if (num2 == 0) {        //除数如果为 0，则显示提示信息，不计算
                          alert("除数不能为 0");
                          return;
                         } else {
                          result = num1 / num2;
                         }
                         break;
               }
               document.getElementById('result').value = result; //将结果显示到文本框中
          }
     }
</script>
```

7．保存并运行程序

输入两个数，选择运算符，单击“计算”按钮，会进行相应的运算并显示结果，如图 22-3 所示。当输入数据不合法时，给出提示，如图 22-4 所示。

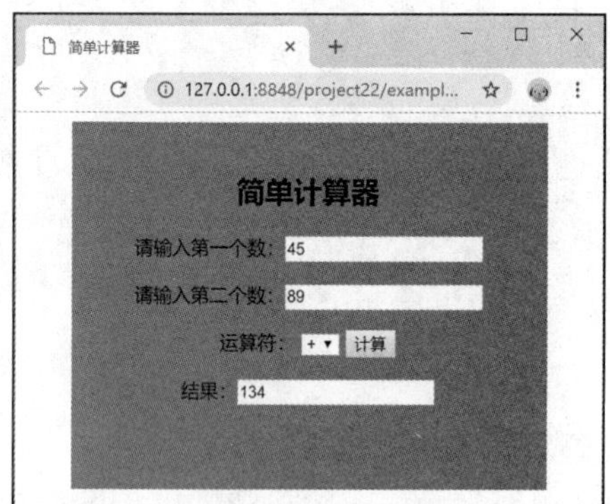

图 22-3　运算过程

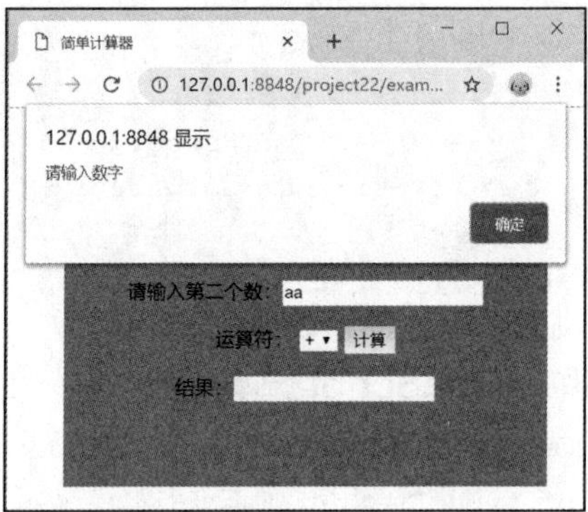

图 22-4　输入数据不合法时给出提示

22.3　相关知识点

22.2 节案例实现中用到了 JavaScript 中的分支语句、数据类型的转换、事件及事件调用等知识，下面对这些知识进行详细介绍。

22.3.1　分支语句

微课 22-2：分支语句

分支语句用于在程序执行过程中，根据不同的条件执行不同的代码，从而得到不同的结果。分支语句主要由单分支 if 语句、双分支 if...else 语句，以及多分支 if...else if...else 语句和 switch 语句构成。下面举例说明这些语句的使用方法。

例 22-1　在项目 project22 中新建网页文件，实现单分支语句（if 语句），将文件保存为 example01.html，代码如下。

```
<!DOCTYPE html>
<html>
 <head>
```

```
        <meta charset="utf-8">
        <title>if 语句</title>
    </head>
    <body>
        <script type="text/javascript">
            var score=prompt("请输入你的考试成绩: ");  //定义变量接收输入的数值
            if(score>=90){                           //如果条件成立，则弹出“你真棒!”
                alert("你真棒! ");
            }
        </script>
    </body>
</html>
```

在上述代码中，执行 if 语句时，进行条件判断，如果条件成立，则弹出“你真棒！”提示信息；如果条件不成立，则不弹出。

运行程序，效果如图 22-5 和图 22-6 所示。

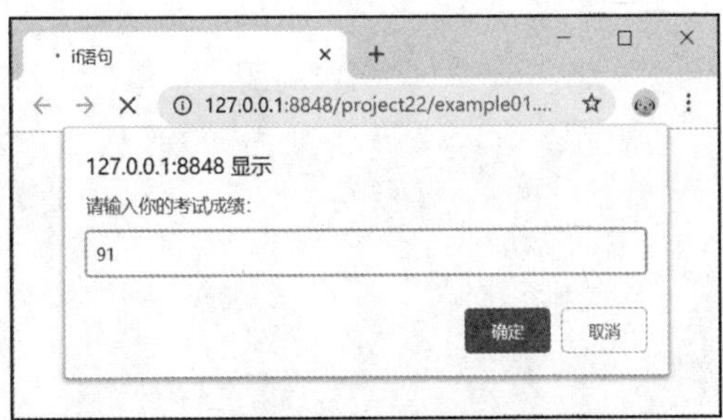

图 22-5　输入成绩 1

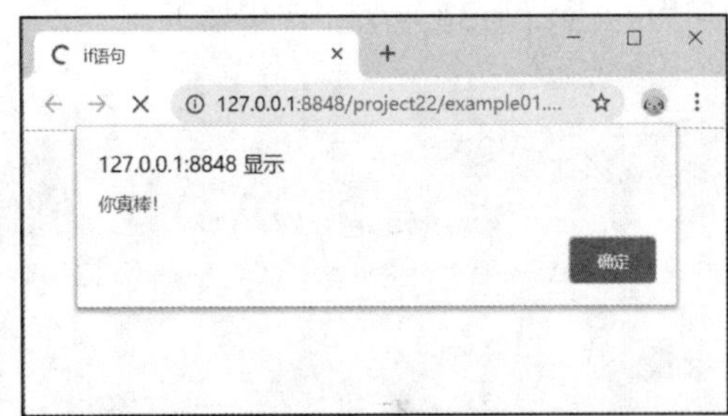

图 22-6　弹出信息 1

例 22-2　在项目 project22 中新建网页文件，实现双分支语句（if...else 语句），将文件保存为 example02.html，代码如下。

```
<!DOCTYPE html>
<html>
    <head>
        <meta charset="utf-8">
        <title>if...else 语句</title>
    </head>
    <body>
        <script type="text/javascript">
            var score=prompt("请输入你的考试成绩: ");  //定义变量接收输入的数值
            if(score>=60){
                alert("恭喜你，顺利通过! ");            //条件成立，弹出“恭喜你，顺利通过!”
            }
            else{
                alert("很不幸，你没通过! "); //条件不成立，弹出“很不幸，你没通过!”
            }
        </script>
    </body>
</html>
```

在上述代码中，执行 if...else 语句时，进行条件判断，如果条件成立，则弹出“恭喜你，顺利通过！”的提示信息；如果条件不成立，则弹出“很不幸，你没通过！”的提示信息。

运行程序，效果如图 22-7 和图 22-8 所示。

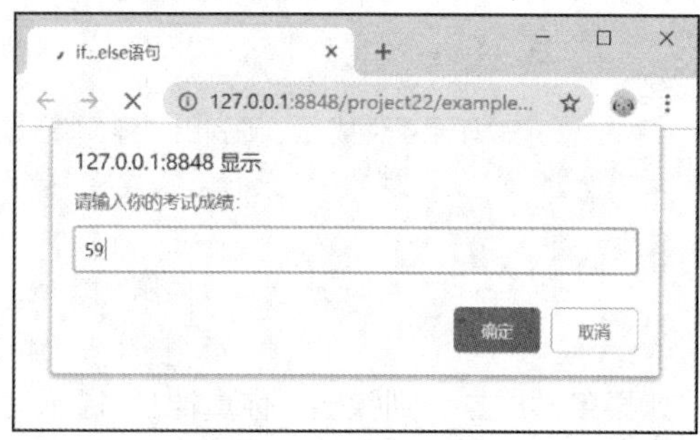

图 22-7　输入成绩 2

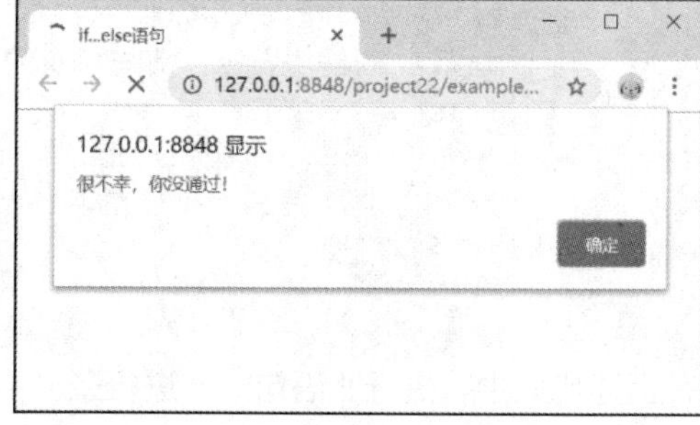

图 22-8　弹出信息 2

例 22-3　在项目 project22 中新建网页文件，实现多分支语句（if...else if...else 语句），将文件保存为 example03.html，代码如下。

```
<!DOCTYPE html>
<html>
 <head>
      <meta charset="utf-8">
      <title>if...else if...else 语句</title>
 </head>
 <body>
      <script type="text/javascript">
           var score=prompt("请输入你的考试成绩：");           //定义变量接收输入的数值
           if(score>=90){                                   //如果条件成立，则弹出“优秀！”
                alert("优秀！");
           }
           else if(score>=80){
                alert("良好！");
           }
           else if(score>=70){
                alert("一般！");
           }
           else if(score>=60){
                alert("及格！");
           }
           else{
                alert("不及格！");
           }
      </script>
 </body>
</html>
```

在上述代码中，执行 if...else if...else 语句时，依次进行条件判断，哪个条件成立就执行该条件后面的语句，显示相应的提示信息。如果一个条件也不成立，则执行后面的语句。

运行程序，效果如图 22-9 和图 22-10 所示。

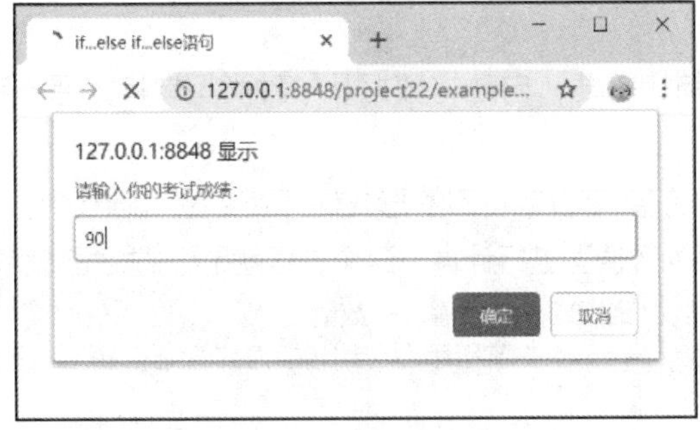

图 22-9　输入成绩 3

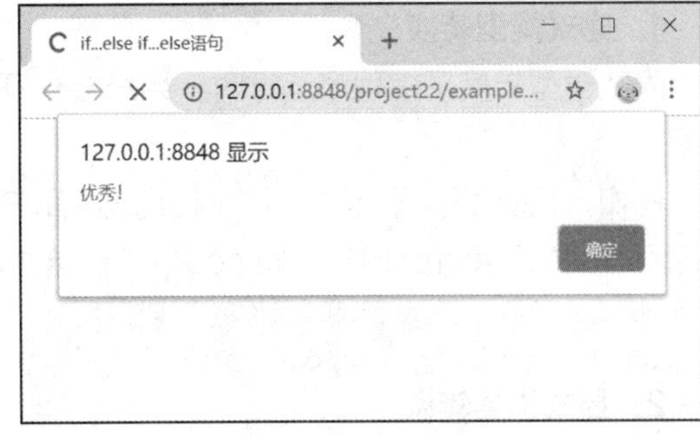

图 22-10　弹出信息 3

例 22-4　在项目 project22 中新建网页文件，实现多分支语句（switch 语句），将文件保存为 example04.html。该程序功能与例 22-3 的程序功能相同，但采用了 switch 语句来实现，代码如下。

```
<!DOCTYPE html>
<html>
 <head>
      <meta charset="utf-8">
      <title>switch 语句</title>
 </head>
 <body>
      <script type="text/javascript">
           var score=prompt("请输入你的考试成绩：");  //定义变量接收输入的数值
           var n= Math.floor(score/10);               //向下取整
           switch(n){
           case 10:case 9:
                alert("优秀！");break;
           case 8:
                alert("良好！");break;
           case 7:
                alert("一般！");break;
           case 6:
                alert("及格！");break;
           default:
                alert("不及格！");
           }
      </script>
 </body>
</html>
```

在上述代码中，switch 语句中将 n 的值依次与 case 中的值进行匹配，如果找到了匹配的值，就执行对应的 case 后面的语句，然后执行 break 语句，跳出 switch 语句；如果没找到匹配的值，就执行 default 后面的语句。

运行程序，效果如图 22-9 和图 22-10 所示。

22.3.2　数据类型转换

微课 22-3：数据类型转换

对两个数据进行操作时，若数据类型不相同，则需要进行数据类型转换。在 JavaScript 中，数据类型转换主要包括隐式类型转换和显式类型转换。具体说明如下。

1. 隐式类型转换

隐式类型转换是指程序运行时，系统会根据当前的需要，自动将数据从一种类型转换为另一种类型。

例如，下面这两行代码中，第一行代码将用户输入的数字以字符串的形式保存到变量score中，第二行代码在执行score/10时，将score的值自动转换为数值型进行计算，这个过程就是隐式类型转换。

```
var score=prompt("请输入你的考试成绩：");        //定义变量接收输入的数值
var n= Math.floor(score/10);                 //score 由字符串型自动转换为数值型
```

2. 显式类型转换

显式类型转换常用的函数如表22-1所示。

表22-1　显式类型转换常用的函数

方法	说明	示例
parseInt()	将数据转换成整型	parseInt("123.567")　//返回 123 parseInt("123abc")　//返回 123 parseInt("abc123")　//返回 NaN
parseFloat()	将数据转换为浮点型	parseFloat ("123.567")　//返回 123.567 parseFloat("123abc")　//返回 123 parseFloat("abc123")　//返回 NaN
Number()	将数据转换成数字	Number("3.14")　//返回 3.14 Number("99a88")　//返回 NaN Number(false)　//返回 0 Number(true)　//返回 1
Boolean()	将数据转换成布尔型	Boolean(undefined)　// false Boolean(1)　// true Boolean(0)　// false Boolean(NaN)　// false
String()	将数据转换成字符串型	String(123)　//返回"123"
toString()	将数据转换成字符串型	123.toString()　//返回"123"

例22-5　在项目project22中新建网页文件，输入两个数，计算两数之和，在控制台输出结果，将文件保存为example05.html，代码如下。

```
<!DOCTYPE html>
<html>
 <head>
      <meta charset="utf-8">
      <title>数据类型转换</title>
 </head>
 <body>
      <script type="text/javascript">
           var n1=parseFloat(prompt("请输入第一个数："));
           var n2=parseFloat(prompt("请输入第二个数："));
           if(isNaN(n1) || isNaN(n2)){
                console.log("非法数字");
           }else{
                console.log(n1+n2);
```

```
            }
        </script>
    </body>
</html>
```

在上述代码中，使用 parseFloat()函数将输入的数据转换为数值型数据，利用 if…else 语句判断输入是否为数字，只要有一个为 NaN（不是数字），就输出“非法数字”，否则在控制台输出两数之和。

console.log()是在控制台输出数据的方法。

22.3.3 事件与事件调用

微课 22-4：事件与事件调用

事件（event）可理解为 JavaScript 侦测到的行为，这些行为指的就是页面的加载、单击页面、鼠标指针划过某个区域等具体的动作。事件调用是指在 Web 页面侦测到用户触发某个事件后，执行相应的程序代码。

1. 事件

JavaScript 的常用事件包括鼠标事件、键盘事件、表单事件和页面事件，如表 22-2 所示。

表 22-2　JavaScript 常用事件

事件	事件触发时机
onclick	单击时触发
ondblclick	双击时触发
onmousedown	按下任意鼠标按键时触发
onmouseover	鼠标指针进入时触发
onmouseup	释放任意鼠标按键时触发
onkeydown	键盘按键按下时触发
onkeyup	键盘按键弹起时触发
onsubmit	提交表单时触发
onfocus	获得焦点时触发
onblur	失去焦点时触发
onload	页面载入完毕后触发

2. 事件调用

事件调用是指为某个元素对象的事件绑定事件处理程序，使得当事件发生时触发相应的事件处理程序。在 JavaScript 中，事件调用有多种方式，下面介绍两种比较简单的方式。

（1）行内绑定

行内绑定方式是通过设置 HTML 标记的事件属性实现的，具体语法格式如下。

```
<标记 事件=“事件处理程序”>
```

说明　标记可以是任意的 HTML 标记，事件处理程序是指触发事件后执行的代码。

例如：

```
<input id="btn" type="button" value="点我试试" onclick="alert('你点击了我');" >
```

（2）动态绑定

动态绑定方式可很好地解决 JavaScript 代码与 HTML 代码混合编写的问题。为需要执行事件处理的 DOM 对象添加事件与事件处理程序的语法格式如下。

```
DOM 对象.事件=事件处理程序;
```

说明 事件处理程序可以是有名函数，也可以是匿名函数。

下面举例说明动态绑定事件处理程序的方法。

例 22-6 在项目 project22 中新建网页文件，在网页中添加一个命令按钮，给按钮动态绑定事件处理程序，将文件保存为 example06.html，代码如下。

```
<!DOCTYPE html>
<html>
 <head>
      <meta charset="utf-8">
      <title>动态绑定事件处理程序</title>
 </head>
 <body>
      <button id="save">保存</button>
      <script type="text/javascript">
           var btn = document.getElementById("save");
           btn.onclick = function() {     //单击按钮，执行匿名函数
                alert("你单击了保存按钮");
           }
      </script>
 </body>
</html>
```

在上述 JavaScript 代码中，首先使用 document.getElementById("save")获取按钮对象，然后给该对象添加单击事件，执行匿名函数。运行程序时，单击“保存”按钮，弹出提示对话框，运行效果如图 22-11 所示。

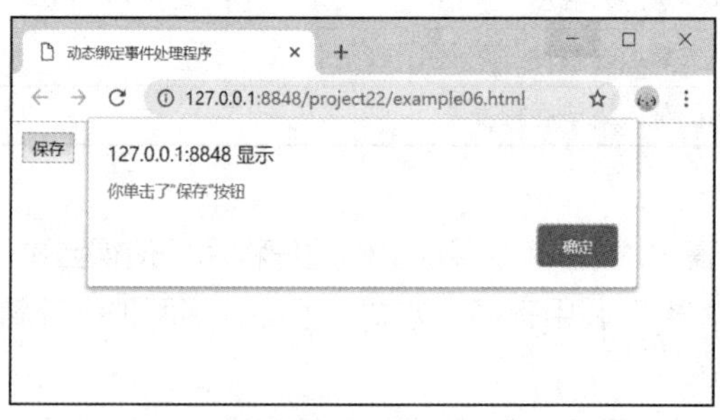

图 22-11　弹出信息

案例小结

本案例介绍了创建简单计算器，主要通过 document 对象的 getElementById()方法获取输入的值，进而通过多分支语句完成运算，最后输出结果。在知识点中介绍了分支语句、数据类型转换、事件与事件调用等内容。

习题与实训

一、单项选择题

1. 认真阅读下面的代码，并按要求作答。

```
<script type="text/javascript">
var num1=1;
var num2=2;
if(num1<num2){
   alert('成立')
}else{
   alert('不成立')
}
alert('ok')
</script>
```

在浏览器中运行上述代码，将会出现的结果为（　　）。

A. 只弹出“成立”对话框

B. 只弹出“ok”对话框

C. 弹出“不成立”对话框，单击“确定”按钮后，弹出“ok”对话框

D. 弹出“成立”对话框，单击“确定”按钮后，弹出“ok”对话框

2. 在 JavaScript 中，分支语句通过判断不同条件的值来执行不同的语句。分支语句不包括以下哪个语句？（　　）

A. if 语句　　B. if...else 语句

C. if...else if....else 语句　　D. search 语句

3. 在 HTML 页面中，下列选项中除了（　　）都属于鼠标事件。

A. onclick　　B. onmouseover　　C. onmousedown　　D. onchange

4. 下列选项中，（　　）不是网页中的事件。

A. onclick　　B. onmouseover　　C. onsubmit　　D. onpressbutton

5. JavaScript 中的 onsubmit 事件是（　　）。

A. 当一个表单中的对象被单击时执行的事件　　B. 当用户提交一个表单时执行的事件

C. 当鼠标指针移出对象时执行的事件　　D. 对象发生改变时执行的事件

二、判断题

1. 采用事件驱动是 JavaScript 的一个最基本特征。（　　）

2. 在 JavaScript 中，鼠标事件有很多，其中 onclick 为鼠标双击时触发的事件。（　　）

3. 在 JavaScript 中，页面事件包括 onload 事件和 onunload 事件，其中 onload 事件是在网页加载完毕触发的事件。（　　）

22-5：实训参考步骤

三、实训练习

创建图 22-12 所示的计算器，实现四则运算，命令按钮“C”用于清除文本框中显示的内容；命令按钮“CE”用于彻底清除前面运算中的所有内容；命令按钮“Backspace”是退格键，单击一次清除文本框中的一个字符。

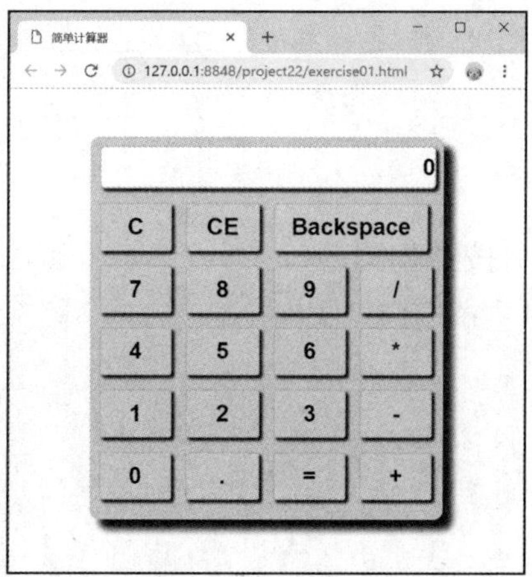

图 22-12　计算器

案例 23　限时促销

限时促销是指商家在某一限定的活动时间里，通过大幅度降低活动商品价格的方式，吸引更多的消费者参与，以达到营销的目的。作为一种有效的促销手段，限时促销已经被越来越多的网络商家所使用。JavaScript 能编程实现时钟、计时器和倒计时器等各种有关时间和日期的显示。本案例介绍制作一个限时促销的倒计时器，在知识点中介绍 JavaScript 的面向对象、Date 对象和 BOM 等内容。

23.1　案例描述

创建小米产品的限时促销页面，运行效果如图 23-1 所示。具体要求如下。

图 23-1　小米产品限时促销

（1）通过脚本代码设定限时促销结束时间，将时间以时、分、秒的形式显示到网页中。

（2）倒计时的时、分、秒都用两位数显示，不足两位数时前面补 0。

23.2 案例实现

创建小米产品限时促销页面的步骤如下。

微课 23-1：案例实现

1. 案例分析

在页面上添加盒子，在盒子中添加 4 对<p>标记，在<p>标记中放入文字、图像和<span>标记等，将时、分、秒数值和时、分、秒之间的分隔符放入<span>标记。定义盒子、<p>标记和<span>标记的样式。创建脚本文件，编写 JavaScript 代码，定义显示时、分、秒的函数，使用 window 对象的 setInterval()方法使函数每隔 1s 执行一次。

2. 新建项目

在 HBuilderX 中新建项目 project23，设置项目存放位置为 E:/网页设计/源代码，选择模板类型为“基本 HTML 项目”，单击“创建”按钮。

3. 在项目中创建网页文件

在 project23 中新建 HTML 文件，设置文件名为 example.html。

4. 搭建限时促销结构

根据案例分析，使用相应的 HTML 标记来搭建限时促销结构，代码如下。

```
<!DOCTYPE html>
<html>
 <head>
      <meta charset="utf-8" />
      <title>小米产品限时促销</title>
 </head>
 <body>
      <div class="seckill">
           <p>小米促销专场</p>
           <p><img src="images/shandian.png" width="49" alt="图片"></p>
           <p>距离结束还有</p>
           <p><span id="hour"></span><span>:</span><span id="minute"></span><span>:
</span><span id="second"></span></p>
      </div>
 </body>
</html>
```

此时浏览网页，效果如图 23-2 所示。

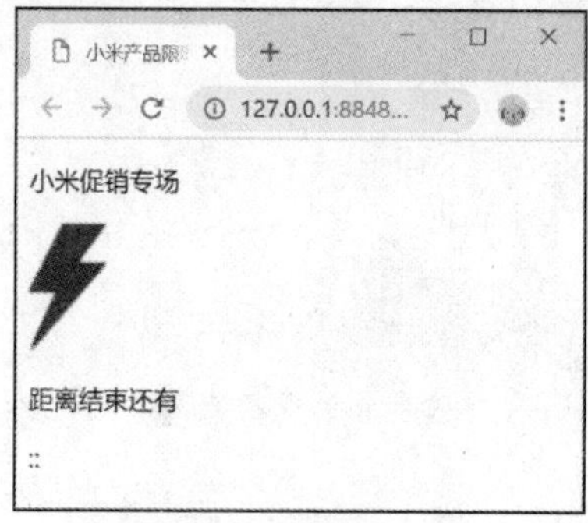

图 23-2　限时促销结构

5. 定义 CSS 样式

在<head>标记内添加内部样式表，样式表代码如下。

```
<style type="text/css">
    body,p{
        margin:0;
        padding:0;
    }
    .seckill {
        width: 212px;
        height: 270px;
        background-color: rgb(170, 255, 255);
        margin: 50px auto;
    }
    .seckill p:nth-child(1){
        padding-top:30px;
        text-align:center;
        font-size:24px;
        color:#c70412;
    }
    .seckill p:nth-child(2){
        padding-top:15px;
        text-align:center;
    }
    .seckill p:nth-child(3){
        padding-top:15px;
        text-align:center;
        font-size:20px;
        color:rgb(169,169,169);
    }
    .seckill p:nth-child(4){
        padding-top:15px;
        text-align:center;
        font-size:20px;
        font-weight:bold;
        color:#fff;
        padding-left:35px;
    }
    .seckill p span:nth-child(odd){ /* 第奇数个 span 标记的样式，即显示时、分、秒的样式 */
        display:block;
        width:40px;
        height:40px;
        line-height:40px;
        background-color:#333;
        float:left;
        text-align: center;
    }
    .seckill p span:nth-child(even){  /* 第偶数个 span 标记的样式，即分隔符的样式 */
        display:block;
        width:10px;
        height:40px;
```

```
            line-height:40px;
            text-align:center;
            float:left;
            color:#333;
        }
    </style>
```

此时浏览网页，效果如图 23-3 所示。

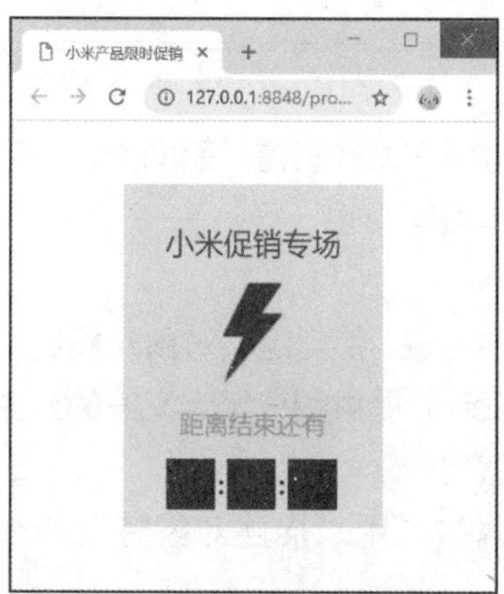

图 23-3　定义样式后的页面

6. 添加 JavaScript 脚本代码

在<body>标记中</div>的下面添加如下脚本代码。

```
    <script type="text/javascript">
        function fresh() {                                              //定义函数
            var endtime = new Date("2023/01/29,23:59:59");   //促销结束时间
            var nowtime = new Date();                                   //当前时间
            var leftsecond = parseInt((endtime.getTime() - nowtime.getTime()) / 
1000);                                                          //剩余毫秒数
            h = parseInt(leftsecond / 3600);                    //剩余小时数
            m = parseInt((leftsecond / 60) % 60);               //剩余分钟数
            s = parseInt(leftsecond % 60);                      //剩余秒数
            if (h < 10 && h >= 0) h = "0" + h;                  //剩余如果不足 10h，则前面补 0
            else if (h < 0) h = "00"                            //剩余小时数为 0 时，显示 00
            if (m < 10 && m >= 0) m = "0" + m;                  //剩余如果不足 10min，则前面补 0
            else if (m < 0) m = "00"                            //剩余分钟数为 0 时，显示 00
            if (s < 10 && s >= 0) s = "0" + s;                  //剩余如果不足 10s，则前面补 0
            else if (s < 0) s = "00"                            //剩余秒数为 0 时，显示 00
            document.getElementById("hour").innerHTML = h;          //显示剩余小时数
            document.getElementById("minute").innerHTML = m;        //显示剩余分钟数
            document.getElementById("second").innerHTML = s;        //显示剩余秒数
            if (leftsecond < 0) {
                clearInterval(sh);                                  //停止倒计时
            }
        }
        var sh = setInterval("fresh()", 1000);              //每隔 1s 执行一次 fresh()函数
    </script>
```

7. 保存并浏览网页

浏览网页时，开始倒计时，每隔 1s 执行一次 fresh()函数，在页面上显示剩余时间，如图 23-1 所示。

23.3 相关知识点

在 23.2 节案例实现中用到了 Date 对象和 window 对象的相关方法，下面对面向对象、Date 对象和 BOM 进行详细介绍。

23.3.1 面向对象简介

JavaScript 是一种面向对象的程序设计语言，面向对象编程就是通过对象来完成具体的任务。面向对象编程是 JavaScript 的基本编程思想。

1. 对象概述

在 JavaScript 中通常包括两种对象，即自定义对象和预定义对象。自定义对象是根据需求自己创建的对象；预定义对象是 JavaScript 提供的已经定义好的对象，用户可以直接使用。预定义对象包括浏览器对象和 JavaScript 内置对象。

对象是属性和方法的集合，属性是用来描述对象特性的数据，方法是用来操作对象的若干动作。

在 JavaScript 中，通过访问或设置对象的属性、调用对象的方法，就可以对对象进行各种操作。在程序中若要访问对象的属性或调用对象的方法，则需要在对象后面加上一个点“.”，再加上属性名或方法名。例如，下面的代码。

```
document.title                        //访问对象属性，获取文档的标题
document.write("hello world")         //调用对象方法，输出信息
```

在上述代码中，title 是 document 对象的属性，可以通过访问 document 对象的 title 属性获取当前文档的标题；write()是 document 对象的方法，可以通过调用 document 对象的 write()方法在当前文档输出信息。

2. 内置对象

JavaScript 提供了一系列的内置对象，JavaScript 的内置对象主要有 Math、Date、String、Array、Number、Boolean、Object、RegExp 等用于实现一些常用功能的对象。

JavaScript 常用的内置对象如表 23-1 所示。

表 23-1　JavaScript 常用的内置对象

内置对象	说明
Math	数学对象，用于实现数学运算功能
Date	日期对象，用于定义日期对象
String	字符串对象，用于定义字符串对象和处理字符串
Array	数组对象，用于定义数组对象
Number	原始数值对象，可以在原始数值和对象之间转换
Boolean	布尔值对象，用于将非布尔型的值转换成布尔型的值（true 或 false）
Object	基类，所有 JavaScript 内置类都是从基类 Object 派生（继承）出来的
RegExp	正则表达式对象，用于完成有关正则表达式的操作和功能

23.3.2 Date 对象

JavaScript 的 Date 对象主要用于管理和操作日期和时间数据，提供了一系列获取和设置日期与时间的方法。

微课 23-2：Date 对象

1. 创建 Date 对象

在使用 Date 对象时，必须先使用 new 运算符创建一个 Date 对象。创建 Date 对象的常见方式有以下几种。

① 创建当前时刻的 Date()对象，例如，下面的代码。

```
var now=new Date();
```

利用上面的代码创建的是当前系统日期和时间的 Date 对象，即此时此刻。

② 创建指定日期的 Date 对象，例如，下面的代码。

```
var date1 = new Date("2023-3-1");
var date1 = new Date("2023/3/1");
var date1 = new Date("2023,3,1");
```

执行上面的代码将创建指定日期的 Date 对象，都是指 2023 年 3 月 1 日，而且这个对象的小时、分钟、秒、毫秒值都为 0。这 3 行代码的区别在于使用不同的连接符号表示日期，指定的日期以字符串的形式表示。除此之外，还可以不以字符串的形式，而是以数字的形式表示日期。例如，下面的代码。

```
var date1=new Date(2023,3,1);
```

③ 创建一个指定日期和时间的 Date 对象，例如，下面的代码。

```
var date1=new Date( “2023,3,1,10:20:30:50” );
var date1=new Date(2023,3,1,10,20,30,50);
```

执行上面的代码将创建一个指定日期和时间的 Date 对象，具体为年、月、日、时、分、秒、毫秒。上面代码创建的 Date 对象为 2023 年 3 月 1 日 10 时 20 分 30 秒 50 毫秒。创建时参数可以是字符串，也可以是数字。

④ 其他的创建方法。可以使用如下方法创建一个 Date 对象。

```
var date1 =new Date(milliseconds);
```

执行上面的代码将创建一个新的 Date 对象，其中 milliseconds 为从 1970 年 1 月 1 日 0 时 0 分 0 秒 0 毫秒到指定时间的毫秒总数。

2. Date 对象的方法

了解了 Date 对象的创建方法后，下面认识 Date 对象的常用方法，如表 23-2 所示。

表 23-2 Date 对象常用的方法

方法		说明
get 方法	getDate()	返回用本地时间表示的一个月中的日期值（1~31）
	getDay()	返回用本地时间表示的一周中的星期值（0~6）
	getFullYear()	返回用本地时间表示的 4 位数字的年份值（如 2024）
	getHour()	返回用本地时间表示的小时数（1~23）
	getMilliseconds()	返回用本地时间表示的毫秒数（0~999）
	getMinutes()	返回用本地时间表示的分钟数（0~59）

续表

方法		说明
get 方法	getMonth()	返回用本地时间表示的月份数（0~11）
	getSeconds()	返回用本地时间表示的秒数（0~59）
	getTime()	返回 1970 年 1 月 1 日 0 时 0 分 0 秒 0 毫秒到指定时间的毫秒数
字符串表示相关方法	toString()	返回以字符串表示的日期，其格式采用 JavaScript 的默认格式
	toLocaleString()	返回以字符串表示的日期，其格式要根据系统当前的区域设置来确定
	valueOf()	返回指定时间的原始值

下面举例说明 Date 对象的使用方法。

例 23-1 在项目 project23 中新建网页文件，显示今天是星期几，将文件保存为 example01.html，代码如下。

```
<!DOCTYPE html>
<html>
 <head>
      <meta charset="utf-8">
      <title>获取今天星期几</title>
 </head>
 <body>
      <script type="text/javascript">
           var now = new Date();                //创建 Date 对象
           var week = now.getDay();             //获取数字形式的星期几
           var result;
           switch (week) {
                case 1:result = "星期一";break;
                case 2:result = "星期二";break;
                case 3:result = "星期三";break;
                case 4:result = "星期四";break;
                case 5:result = "星期五";break;
                case 6:result = "星期六";break;
                default:result = "星期日";break;
           }
           document.write("今天是" + result); //输出信息
      </script>
 </body>
</html>
```

浏览网页，效果如图 23-4 所示。

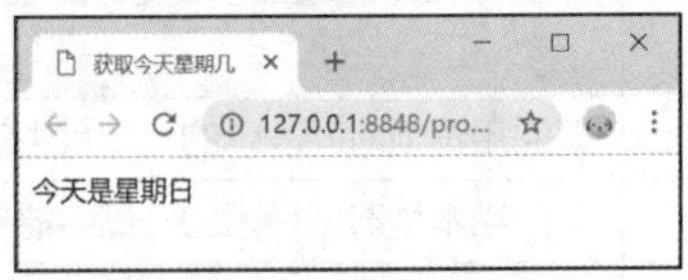

图 23-4 获取今天星期几

通常情况下，我们通过 Date 对象的 getDay()方法获取的是阿拉伯数字，不符合我们的阅读习惯，在例 23-1 中采用多分支语句，将得到的数字转换为我们熟悉的汉字形式的星期几。

23.3.3 BOM 简介

JavaScript 是由 ECMAScript、BOM 和 DOM 这 3 部分组成的。ECMAScript 提供核心语言功能，就是前面学习的 JavaScript 基本语法、函数和对象等。浏览器对象模型（Browser Object Model，BOM）提供与浏览器交互的方法和接口。

BOM 主要用于访问和操纵浏览器窗口。BOM 由多个对象构成，其中代表浏览器窗口的 window 对象是 BOM 的顶层对象，其他对象都是该对象的子对象。BOM 对象模型如图 23-5 所示。

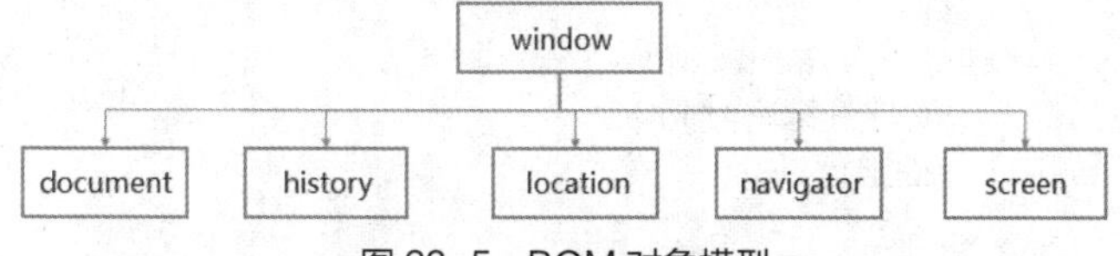

图 23-5 BOM 对象模型

BOM 对象的具体描述如表 23-3 所示。

表 23-3 BOM 对象的描述

对象	描述
window	窗口对象，是 BOM 的最顶层对象，表示浏览器窗口
document	文档对象，用于管理 HTML 文档，可以用来访问页面中的元素
history	历史对象，用于记录浏览器的访问历史，如网页前进和后退等
location	地址栏对象，用于获取浏览器的 URL 地址栏的相关数据
navigator	浏览器对象，用于获取客户端浏览器的信息，如浏览器的名称、版本等
screen	屏幕对象，用于获取与屏幕有关的数据，如屏幕分辨率、坐标信息等

1. window 对象

window 对象是 BOM 中所有对象的核心，同时也是 BOM 中所有其他对象的父对象。window 对象的属性和方法在调用时可以省略 window，例如，前面介绍过的 alert()和 prompt()方法就是 window 对象的方法，在调用时不需要写 window 对象。

window 对象的常用方法如表 23-4 所示。

表 23-4 window 对象的常用方法

方法	描述
alert()	弹出警示对话框，显示一条提示信息和一个“确定”按钮
confirm()	弹出确认对话框，显示一条确认信息、一个“确定”按钮、一个“取消”按钮
prompt()	弹出提示对话框，提示用户输入信息
open()	打开一个新的浏览器窗口
close()	关闭浏览器窗口
setInterval()	按照指定的毫秒数来调用函数或执行一段代码
setTimeout()	在指定的毫秒数后调用函数或执行一段代码
clearInterval()	取消由 setInterval()设置的效果
clearTimeout()	取消由 setTimeout()设置的效果

下面举例说明 confirm()方法的使用方法。

例 23-2 在项目 project23 中新建网页文件，使用 confirm()方法弹出确认对话框，将文件保存为 example02.html，代码如下。

```
<!DOCTYPE html>
<html>
 <head>
      <meta charset="utf-8">
      <title> confirm()方法</title>
 </head>
 <body>
      <script type="text/javascript">
           if(confirm("确定删除吗?")){
                alert("确定!");
           }else{
                alert("不确定!");
           }
      </script>
 </body>
</html>
```

在上述代码中，执行程序时将弹出确认对话框，用户单击“确定”按钮后，confirm()方法的返回结果是 true，执行 if 后面的语句，在弹出的警示对话框中显示“确定”；如果用户单击了“取消”按钮，confirm()方法的返回结果是 false，则执行 else 后面的语句，在弹出的警示对话框中显示“不确定”。

2. 定时器

window 对象通过 setInterval()方法和 setTimeout()方法可以实现定时器的功能。两者的区别是 setInterval()方法是让操作每隔一定时间间隔反复执行，而 setTimeout()方法执行一次后就停止操作，因此 setTimeout()方法可以实现延时操作。如果要取消定时器，则分别需要使用 clearInterval()方法和 clearTimeout()方法。

例如，执行如下代码。

```
function FunHello(){
      alert("hello");
 }
setInterval(FunHello,2000);
```

在上述代码中，每隔 2s 会执行一次 FunHello()函数，会一直反复执行。如果将代码改为下面的形式，则 FunHello()函数只执行一次。

```
function FunHello(){
        alert("hello");
}
 setTimeout(FunHello,2000);
```

微课 23-3：创建实时变化的时钟

下面再举例说明 setInterval()方法的使用方法。

例 23-3 在项目 project23 中新建网页文件，创建实时变化的时钟，将文件保存为 example03.html，代码如下。

```
<!DOCTYPE html>
<html>
 <head>
      <meta charset="utf-8">
      <title>实时变化的时钟</title>
      <style type="text/css">
           #clock{
                width:200px;
                height:50px;
                background-color:#00f;
                font-size:16px;
                font-weight:bold;
                text-align:center;
                line-height:50px;
                margin:50px auto;
                color:#fff;
           }
      </style>
 </head>
 <body>
      <div id="clock"></div>
      <script type="text/javascript">
           function getTime(){      //定义函数
            var now=new Date();     //创建 Date 对象
            document.getElementById('clock').innerHTML=now.toLocaleString();
//将日期和时间显示到盒子中
           }
           window.onload=setInterval(getTime,1000); //每隔 1s 执行一次 getTime()函数
      </script>
 </body>
</html>
```

浏览网页，效果如图 23-6 所示。

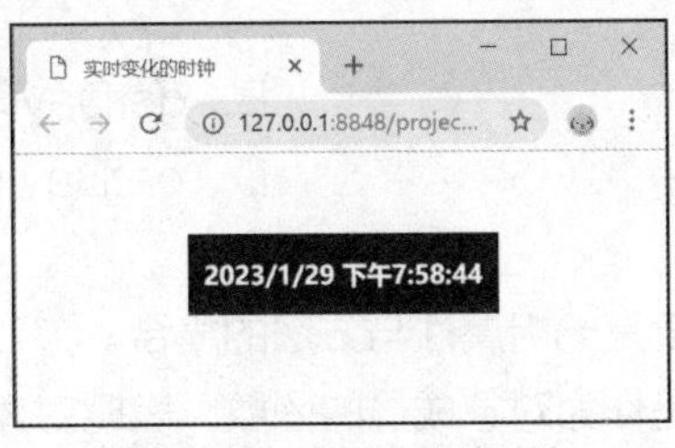

图 23-6　实时变化的时钟

在例 23-3 中，每隔 1s 获取时间并显示，就实现了实时显示时间的功能。

案例小结

本案例介绍了实现电商网站中常用的限时促销效果，主要运用了 window 对象的 setInterval() 方法的定时器功能。在知识点中主要介绍了 JavaScript 的对象、Date 对象的使用方法，以及 BOM 中 window 对象的定时器功能等内容。

习题与实训

一、单项选择题

1．下列选项中不属于 JavaScript 内置对象的是（　　）。

A．Date 对象　　B．Math 对象　　C．window 对象　　D．confirm 对象

2．在 JavaScript 中，对于 BOM 的层次关系理解正确的是（　　）。

A．window 对象是所有页面内容的根对象

B．document 对象包含 location 对象和 history 对象

C．location 对象包含 history 对象

D．form 对象包含 document 对象

3．创建对象使用的关键字是（　　）。

A．new　　B．create　　C．var　　D．function

4．JavaScript 的对象主要包括（　　）。

A．JavaScript 内置对象　　B．浏览器内置对象

C．自定义对象　　D．以上 3 种都是

5．获取系统当前日期和时间的方法是（　　）。

A．new Date()　　B．new now()　　C．now()　　D．Date()

6．在 JavaScript 中，可以使用 Date 对象的（　　）方法返回一个月中的某一天。

A．getDate()　　B．getDay()　　C．setDate()　　D．getTime()

7．setTimeout("adv()",100)表示的意思是（　　）。

A．间隔 100s 后，adv()函数就会被调用　　B．间隔 100ms 后，adv()函数就会被调用

C．间隔 100min 后，adv()函数就会被调用　　D．adv()函数被持续调用 100 次

8．假设创建一个 Date 对象所获取的时间为“2023 年 2 月 1 日星期三，上午 9 时 36 分 27 秒”，则下列说法正确的是（　　）。

A．getMonth()方法返回 2　　B．getDay()方法返回 2

C．getDate()方法返回 3　　D．getDay ()方法返回 3

二、判断题

1．在 JavaScript 中，对象就是一组属性与方法的集合。（　　）

2．在 JavaScript 中，方法是作为对象成员的函数，表明对象具有的行为。（　　）

3．在 JavaScript 中，使用 new 运算符可以创建对象，将新建的对象赋值给一个变量后，就可以通过这个变量访问对象的属性和方法。（　　）

23-4：实训参考步骤

4．setInterval()方法和 setTimeout()方法的功能完全一样，都可以实现定时器功能。（　　）

三、实训练习

创建毕业倒计时页面，毕业时间可通过 JavaScript 代码设定，在页面显示离毕业还有多少天、多少小时、多少分钟和多少秒，运行效果如图 23-7 所示。

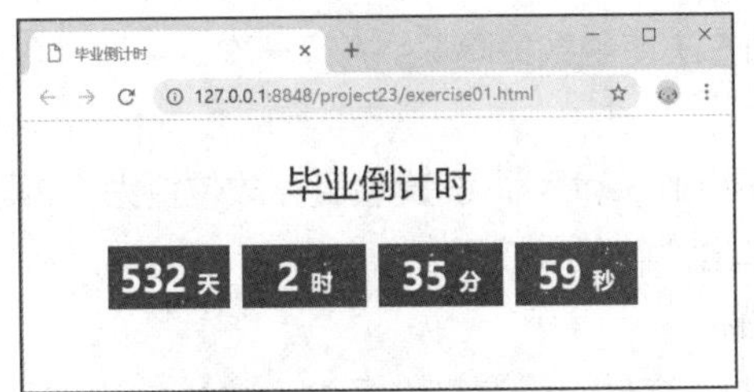

图 23-7　毕业倒计时

案例 24　轮播图

随着互联网技术的飞速发展，网页内容的呈现越来越注重用户体验和带有动态效果的艺术展现，轮播图就是很好的例子。无论是购物网站，还是新闻网站，轮播图几乎都是网站的“标配”。本案例介绍制作自动轮播图，也就是不需要手动控制即可轮流显示不同的图片。在知识点中介绍设置元素的样式和获取元素尺寸的方法等内容。

24.1　案例描述

创建小米产品广告展示轮播图，页面浏览效果如图 24-1 所示。具体要求如下。

（1）轮流展示 5 张图片，每隔 2s 切换一次。

（2）切换图片时有过渡效果。

图 24-1　轮播图

24.2　案例实现

创建小米产品广告展示轮播图的步骤如下。

微课 24-1：案例实现

1. 案例分析

在页面上添加盒子，在盒子中添加无序列表标记<ul>，在<ul>标记中添加 6 对<li>标记，在每个<li>标记中放入一张图片，在最后的<li>标记中再次放入第一张图片，使图片切换时实现无缝衔接。定义盒子、<ul>标记、<li>标记和<img>标记的样式。创建脚本文件，编写 JavaScript 代码，定义切换图片的函数，使用

window 对象的 setInterval()方法使函数每隔 2s 执行一次。

2．新建项目

在 HBuilderX 中新建项目 project24，设置项目存放位置为 E:/网页设计/源代码，选择模板类型为“基本 HTML 项目”，单击“创建”按钮。

3．在项目中创建网页文件

在 project24 中新建 HTML 文件，设置文件名为 example.html。

4．搭建轮播图结构

根据案例分析，使用相应的 HTML 标记来搭建轮播图结构，代码如下。

```
<!DOCTYPE html>
<html>
 <head>
      <meta charset="utf-8" />
      <title>自动轮播图</title>
 </head>
 <body>
      <div id="silder">
           <ul id="list">
                <li><img src="images/banner1.jpg"></li>
                <li><img src="images/banner2.jpg"></li>
                <li><img src="images/banner3.jpg"></li>
                <li><img src="images/banner4.jpg"></li>
                <li><img src="images/banner5.jpg"></li>
                <li><img src="images/banner1.jpg"></li> <!-- 把第一张图片放在最后 -->
           </ul>
      </div>
 </body>
</html>
```

此时浏览网页，效果如图 24-2 所示。

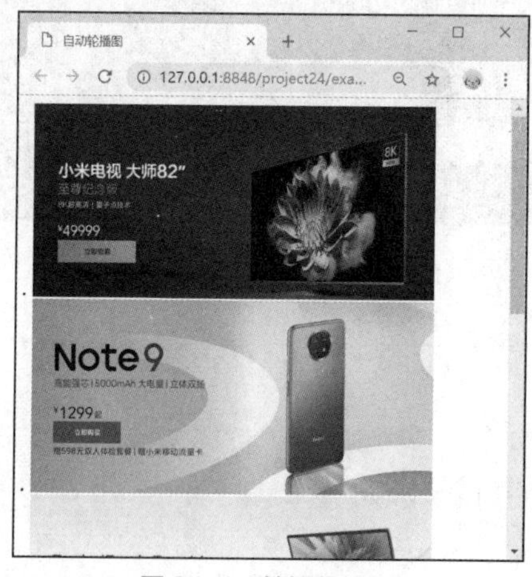

图 24-2　轮播图结构

5．定义 CSS 样式

在<head>标记内添加内部样式表，样式表代码如下。

```
<style>
      * {
```

```
            padding: 0;
            margin: 0;
            list-style: none;
        }
        #silder {
            margin: auto;
            position: relative;
            width: 1200px;
            height: 564px;
            overflow: hidden;
        }
        #list {
            position: absolute;
            left: 0;
            top: 0;
            width: 600%;
            height: 564px;
        }
        #list li {
            float: left;
            width: 1200px;
            height: 564px;
        }
        #list li img {
            width:1200px;
            height:564px;
        }
    </style>
```

此时浏览网页，效果如图 24-1 所示。

6. 添加 JavaScript 脚本代码

在<body>标记中</div>的下面添加如下脚本代码。

```
<script>
        //第一轮结束，切换图片时有从头开始的效果
        var slider = document.querySelector("#slider");  //获取盒子元素
        var list = document.querySelector("#list");      //获取 ul 元素
        var img = document.querySelector("img");         //获取图像集合
        var uli = list.children;                         //获取图片列表
        var index = 0;                                   //图片序号
        setInterval(move, 2000);                         //每隔 2s 执行一次 move()函数
        function move() {
            if (index < uli.length - 1) {                //如果不是最后一张图片
                index++;//图片序号加 1
                list.style.left = -index * img.offsetWidth + "px";
// 图片向左移出，offsetWidth 是图像的布局宽度
                list.style.transition = 'left 1s';  //移出图片时有过渡效果,用时 1s
                if (index == uli.length - 1) { //如果是最后一张图片，则切换到第一张图片
                    setTimeout(function() {
                        index = 0;              //图片变为第一张
                        list.style.left = -index * img.offsetWidth + "px";
```

```
                    list.style.transition = 'left 0s';
                }, 1000);
            }
        } else {                                //如果是最后一张图片
            index = 0;                          //图片变为第一张
            list.style.left = -index * img.offsetWidth + "px";
            list.style.transition = 'left 0s';
        }
    }
</script>
```

7. 保存并浏览网页

浏览网页时，每隔 2s 自动执行一次 move()函数，图片轮流显示到浏览器中，如图 24-1 所示。

24.3 相关知识点

24.2 节案例实现中用到了设置元素样式和获取元素尺寸的知识，下面对这些知识进行详细介绍。

微课 24-2：设置元素样式

24.3.1 设置元素样式

使用 document 对象的相关方法获取元素以后，可以设置元素的样式。

style 对象用于设置元素的样式，从而获得所需要的效果。其基本语法格式如下。

```
对象.style.属性="属性值";
```

说明 如果属性是单个单词，直接以原名的形式书写就可以了；如果属性是通过“-”连接的单词，则将短横线去掉，将第二个及以后的单词首字母大写。

下面举例说明。

例 24-1 在项目 project24 中新建网页文件，通过脚本代码设置盒子的样式，将文件保存为 example01.html，代码如下。

```
<!DOCTYPE html>
<html>
 <head>
      <meta charset="utf-8">
      <title>设置元素样式</title>
 </head>
 <body>
      <div id="box1">学而时习之</div>
      <script type="text/javascript">
           var box = document.querySelector("#box1"); //获取元素
           box.style.width="200px";                    //设置宽度
           box.style.height="200px";                   //设置高度
           box.style.backgroundColor="#1D94FC";        //设置背景颜色
           box.style.color = "#fff";                   //设置文字的颜色
           box.style.fontSize = "24px"                 //设置文字大小
      </script>
```

```
 </body>
</html>
```

浏览网页，效果如图 24-3 所示。

图 24-3　设置元素样式

24.3.2　获取元素尺寸和位置

在 JavaScript 中，可以通过元素的属性获取元素的尺寸和元素的位置等，常用的属性如表 24-1 所示。

表 24-1　元素常用属性

属性	说明
offsetLeft	获取元素相对父元素左边框的偏移量
offsetTop	获取元素相对父元素上边框的偏移量
offsetWidth	获取元素自身的宽度，包括边框和内边距
offsetHeight	获取元素自身的高度，包括边框和内边距

可以利用 offsetLeft 属性和 offsetTop 属性获取元素到父元素的距离，利用 offsetWidth 属性和 offsetHeight 属性获取元素自身的大小。

例 24-2　在项目 project24 中新建网页文件，实现滚动文字效果，如图 24-4 所示，将文件保存为 example02.html，代码如下。

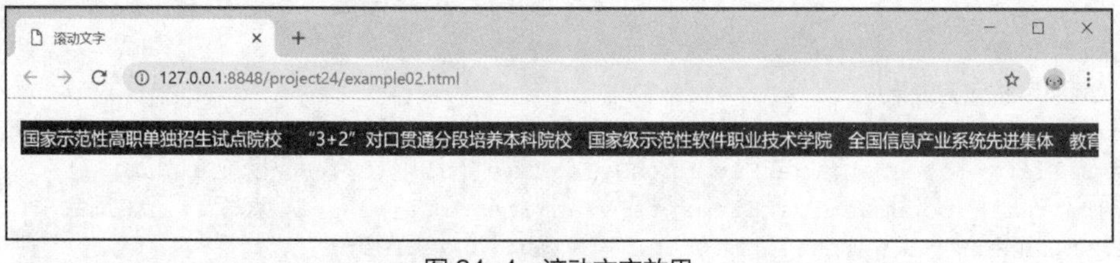

图 24-4　滚动文字效果

微课 24-3：实现滚动文字效果

```
<!DOCTYPE html>
<html>
 <head>
      <meta charset="utf-8">
      <title>滚动文字</title>
```

```
        <style type="text/css">
            * {
                padding: 0;
                margin: 0;
                list-style: none;
            }
            .box {
                position: relative;        /* 相对定位 */
                width: 1000px;
                height: 30px;
                line-height: 30px;
                background-color: #990000;
                margin: 20px auto;
                overflow: hidden;          /* 溢出内容隐藏 */
            }
            .box ul {
                position: absolute;        /* 绝对定位 */
                left: 0;
                top: 0;
            }
            .box ul li {
                float: left;
                margin-right: 15px;        /* 让每个条目右侧空 15px */
                color: #fff;
            }
        </style>
    </head>
    <body>
        <div class="box">
            <ul>
                <li>教育部、中央军委政治工作部、军委国防动员部定向培养士官试点院校</li>
                <li>电子信息产业国家高技能人才培训基地</li>
                <li>国家示范性高职单独招生试点院校</li>
                <li>“3+2”对口贯通分段培养本科院校</li>
                <li>国家级示范性软件职业技术学院</li>
                <li>全国信息产业系统先进集体</li>
            </ul>
        </div>
        <script>
            //实现滚动文字效果
            var speed = -1;
            var list = document.getElementsByTagName('ul')[0];  //获取 ul 元素
            var item = document.getElementsByTagName('li');     //获取 li 元素集合
            list.innerHTML = list.innerHTML + list.innerHTML;
            list.style.width = item[0].offsetWidth * item.length + 'px';
            //offsetWidth 为元素的宽度（包括元素宽度、内边距和边框，不包括外边距）
            function move() {
                if (list.offsetLeft < -list.offsetWidth / 2) {
                //offsetLeft 元素与父元素左边的距离
                    list.style.left = 0 + "px";
                }
```

```
                list.style.left = list.offsetLeft + speed + 'px';
            }
            setInterval(move, 30);                              //每隔 30ms 移动一次
        </script>
    </body>
</html>
```

浏览网页，效果如图 24-4 所示。

在例 24-2 中，“setInterval(move, 30);”是定时器，表示每隔 30ms 执行一次 move()函数，这样可以保证滚动文字在连续滚动。

案例小结

本案例介绍了实现网站中常见的轮播图效果。轮播图实现的方法有多种，本案例中使用了一种比较简单的方式，主要运用了设置对象属性的方式使图片进行移动切换。在知识点中主要介绍了设置元素样式和获取元素尺寸的方法。

习题与实训

一、单项选择题

1．使用 JavaScript 代码设置元素的样式，以下代码正确的是（　　）。

A．box.style.width="200px";　　B．box.width="200px";

C．box.style.width=200px;　　D．box.width=200px;

2．如要在 HTML 页面中包含以下<img>标记，则下列选项中的（　　）语句能够实现隐藏该图片的功能。

```
<img id="pic" src="images/sun.jpg" width="300" height="200">
```

A．document.getElementById("pic").style.display="visible";

B．document.getElementById("pic").style.display="disvisible";

C．document.getElementById("pic").style.display="block";

D．document.getElementById("pic").style.display="none";

二、判断题

1．设置元素 box 的背景颜色是红色，代码为 box.style.backgroundColor="#F00"。（　　）

2．offsetWidth 属性用于获取元素自身的宽度，不包括边框和内边距。（　　）

三、实训练习

创建图 24-5 所示的选项卡效果，鼠标指针划过不同的选项卡时，显示不同的内容。

24-4：实训参考步骤

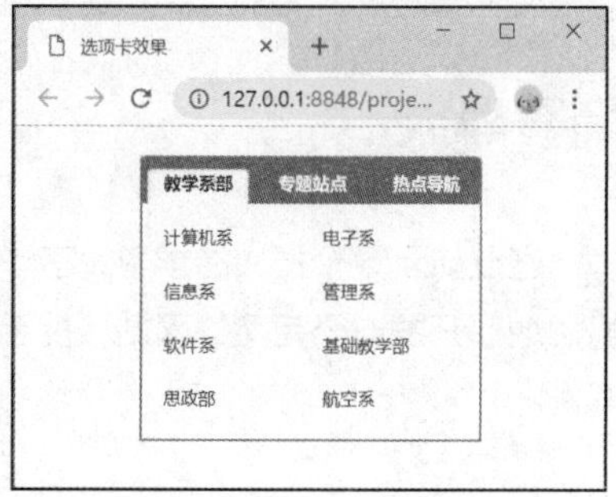

图 24-5　选项卡效果

模块六 综合案例

通过前面的学习，相信大家已经熟练掌握了使用 HTML 搭建网页结构、定义 CSS 样式、使用 JavaScript 添加网页动态效果等知识，但对如何开发完整的网站项目，可能还有些“茫然”。本模块通过小米商城网站和美丽山东网站两个综合案例的实现，介绍网站开发的完整流程。

知识目标

- 掌握网站规划的方法。
- 掌握使用 HTML5+CSS3 布局网页的方法。
- 掌握使用 JavaScript 添加网页动态效果的方法。

技能目标

- 会对网站进行统筹规划，做好网站前期准备工作。
- 会熟练使用 HTML5 编辑网页结构代码。
- 会熟练使用 CSS3 编辑网页样式代码。
- 会熟练使用 JavaScript 编辑和调试脚本代码。

素质目标

- 培养整体规划能力，具有大局意识。
- 培养耐心细致、精益求精的工匠精神。
- 培养文化自信和民族自豪感。

情景导入

通过前面 5 个模块的学习，李华学到了 HTML5、CSS3 和 JavaScript 这些核心网页技术，他非常迫切地想开发一个完整的网站，但苦于不知如何下手。接下来我们就和李华一起来学习完整的网站开发案例吧！

案例 25　小米商城网站

本案例以实现小米商城网站为例，介绍电商网站的设计与实现。使用 HTML5+CSS3 技术制作出绚丽多彩的网页效果；使用 JavaScript 脚本编程技术实现轮播图效果和限时促销效果。

25.1　案例描述

制作小米商城网站，该网站由 3 个页面构成，分别为主页、登录页和注册页，从主页可以进入登录页和注册页，从登录页和注册页可以返回主页。主页有轮播图效果和限时促销效果。网站浏览效果如图 25-1~图 25-3 所示。

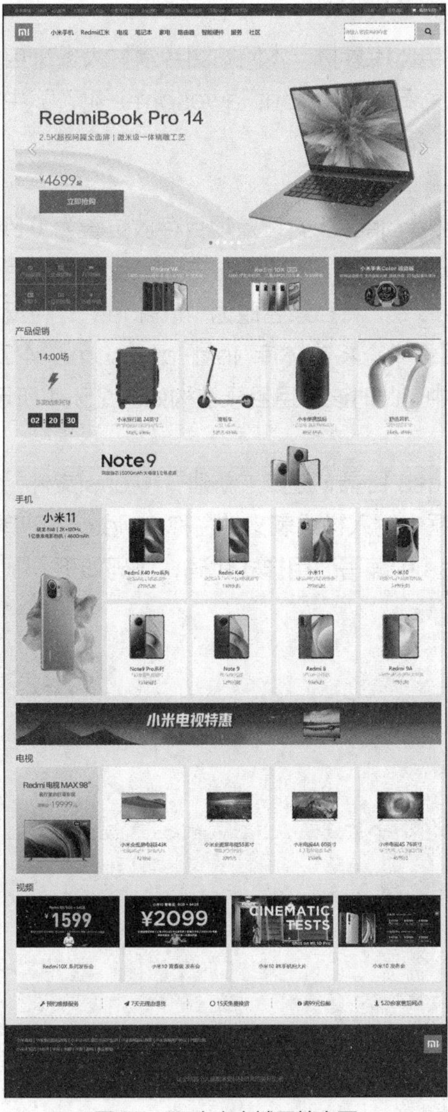

图 25-1　小米商城网站主页

图 25-2　小米商城网站登录页

图 25-3　小米商城网站注册页

25.2　前期工作

1. 收集素材

网站素材包括图片素材和字体库素材，本网站图片素材大多来自网络。主页上的图标（如购物车图标、放大镜图标等）使用免费字体库 font-awesome-4.7.0 中的图标字体，该字体库从网上下载即可。

2. 新建项目

在 HBuilderX 中新建项目 project25，设置项目存放位置为 E:/网页设计/源代码，选择模板类型为"基本 HTML 项目"，单击"创建"按钮。右击 project25 项目中的 img 目录，选择"重命名"命令，将目录名改为"images"，将网站的素材图片复制、粘贴到该目录中。将字体库 font-awesome-4.7.0 文件夹也复制、粘贴到该项目中。此时该项目目录结构如图 25-4 所示。

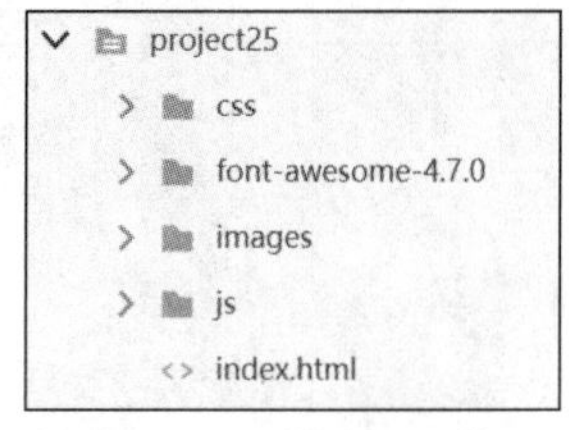

图 25-4 "小米商城"网站项目目录结构

3. 创建样式表文件

右击项目 project25 中的 css 目录，选择"新建" | "css 文件"命令，在"新建 css 文件"对话框中输入样式表文件名称 style.css，单击"创建"按钮。然后在 style.css 中编写通用样式代码，代码如下。

```
* {
    margin: 0;
    padding: 0;
    border: 0;            /* 去掉边框 */
    list-style: none;     /* 去掉列表的项目符号 */
}
body {
    font-family: "微软雅黑", Arial, Helvetica, sans-serif;
    font-size: 12px;
    color: #333;
    background-color: rgb(245, 245, 245);
}
a {
    text-decoration: none;
    color:#333;
}
```

打开文件 index.html，在<head>标记内输入如下代码。将 style.css 文件链接到 index.html

页面中。

```
<link rel="stylesheet" type="text/css" href="css/style.css" />
```

25.3 制作网站主页

制作主页时首先划分好页面的结构，才能高效地完成网页的布局和排版。下面先对主页的结构进行分析，再依次制作主页的各个部分。

1. 主页结构分析

主页由头部、导航条、轮播图、主体部分和版权信息等构成，主体部分从上到下又细分为图片展示、产品促销、广告图片、手机、电视、视频和售后服务部分，主页结构划分如图 25-5 所示。

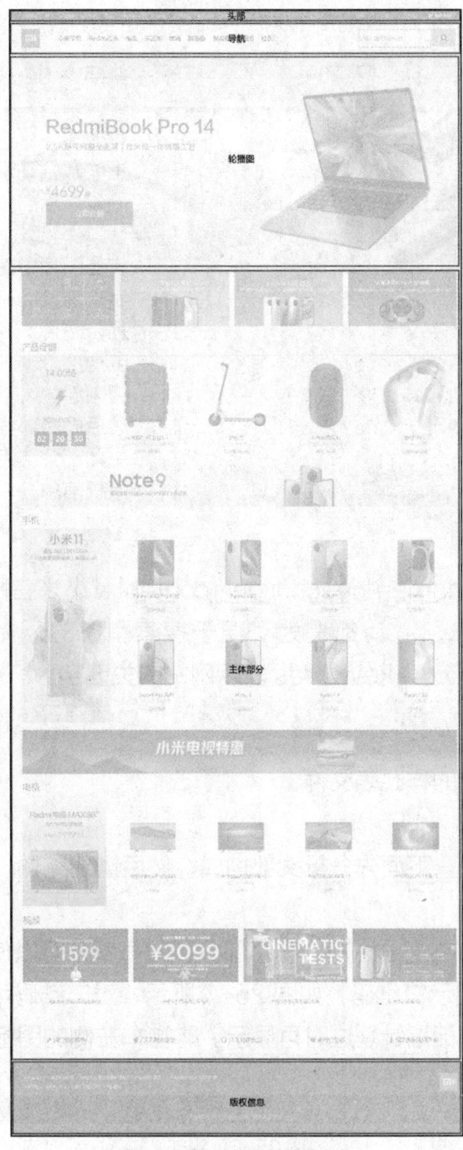

图 25-5　主页结构划分

主页布局代码如下。

```
<!DOCTYPE html>
<html>
 <head>
      <meta charset="utf-8" />
      <meta name="description" content="小米官网直营小米公司旗下所有产品,小米手机,红米系列,小米电视,笔记本,米家智能家居等,小米客户服务及售后支持。" />
      <meta name="keywords" content=" 小 米 ,redmi, 小 米 11 Ultra,Redmi Note 9, 小 米 MIX Alpha,小米商城" />
      <title>小米商城</title>
      <link rel="stylesheet" type="text/css" href="css/style.css" />
      <link rel="stylesheet" type="text/css" href="font-awesome-4.7.0/css/font-awesome.css" />
 </head>
 <body>
      <header></header>                          <!-- 头部 -->
      <nav></nav>                                <!-- 导航条 -->
      <div id="playBox"></div>                   <!-- 轮播图 -->
      <div class="main">                         <!-- 主体部分开始 -->
           <div class="miPhoto"></div>           <!-- 图片展示部分 -->
           <div class="seckill"></div>           <!– 产品促销部分 -->
           <div class="ad1"></div>               <!-- 广告图片 1 -->
           <div class="mobile"></div>            <!-- 手机部分 -->
           <div class="ad2"></div>               <!-- 广告图片 2 -->
           <div class="TV"></div>                <!-- 电视部分 -->
           <div class="video">                   <!-- 视频部分 -->
           <div class="service"></div>           <!-- 售后服务部分 -->
      </div>                                     <!-- 主体部分结束 -->
      <footer><footer>                           <!-- 版权信息 -->
</body>
</html>
```

在上述代码中，<meta name="description" content="小米官网……" />和<meta name="keywords" content="小米……" />都是为了便于搜索引擎对网站的搜索和归类而设置的，description 用于对网站进行描述，keywords 表示网站的关键字。

```
 <link rel="stylesheet" type="text/css" href="font-awesome-4.7.0/css/font-awesome.css" />
```

该行代码用于链接字体库的样式表文件。

2. 制作头部

头部是主页最上面的部分，下面先分析头部构成，然后搭建结构，再定义 CSS 样式。

（1）分析效果图

观察图 25-6 不难看出，头部分为左、右两部分，对每部分可以使用无序列表搭建结构。鼠标指针划过“下载 App”时，显示二维码，如图 25-7 所示，对二维码可以使用<img>标记定义，通过定义样式使二维码隐藏，鼠标指针划过时再显示。购物车左侧的图标使用字体库中的图标字体。

图 25-6 头部

图 25-7　显示二维码

（2）搭建头部结构

在 index.html 中添加如下头部的结构代码。

```
<!-- 头部开始 -->
<header>
      <div class="headerCon">
           <ul class="left">
                <li><a href="index.html">小米商城</a></li>
                <li><a href="#">MIUI</a></li>
                <li><a href="#">云服务</a></li>
                <li><a href="#">天星数科</a></li>
                <li><a href="#">有品</a></li>
                <li><a href="#">小爱开放平台</a></li>
                <li><a href="#">企业团购</a></li>
                <li><a href="#">资质证照</a></li>
                <li><a href="#">协议规则</a></li>
                <li class="ewm">
                     <a href="#">下载 App
                     <img src="images/ewm.png" width="100" alt="二维码"></a>
                </li>
                <li><a href="#">智能生活</a></li>
           </ul>
           <ul class="right">
                <li><a href="login.html">登录</a></li>
                <li><a href="register.html">注册</a></li>
                <li><a href="#">消息通知</a></li>
                <li><a href="#" class="shopcar">
<i class="fa fa-shopping-cart" aria-hidden="true"></i><span>购物车(0)</span></a>
                </li>
           </ul>
      </div>
 </header>
<!-- 头部结束 -->
```

此时浏览网页，效果如图 25-8 所示。

图 25-8　头部结构

```
<i class="fa fa-shopping-cart" aria-hidden="true"></i>
```

这行代码用于显示字体库中的购物车图标，关于字体库的具体使用方法读者可以自行在网上查询。

（3）定义头部 CSS 样式

切换到 style.css 文件，添加头部内容的样式代码。

```
header {
    width: 100%;
    height: 30px;
    background-color: rgb(51, 51, 51);
    font-size: 11px;
}
header a {
    color: rgb(169, 169, 169);
}
header a:hover {
    color: #fff;
}
header .headerCon {              /* 头部中内容的样式 */
    width: 1200px;
    height: 30px;
    line-height: 30px;
    margin: 0 auto;
}
.headerCon .left {
    float: left;
    width: 900px;
}
.headerCon .right {
    float: right;
    width: 300px;
}
.headerCon .left li {
    float: left;
    height: 30px;
    margin-right: 20px;
}
.headerCon .left li.ewm{
    position: relative;
}
.headerCon .left li.ewm a img {
    position: absolute;
    left: 0;
    top: 30px;
    display: none;              /* 让二维码隐藏 */
}
.headerCon .left li.ewm:hover a img {
    display: block;             /* 显示二维码 */
    z-index: 99;
}
.headerCon .right li {
```

```
    float: left;
    width: 70px;
    height: 30px;
    text-align: center;
}
.headerCon .right li .shopcar {
    display: block;
    width: 90px;
    height: 30px;
    background-color: rgb(66, 66, 66);
    color: #fff;
}
 .shopcar span {
    margin-left: 10px;
}
```

此时浏览网页，浏览效果如图 25-6 和图 25-7 所示。

3. 制作导航条部分

导航条部分效果如图 25-9 所示。

图 25-9　导航条部分效果

（1）分析效果图

观察导航条部分，该部分内容分为 3 部分：左侧是 Logo、中间是导航条目、右侧是搜索框。对 Logo 使用<img>标记定义，并给图像添加超链接，链接到主页。对导航条目使用无序列表来构建。对右侧的搜索框使用<input>标记定义，按钮使用<button>标记定义，按钮上面的放大镜图像使用字体库中的图标字体。

（2）搭建导航条结构

在 index.html 中头部的结构代码下面输入如下代码。

```
<!-- 导航条开始-->
 <nav>
      <div class="logo">
           <a href="index.html"><img src="images/logo.jpg" alt="logo"></a>
      </div>
      <ul class="navCon">
           <li><a href="mobiles.html" target="_blank">小米手机</a></li>
           <li><a href="#">Redmi 红米</a></li>
           <li><a href="#">电视</a></li>
           <li><a href="#">笔记本</a></li>
           <li><a href="#">家电</a></li>
           <li><a href="#">路由器</a></li>
           <li><a href="#">智能硬件</a></li>
           <li><a href="#">服务</a></li>
           <li><a href="#">社区</a></li>
      </ul>
      <div class="search">
           <input type="text" name="txtSearch" id="txtSearch" value="请输入要搜索的
```

```
内容" />
              <button type="button"><i class="fa fa-search" aria-hidden="true"></i>
</button>
         </div>
    </nav>
   <!-- 导航条结束-->
```

此时浏览网页，效果如图25-10所示。

图25-10　导航条结构

（3）定义导航条CSS样式

切换到style.css文件，添加导航条部分的样式代码。

```
nav {
     width: 1200px;
     height: 50px;
     margin: 20px auto;
}
nav .logo{
     width:50px;
     height:50px;
     float:left;
     margin-right:50px;
}
.navCon {
    width: 830px;
    height: 50px;
    float:left;
}
.navCon li {
    float: left;
    margin-right: 20px;
    height:50px;
    line-height:50px;
}
.navCon li a {
    color: #000;
    font-size: 16px;
}
.navCon li a:hover {
     color: rgb(255, 103, 0);
}
```

```
.search{
    float:left;
    width:270px;
    height:50px;
}
.search input{
    width:200px;
    height:50px;
    line-height:44px;
    border:1px solid rgb(255, 103, 0);
    border-radius:5px;
    padding:2px;
    color:rgb(169, 169, 169);
    box-sizing: border-box;
}
.search button{
    width:65px;
    height:48px;
    background-color:#ccc;
    border-radius:3px;
    font-size:20px;
}
.search button:hover{
    background-color: rgb(255, 103, 0);
}
```

此时浏览网页，效果如图 25-9 所示。

4. 制作轮播图部分

轮播图部分效果如图 25-11 所示。单击左、右两侧的箭头或单击下面的圆点，可以显示不同的图片；不单击时，默认每隔 2s 显示下一张图片。

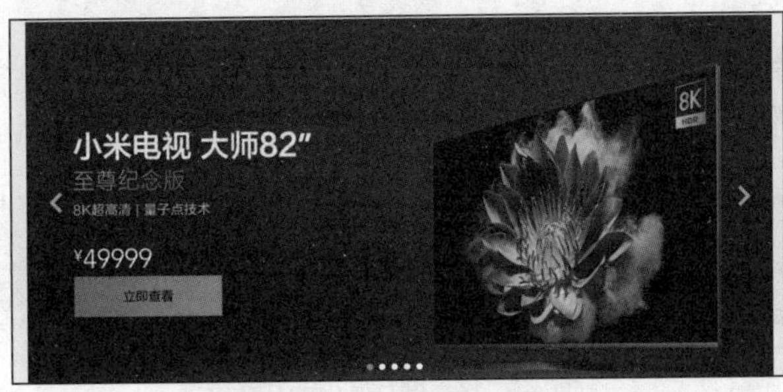

图 25-11　轮播图部分效果

（1）分析效果图

将所有内容放入一个大盒子，将两侧的箭头分别放入两个小盒子，对下面的圆点和图像都使用无序列表标记<ul>定义。对盒子中的内容采用绝对定位，定位到大盒子的指定位置。

（2）搭建轮播图结构

在 index.html 中导航条部分的结构代码下面输入如下代码。

```
<!-- 轮播图开始 -->
<div id="playBox">
    <div class="pre"></div>
```

```
        <div class="next"></div>
        <div class="smalltitle">
            <ul>
                <li class="thistitle"></li>
                <li></li>
                <li></li>
                <li></li>
                <li></li>
            </ul>
        </div>
        <ul class="oUlplay">
            <li><a href="#" target="_blank"><img src="images/banner1.jpg"></a></li>
            <li><a href="#" target="_blank"><img src="images/banner2.jpg"></a></li>
            <li><a href="#" target="_blank"><img src="images/banner3.jpg"></a></li>
            <li><a href="#" target="_blank"><img src="images/banner4.jpg"></a></li>
            <li><a href="#" target="_blank"><img src="images/banner5.jpg"></a></li>
        </ul>
    </div>
    <!-- 轮播图结束 -->
```

（3）链接文件

在<head>标记中将轮播图部分的样式表文件 css.css 和脚本文件 index.js 链接到 index.html 页面中，代码如下。

25-1：轮播图部分参考资源

```
<link href="css/css.css" rel="stylesheet" type="text/css" />
<script type="text/javascript" src="js/index.js"></script>
```

css.css 文件和 index.js 文件的代码参考本书配套资源文件，此处代码略。

说明 本案例轮播图的样式表代码和脚本代码都比较复杂，因为除了自动轮播外，还有手动轮播的功能。

5. 制作图片展示部分

从该部分开始是主体部分的内容。图片展示部分效果如图 25-12 所示。

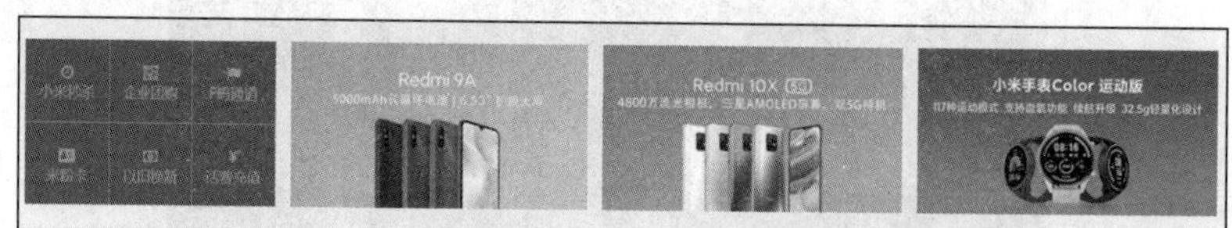

图 25-12　图片展示部分效果

（1）分析效果图

图片展示部分分为 4 个块，需要定义一个大盒子，在大盒子中再定义 4 个子盒子。对第一个块使用无序列表搭建结构，第一个块中的小图标使用字体库中的相应图标字体。

（2）搭建图片展示部分结构

在 index.html 中轮播图部分的结构代码下面输入如下代码。

```
<!-- 主体部分开始 -->
<div class="main">
    <!-- 图片展示部分 -->
    <div class="miPhoto">
```

```
            <div class="one">
                <ul>
                    <li><a href="#">
                            <p class="fa fa-clock-o" aria-hidden="true"></p>
                            <p>小米促销</p>
                        </a>
                    </li>
                    <li><a href="#">
                            <p class="fa fa-object-group" aria-hidden="true"></p>
                            <p>企业团购</p>
                        </a>
                    </li>
                    <li><a href="#">
                            <p class="fa fa-flag" aria-hidden="true"></p>
                            <p>F码通道</p>
                        </a>
                    </li>
                    <li><a href="#">
                            <p class="fa fa-vcard" aria-hidden="true"></p>
                            <p>米粉卡</p>
                        </a>
                    </li>
                    <li><a href="#">
                            <p class="fa fa-money" aria-hidden="true"></p>
                            <p>以旧换新</p>
                        </a>
                    </li>
                    <li><a href="#">
                            <p class="fa fa-rmb" aria-hidden="true"></p>
                            <p>话费充值</p>
                        </a>
                    </li>
                </ul>
            </div>
            <div>
                <a href="#"><img src="images/mobile1.jpg" alt="图片" width="300"
height="150"></a>
            </div>
            <div>
                <a href="#"><img src="images/mobile2.jpg" alt="图片" width="300"
height="150"></a>
            </div>
            <div>
                <a href="#"><img src="images/watch.jpg" alt="图片" width="300"
height="150"></a>
            </div>
        </div>
    </div>
```

此时浏览网页，效果如图 25-13 所示。

图 25-13　图片展示部分结构

（3）定义图片展示部分 CSS 样式

切换到 style.css 文件，添加主体部分和图片展示部分的样式代码。

```
/* 主体部分样式开始 */
.main{
     width: 1200px;
     overflow:hidden;
     margin:20px auto;
}
.miPhoto {                          /* 图片展示部分样式 */
    height: 150px;
    margin-bottom: 20px;
}
.miPhoto div{                       /* 4 个子块的样式 */
    float: left;
    width: 300px;
    height: 150px;
    margin-right: 15px;
}
.miPhoto .one {                     /* 第一个块的样式 */
    width: 255px;
    background-color: rgb(95, 87, 80);
}
.miPhoto .one ul li{
    width:85px;
    height:75px;
    border-right:1px solid rgb(169,169,169);
    border-bottom:1px solid rgb(169,169,169);
    padding-top:20px;
    box-sizing:border-box;
    float:left;
```

```
    text-align:center;
}
.miPhoto .one ul li a{
    color:rgb(169,169,169);
    font-size:14px;
}
.miPhoto div:last-child {   /* 第 4 个子块右外边距为 0 */
    margin-right: 0;
}
```

此时浏览网页，效果如图 25-12 所示。

6. 制作产品促销部分

产品促销部分效果如图 25-14 所示。该部分有限时促销效果和促销产品的展示。

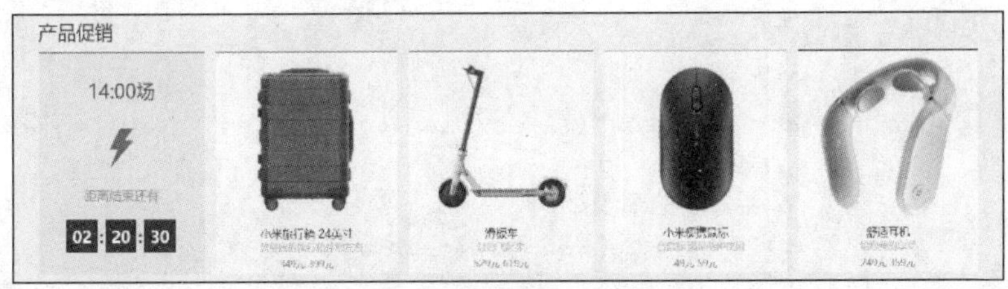

图 25-14　产品促销部分效果

（1）分析效果图

对该部分需要定义一个盒子，在盒子中用无序列表构建每个块的内容。每个块中相同的样式可以同时定义，不同的样式分别定义。

（2）搭建产品促销部分结构

在 index.html 中图片展示部分的结构代码下面输入如下代码。

```
<!— 促销部分 -->
 <div class="seckill">
      <h2>产品促销</h2>
      <ul>
           <li class="one">
                <p>14:00 场</p>
                <p><img src="images/shandian.png" width="30" alt="图片"></p>
                <p>距离结束还有</p>
                <p><span id="hour">02</span><span>:</span><span id="minute">20</span>
<span>:</span><span id="second">30</span></p>
           </li>
           <li class="other">
                <a href="#">
                     <p><img src="images/miao1.jpg" alt=""></p>
                     <p>小米旅行箱 24 英寸</p>
                     <p>一款坚固的旅行箱伴您左右</p>
                     <p>349 元 <del>399 元</del></p>
                </a>
           </li>
           <li class="other">
                <a href="#">
```

```
                    <p><img src="images/miao2.jpg" alt=""></p>
                    <p>滑板车</p>
                    <p>让您飞起来</p>
                    <p>529 元 <del>619 元</del></p>
                </a>
            </li>
            <li class="other">
                <a href="#">
                    <p><img src="images/miao3.jpg" alt=""></p>
                    <p>小米便携鼠标</p>
                    <p>一台鼠标 满足两种使用</p>
                    <p>49 元 <del>59 元</del></p>
                </a>
            </li>
            <li class="other">
                <a href="#">
                    <p><img src="images/miao4.jpg" alt=""></p>
                    <p>舒适耳机</p>
                    <p>给您美的享受</p>
                    <p>249 元 <del>359 元</del></p>
                </a>
            </li>
        </ul>
</div>
```

（3）定义产品促销部分 CSS 样式

切换到 style.css 文件，添加产品促销部分的样式代码。

```
.seckill {
    height: 350px;
    padding: 20px 0;
    box-sizing: border-box;
}
.seckill h2{
    height:30px;
    line-height:30px;
    font-weight:normal;
    font-size:24px;
    padding-bottom:10px;
}
.seckill ul li{
    float:left;
}
.seckill .one {
    width: 212px;
    height: 270px;
    background-color: rgb(241, 237, 237);
    margin-right: 15px;
    border-top:1px solid rgb(255, 103, 0);
}
.seckill .one p:nth-child(1){
    padding-top:30px;
```

```
    text-align:center;
    font-size:24px;
    color:#F00;
}
.seckill .one p:nth-child(2){
    padding-top:30px;
    text-align:center;
}
.seckill .one p:nth-child(3){
    padding-top:20px;
    text-align:center;
    font-size:16px;
    color:rgb(169,169,169);
}
.seckill .one p:nth-child(4){
    padding-top:20px;
    text-align:center;
    font-size:20px;
    font-weight:bold;
    color:#fff;
    padding-left:35px;
}
.seckill .one p span:nth-child(odd){
    display:block;
    width:40px;
    height:40px;
    line-height:40px;
    background-color:#333;
    float:left;
    text-align: center;
}
.seckill .one p span:nth-child(even){
    display:block;
    width:10px;
    height:40px;
    line-height:40px;
    text-align:center;
    float:left;
    color:#333;
}
.seckill .other{
    width: 232px;
    height: 270px;
    text-align:center;
    margin-right: 15px;
    background-color: rgb(250, 250, 250);
}
.seckill ul li:last-child {
   margin-right: 0;
}
```

```
.seckill .other p:nth-child(2){
    font-size:14px;
}
.seckill .other p:nth-child(3){
    color:#ccc;
    font-size:12px;
}
.seckill .other p:nth-child(4){
    padding-top: 5px;
    color:rgb(255, 103, 0);
    font-size:12px;
}
.seckill p del{
    color:#959595;
    font-size:12px;
}
.seckill ul li:nth-child(2){
    border-top:1px solid rgb(0,255,0);
}
.seckill ul li:nth-child(3){
    border-top:1px solid rgb(85, 170, 127);
}
.seckill ul li:nth-child(4){
    border-top:1px solid rgb(85, 255, 255);
}
.seckill ul li:nth-child(5){
    border-top:1px solid rgb(0,0,255);
}
```

此时浏览网页，效果如图 25-14 所示。

7. 制作广告图片和手机部分

广告图片和手机部分效果如图 25-15 所示。

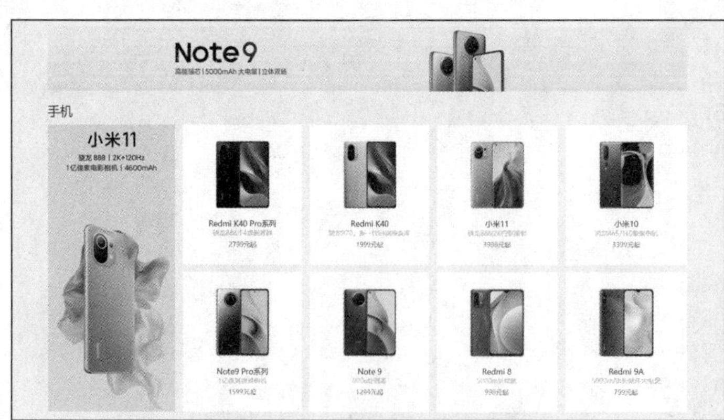

图 25-15　广告图片和手机部分效果

（1）分析效果图

广告图片和手机部分由两个块构成，上面的块存放广告图片；下面的块又分为左右两部分，左边的部分存放一张图片，右边的部分存放 8 张手机图片，8 张手机图片采用无序列表搭建结构。

（2）搭建广告图片和手机部分结构

在 index.html 中产品促销部分的结构代码下面输入如下代码。

```
<!-- 广告图片 1 -->
 <div class="ad1">
      <a href="#"><img src="images/note9.jpg" width="1200" height="119" alt=""></a>
 </div>
 <!-- 手机部分 -->
 <div class="mobile">
      <h2>手机</h2>
      <div class="left">
           <a href="#"><img src="images/mi1.jpg" width="240" alt=""></a>
      </div>
      <div class="right">
           <ul>
                <li>
                     <a href="#">
                          <p><img src="images/mi2.jpg" width="100" alt=""></p>
                          <p>Redmi K40 Pro 系列</p>
                          <p>骁龙 888/E4 旗舰直屏</p>
                          <p>2799 元起</p>
                     </a>
                </li>
                <li>
                     <a href="#">
                          <p><img src="images/mi3.jpg" width="100" alt=""></p>
                          <p>Redmi K40</p>
                          <p>骁龙 870，新一代 E4 旗舰直屏</p>
                          <p>1999 元起</p>
                     </a>
                </li>
                <li>
                     <a href="#">
                          <p><img src="images/mi4.jpg" width="100" alt=""></p>
                          <p>小米 11</p>
                          <p>骁龙 888|2K 四驱面屏</p>
                          <p>3999 元起</p>
                     </a>
                </li>
                <li>
                     <a href="#">
                          <p><img src="images/mi5.jpg" width="100" alt=""></p>
                          <p>小米 10</p>
                          <p>骁龙 865/1 亿像素相机</p>
                          <p>3399 元起</p>
                     </a>
                </li>
                <li>
                     <a href="#">
                          <p><img src="images/mi6.jpg" width="100" alt=""></p>
                          <p>Note9 Pro 系列</p>
```

```
                    <p>1 亿像素夜景相机</p>
                    <p>1599 元起</p>
                </a>
            </li>
            <li>
                <a href="#">
                    <p><img src="images/mi7.jpg" width="100" alt=""></p>
                    <p>Note 9</p>
                    <p>800u 处理器</p>
                    <p>1299 元起</p>
                </a>
            </li>
            <li>
                <a href="#">
                    <p><img src="images/mi8.jpg" width="100" alt=""></p>
                    <p>Redmi 8</p>
                    <p>5000m 长续航</p>
                    <p>999 元起</p>
                </a>
            </li>
            <li>
                <a href="#">
                    <p><img src="images/mi9.jpg" width="100" alt=""></p>
                    <p>Redmi 9A</p>
                    <p>5000mAh 长循环大电量</p>
                    <p>799 元起</p>
                </a>
            </li>
        </ul>
    </div>
</div>
```

（3）定义广告图片和手机部分 CSS 样式

切换到 style.css 文件，添加广告图片和手机部分的样式代码。

```
.ad1{           /* 广告图片样式 */
    width:1200px;
    height:119px;
    margin:0 auto;
}
.mobile {        /* 手机部分样式 */
    height: 604px;
    padding: 20px 0;
    box-sizing: border-box;
}
.mobile h2{
    height:30px;
    line-height:30px;
    font-weight:normal;
    font-size:24px;
    padding-bottom:10px;
}
```

```
.mobile .left{
    float:left;
    width:240px;
    height:524px;
}
.mobile .right{
    float:left;
    width:960px;
    height:524px;
}
.mobile .right ul li{
    float:left;
    width:225px;
    height:255px;
    background-color:#fff;
    margin-left:15px;
    margin-bottom:14px;
    text-align:center;
    padding-top:30px;
    box-sizing: border-box;
    transition:all 0.2s ease;
}
.mobile .right ul li:nth-child(5){
    margin-bottom:0;
}
.mobile .right ul li:nth-child(6){
    margin-bottom:0;
}
.mobile .right ul li:nth-child(7){
    margin-bottom:0;
}
.mobile .right ul li:nth-child(8){
    margin-bottom:0;
}
.mobile .right ul li:hover{
    box-shadow:10px 10px 10px #e6e6e6;     /* 添加阴影 */
    transform:scale(1.01);                 /* 放大 1.01 倍 */
}
.mobile p:nth-child(2){
    padding-top: 15px;
    font-size:14px;
}
.mobile p:nth-child(3){
    color:#ccc;
    font-size:12px;
}
.mobile p:nth-child(4){
    padding-top: 5px;
    color:rgb(255, 103, 0);
    font-size:12px;
}
```

此时浏览网页，效果如图 25-15 所示。

8. 制作广告图片和电视部分

广告图片和电视部分的制作步骤与广告图片和手机部分的类似，效果如图 25-16 所示。具体步骤可扫码观看，此处略。

25-2：制作广告图片和电视部分资源

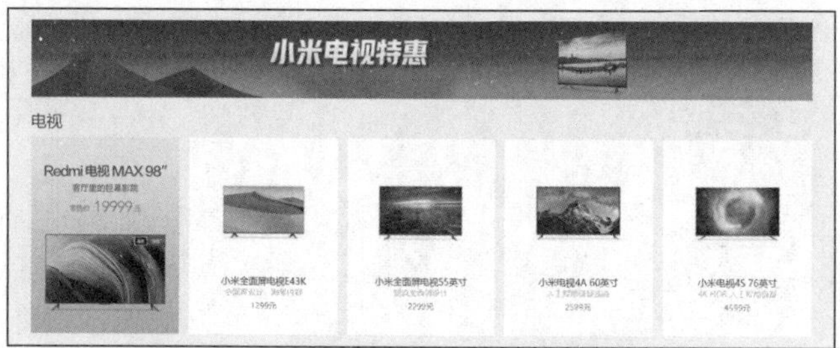

图 25-16　广告图片和电视部分效果

9. 制作视频部分

视频部分其实也是 4 张图片的展示，单击图片时播放视频。但这里对图片创建了空链接，不能播放视频。视频部分效果如图 25-17 所示。

图 25-17　视频部分效果

（1）分析效果图

视频部分需要定义一个盒子，盒子中的 4 个块使用无序列表搭建结构，每个列表项中包含图片和文字。

（2）搭建视频部分结构

在 index.html 中广告图片和电视部分的结构代码下面输入如下代码。

```
<!-- 视频部分 -->
 <div class="video">
      <h2>视频</h2>
      <ul>
           <li>
                <a href="#" title="单击播放视频">
                     <p><img src="images/V1.jpg" width="288" alt=""></p>
                     <p>Redmi10X 系列发布会</p>
                </a>
           </li>
           <li>
                <a href="#" title="单击播放视频">
                     <p><img src="images/V2.jpg" width="288" alt=""></p>
                     <p>小米 10 青春版 发布会</p>
                </a>
           </li>
```

```
            <li>
                <a href="#" title="单击播放视频">
                    <p><img src="images/V3.jpg" width="288" alt=""></p>
                    <p>小米 10  8K 手机拍大片</p>
                </a>
            </li>
            <li>
                <a href="#" title="单击播放视频">
                    <p><img src="images/V4.jpg" width="288" alt=""></p>
                    <p>小米 10 发布会</p>
                </a>
            </li>
        </ul>
    </div>
```

（3）定义视频部分 CSS 样式

切换到 index.css 文件，添加视频部分的样式代码。

```
.video {    /* 视频部分样式 */
    height: 280px;
}
.video h2{
    height:30px;
    line-height:30px;
    font-weight:normal;
    font-size:24px;
    padding-bottom:10px;
}
.video ul li{
    float:left;
    width:288px;
    height:240px;
    background-color:#fff;
    margin-left:15px;
    box-sizing: border-box;
    position:relative;
    transition:all 0.2s ease;
}
.video ul li:nth-child(1){
    margin-left:0;
    padding-top:0;
}
.video ul li:hover{
    transform:scale(1.01);
    box-shadow:10px 10px 10px #e6e6e6;
}
.video ul li p:nth-child(2){
    padding-top: 40px;
    text-align:center;
    font-size:14px;
}
```

此时浏览网页，效果如图25-17所示。

10. 制作售后服务部分

售后服务部分是主体部分中最下面的部分，其效果如图25-18所示。

图25-18　售后服务部分效果

（1）分析效果图

售后服务部分需要定义一个盒子，盒子中的内容使用无序列表搭建结构，每个列表项中包含图标和文字。

（2）搭建售后服务部分结构

在index.html中视频部分的结构代码下面输入如下代码。

```
<!-- 售后服务部分开始 -->
 <div class="service">
      <ul class="serCon">
           <li>
                <a><i class="fa fa-wrench" aria-hidden="true"></i> 预约维修服务</a>
           </li>
           <li>
                <a><i class="fa fa-paper-plane" aria-hidden="true"></i> 7 天无理由退货</a>
           </li>
           <li>
                <a><i class="fa fa-circle-o-notch" aria-hidden="true"></i> 15 天免费换货</a>
           </li>
           <li>
                <a><i class="fa fa-gift" aria-hidden="true"></i> 满 99 元包邮</a>
           </li>
           <li>
                <a><i class="fa fa-street-view" aria-hidden="true"></i> 520 余家售后网点</a>
           </li>
      </ul>
 </div>
<!-- 售后服务部分结束 -->
</div>
<!-- 主体部分结束 -->
```

（3）定义CSS样式

切换到index.css文件，添加售后服务部分的样式代码。

```
.service{         /* 售后服务部分样式 */
    height:70px;
    margin-top:30px;
    background-color:#fff;
}
.serCon{
```

```
        height:70px;
        padding: 15px 0;
        border-bottom:1px solid #ccc;
        box-sizing:border-box;
    }
    .serCon li{
        float:left;
        width:239px;
        height:29px;
        line-height:29px;
        text-align:center;
        border-right:1px solid #ccc;
        font-size:15px;
    }
    .serCon li:last-child{
        border-right:none;
    }
    .serCon li a:hover{
        color:rgb(255, 103, 0);
    }
```

此时浏览网页，效果如图 25-18 所示。

11. 制作版权信息部分

版权信息部分是主页最下面的部分，其效果如图 25-19 所示。

图 25-19　版权信息部分效果

（1）分析效果图

版权信息部分为通栏显示，也就是与浏览器一样宽，内容占的宽度是 1200px。因此需要一个大盒子，里面再嵌套小盒子。小盒子中包含上、下两个块，上面的块又分为左、右两个块，左面的块存放文字内容，右面的块存放小米 Logo 图像；下面的块存放一行文字。

（2）搭建版权信息部分结构

在 index.html 中主体部分的结构代码下面输入如下代码。

```
<!-- 版权信息部分 -->
 <footer>
      <div class="footerTop">
           <div class="info">
                <p>
                     <a href="index.html">小米商城</a><span>|</span>
                     <a href="#">小米集团隐私政策</a><span>|</span>
                     <a href="#">小米公司儿童信息保护规则</a><span>|</span>
                     <a href="#">小米商城隐私政策</a><span>|</span>
                     <a href="#">小米商城用户协议</a><span>|</span>
                     <a href="#">问题反馈</a>
```

```
                </p>
                <p>
                    <a href="#">小米天猫店</a><span>|</span>
                    <a href="#">MIUI</a><span>|</span>
                    <a href="#">米家</a><span>|</span>
                    <a href="#">米聊</a><span>|</span>
                    <a href="#">多看</a><span>|</span>
                    <a href="#">游戏</a><span>|</span>
                    <a href="#">政企服务</a>
                </p>
            </div>
            <div class="logo"><a href="index.html"><img src="images/logo.jpg" alt=
"logo"></a>
            </div>
        </div>
        <div class="footerBot">
            让全球更多人都能享受科技带来的美好生活
        </div>
    </footer>
```

（3）定义版权信息部分 CSS 样式

切换到 index.css 文件，添加版权信息部分的样式代码。

```
footer{
     width:100%;
     height:200px;
     background-color: rgb(51, 51, 51);
     color: #ccc;
     font-size: 11px;
}
.footerTop{
    width:1200px;
    height:100px;
    padding-top:30px ;
    box-sizing:border-box;
    margin:0 auto;
}
.footerTop .logo{
    float:right;
    width:50px;
    height:50px;
    margin-left:20px;
}
.footerTop .info{
    float:left;
    line-height:25px;
}
.info a{
    color: rgb(201, 201, 201);
}
.footerBot{
```

```
    width:1200px;
    height:100px;
    line-height:100px ;
    margin:0 auto;
    font-size:16px;
    text-align:center;
    color: rgb(142, 142, 142);
}
```

至此，主页制作完成。浏览网页，效果如图 25-1 所示。

25.4 制作网站登录页

25-3：制作网站登录页资源

制作网站登录页，设置文件名为 login.html，浏览效果如图 25-2 所示。

具体步骤和代码请扫码观看，此处略。

25.5 制作网站注册页

25-4：制作网站注册页资源

制作网站注册页，设置文件名为 register.html，浏览效果如图 25-3 所示。

具体步骤和代码请扫码观看，此处略。

案例小结

本案例介绍了制作小米商城网站。在制作主页时，按照从上到下的顺序，依次完成头部、导航条、轮播图、主体部分和版权信息的制作，综合利用了 HTML5 的各种标记搭建页面结构，使用了 CSS3 定义网页样式，运用了 JavaScript 实现轮播图效果和限时促销效果。在制作登录页和注册页时，主要完成了对表单的制作和样式定义。通过该案例的学习，读者可以学会时下流行的电商网站的开发流程和制作技术。

案例 26 美丽山东网站

本案例介绍设计并制作美丽山东网站，旨在通过该网站展示山东的历史文化、名胜古迹、山水风光等，服务于关注山东、热爱山东的人们，助力山东的建设和发展。通过对本案例的学习，读者可以进一步掌握网站的完整开发流程和最新网页制作技术。

26.1 案例描述

设计并制作美丽山东网站，该网站由 3 个页面构成，包括主页、初识山东页和景点详情页，从主页可以进入其他页面，从其他页面可以返回主页。其中，主页有使用 CSS 实现的轮播图效果，初识山东页有视频播放效果，网站浏览效果如图 26-1 ~ 图 26-3 所示。

图 26-1　美丽山东网站主页

图 26-2　初识山东页

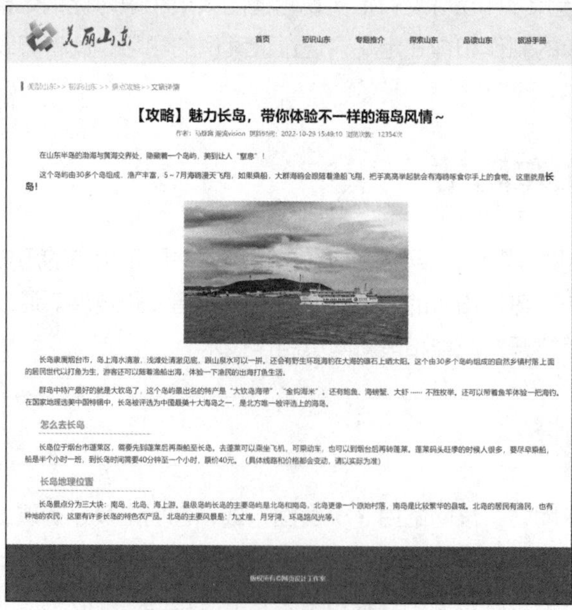

图 26-3　景点详情页

26.2 网站规划

在制作网站之前，需要对网站进行整体规划，确保网站项目顺利实施。网站规划主要包括网站需求分析、网站的风格定位、规划草图、素材准备等。

1. 网站需求分析

设计美丽山东网站，旨在让任何人在任何时间、任何地点都能借助网络快速了解和品读山东的历史文化，同时为广大游客提供详细、准确、全面的旅游信息，如文旅资讯、专题推介等。在内容组织上要做到条理清晰、简单易懂，能够让用户快速查找到相关信息。具体网站的功能示意如图 26-4 所示。

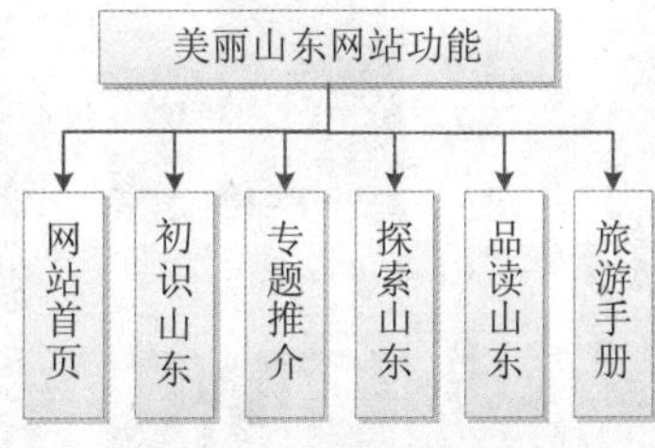

图 26-4 网站功能示意

2. 网站的风格定位

美丽山东网站的主要用户为关注山东文化及有意游览齐鲁风光的人们，因此，网站的风格既要突出齐鲁风韵的稳重，又要注重品牌旅游的活力，所以采用绿色为主色调，加以运用橘色、灰色作辅助色的配色方案。同时，网站依照当下现代设计的发展趋势，页面设计简洁大方，适当留白。页面头部和底部采用通栏呈现，图片采用多种动画效果呈现，于细节之处强化页面视觉效果。

3. 规划草图

图 26-5 所示为美丽山东网站主页草图。

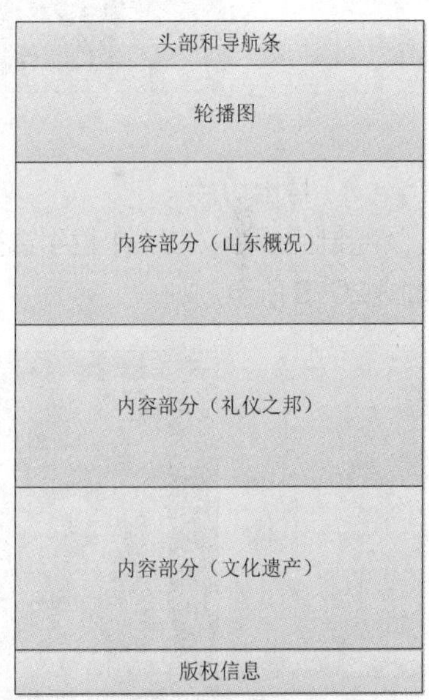

图 26-5 美丽山东网站主页草图

4. 素材准备

美丽山东网站的素材主要有图片和视频，分别使用 images 文件夹和 video 文件夹来存放。为了提高浏览器的加载速度，同时满足一些版面设计的特殊要求，通常需要把制作好的页面效果图中有用的部分剪切下来作为网页制作时的素材，这个过程被称为“切图”。切图的目的是把页面效果图转化成网页代码。常用的切图工具主要有 Photoshop 和 Fireworks。下面以 Photoshop 的切片工具为例，分步骤讲解切图，具体如下。

（1）选择切片工具

打开 Photoshop CC，并导入素材。选择工具箱中的切片工具，如图 26-6 所示。

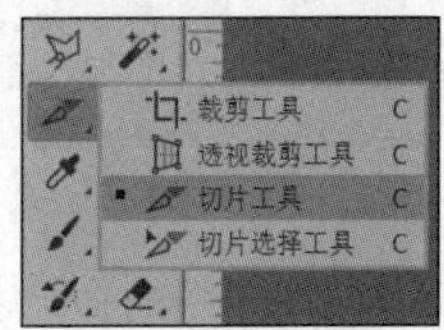

图 26-6 Photoshop 中的切片工具

（2）绘制切片区域

按住鼠标左键拖动鼠标，根据需要在图像上绘制切片区域，如图 26-7 所示。

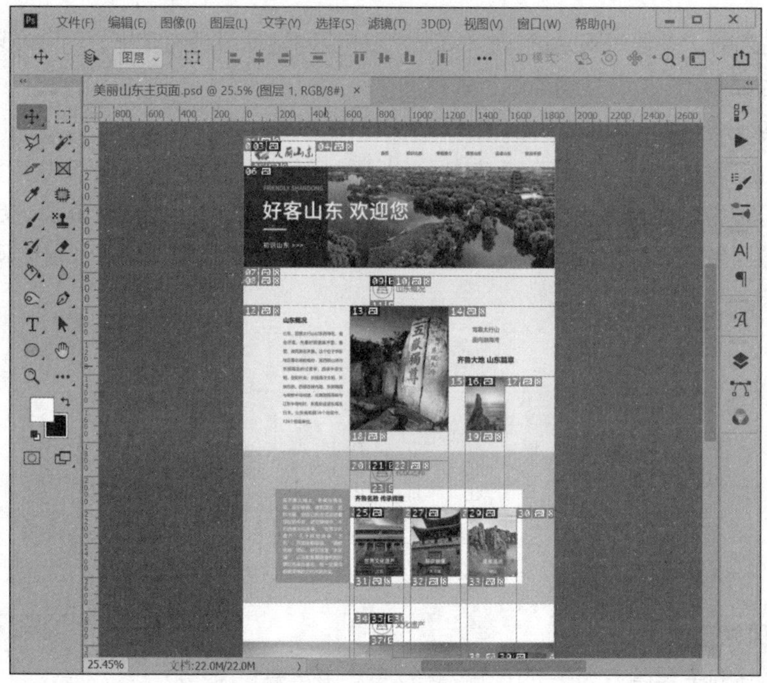

图 26-7　绘制切片区域

（3）导出切片

绘制完成后，在菜单栏中选择“文件”|“导出”|“存储为 Web 所用格式（旧版）...”命令，如图 26-8 所示。

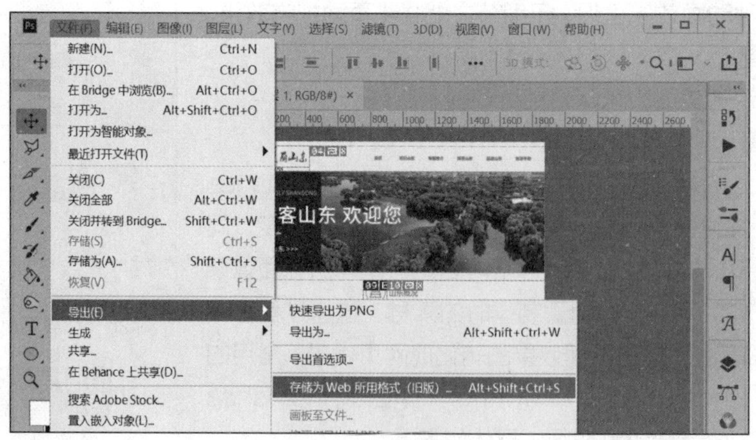

图 26-8　导出切片

在弹出的对话框中，从显示区域中使用鼠标左键分别选中各个切片区域，在“预设”中选择要保存的图片格式，默认情况下存储为 JPEG 格式，如图 26-9 所示。如果需要图片支持透明，则可以选择 GIF 格式或者 PNG 格式，如图 26-10 所示。

图 26-9　存储为 Web 所用格式

设置完所有切片区域的图片格式后，选中所有切片区域，单击“存储”按钮，在弹出的对话框中，首先选择存储图片的文件夹，这里设置为 E:/网页设计；其次定义文件名，相应文件名将会作为导出后各个图片名称的前缀；然后在“格式”下拉列表中选择“仅限图像”选项，在“切片”下拉列表中选择“选中的切片”选项；最后单击“保存”按钮，如图 26-11 所示。

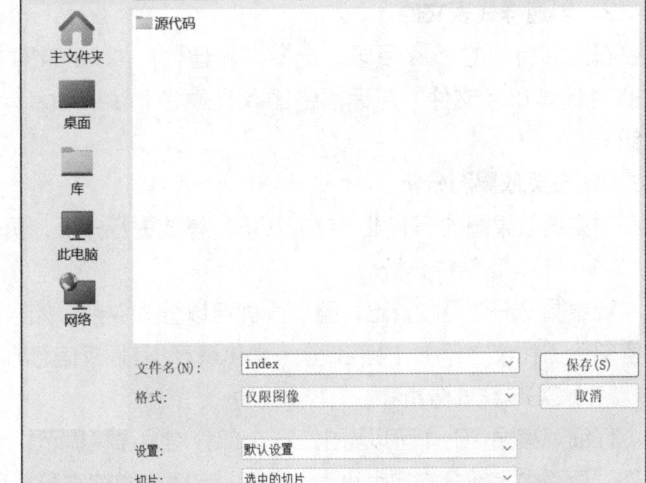

图 26-10　选择图片格式

图 26-11　设置存储选项

(4) 存储图片

导出后的图片存储在 E:/网页设计/images 文件夹内，切图后的素材如图 26-12 所示。

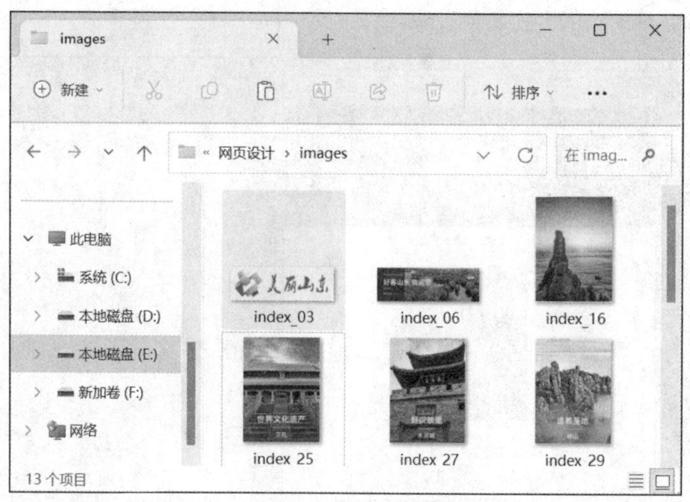

图 26-12　切图后的素材

26.3　制作网站主页

首先创建网站项目，本节将带领大家完成美丽山东网站主页的制作。

1. 新建项目

打开 HBuilderX，选择“文件”|“新建”|“项目”命令，设置项目名称为 project26，设置项目存放位置为 E:/网页设计/源代码，单击“创建”按钮。在项目中创建 css、images 和 video 这 3 个子目录，用于存放网站所需的 CSS 样式表文件、图片文件和视频文件。此时，该项目目录结构如图 26-13 所示。

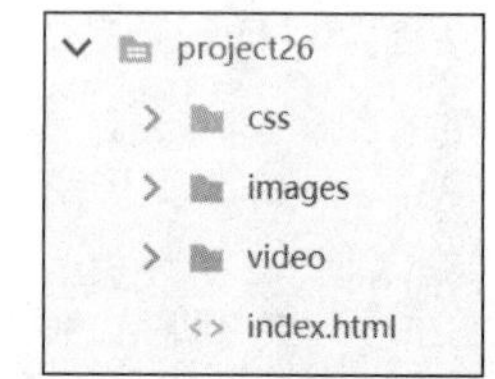

图 26-13　美丽山东网站项目目录结构

2. 创建样式表文件

右击项目中的 css 目录，选择“新建”|“css 文件”命令，在弹出的“新建 css 文件”对话框中输入文件名 index.css，单击“创建”按钮。

3. 主页效果图分析

对主页效果图的 HTML 结构、CSS 样式进行分析，具体如下。

（1）HTML 结构分析

观察图 26-1 可以看出，整个页面可以分为头部，如导航条、轮播图、内容部分（山东概况）、内容部分（礼仪之邦）、内容部分（文化遗产）、版权信息 6 部分。

（2）CSS 样式分析

仔细观察图 26-1 可以看出，6 个部分均为通栏显示，因此各个部分的宽度都可设置为 100%。另外，页面中大部分文字大小为 16px，字体为微软雅黑；页面中超链接文字的颜色均为#000。对这些页面上的公共样式可以提前定义，以减少代码冗余。关于页面中的 CSS3 动画效果，将会在单独讲解每一个部分时详细分析。

4. 页面整体布局

页面布局对优化网站的外观来说非常重要，它是为了使网站页面结构更加清晰、有条理，而对页面进行的“排版”。下面对美丽山东网站主页进行整体布局，具体代码如下。

```
<!DOCTYPE html>
<html>
 <head>
      <meta charset="utf-8">
      <title>美丽山东</title>
 </head>
 <body>
      <!-- 头部开始 -->
      <header></header>
      <!-- 头部结束 -->
      <!-- 轮播图开始 -->
      <div class="slideshow"></div>
      <!-- 轮播图结束 -->
      <!-- 内容部分（山东概况）开始 -->
      <div class="intro"></div>
      <!-- 内容部分（山东概况）结束 -->
      <!-- 内容部分（礼仪之邦）开始 -->
      <div class="second"></div>
      <!-- 内容部分（礼仪之邦）结束 -->
      <!-- 内容部分（文化遗产）开始 -->
      <div class="culture"></div>
      <!-- 内容部分（文化遗产）结束 -->
      <!-- 版权信息开始 -->
      <footer></footer>
      <!-- 版权信息结束 -->
 </body>
</html>
```

5. 定义公共样式

为了清除各浏览器的默认样式，使网页在各浏览器中显示的效果一致，在完成页面布局后，首先要对 CSS 样式进行初始化并声明一些通用的样式。打开样式文件 index.css，编写通用样式代码，具体如下。

```
/* 重置浏览器的默认样式 */
* {
     margin: 0;
     padding: 0;
     border: 0;
     list-style: none;
}
/* 全局控制 */
body {
     font-size: 16px;
     font-family: "微软雅黑", Arial, Helvetica, sans-serif;
}
/* 超链接样式 */
a {
     color: #000;
     text-decoration: none;
}
```

6. 链接外部样式表

在 index.html 静态文件中的<head>标记内添加<link>标记，链接外部 CSS 样式文件，具体代码如下。

```
<head>
      ......
      <link rel="stylesheet"  type="text/css"  href="css/index.css">
</head>
```

7. 制作头部和导航条

（1）分析效果图

观察图 26-14，可以看出网页的头部分为左（Logo）、右（导航条）2 个部分，可对导航条的结构使用无序列表来搭建。当鼠标指针悬停于导航条中的各个导航条目时，效果如图 26-14 所示。

图 26-14　头部和导航条效果

（2）搭建结构

在 index.html 文件内编写头部和导航条的 HTML 结构代码，具体如下。

```
<!-- 头部开始 -->
<header>
 <div class="con">
      <div class="logo"></div>
      <nav>
           <ul>
                <li><a  href="index.html">首页</a></li>
                <li><a  href="shandong.html">初识山东</a></li>
                <li><a  href="#">专题推介</a></li>
                <li><a  href="#">探索山东</a></li>
                <li><a  href="#">品读山东</a></li>
                <li><a  href="#">旅游手册</a></li>
           </ul>
      </nav>
 </div>
</header>
<!-- 头部结束 -->
```

此时浏览网页，效果如图 26-15 所示。

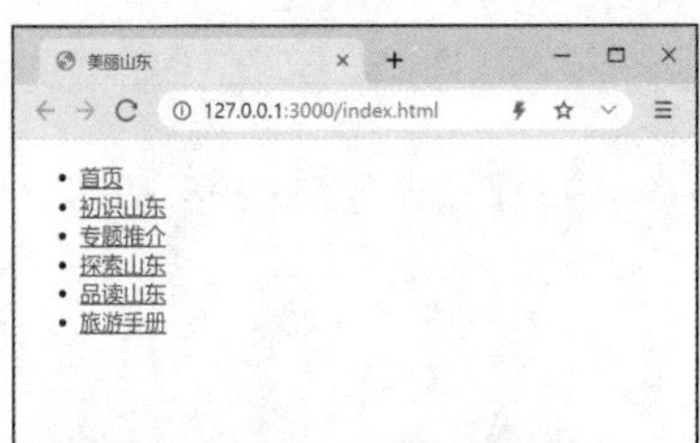

图 26-15　头部和导航条结构

（3）定义样式

在样式表文件 index.css 中编写对应的 CSS 样式代码，具体如下。

```
/* 头部和导航条样式开始 */
header {                        /* 头部元素样式 */
    width: 100%;                /* 宽度 */
    height: 120px;
    background-color: #f3f3f3;
}
header  .con {                  /* 头部元素中内容块的样式 */
    width: 1200px;
    height: 120px;
    margin: 0 auto;
    line-height: 100px;
}
header  .logo {                 /* Logo 块的样式 */
    float: left;                /* 左浮动 */
    width: 480px;
    height: 80px;
    margin-top: 20px;
    background: url(../images/logo.png)  no-repeat;     /* 设置背景图像 */
}
nav  ul {                       /* 导航条的样式 */
    float: right;               /* 右浮动 */
    width: 720px;               /* 导航条中内容的宽度 */
    height: 120px;
}
nav  ul  li {                   /* 导航条目的样式 */
    float: left;                /* 左浮动 */
    width: 120px;
}
nav  ul  li  a {                /* 导航超链接的样式 */
    display: block;             /* 转换为块元素 */
    width: 120px;
    height: 40px;
    margin-top: 45px;           /* 上外边距为 45px */
    color: #336633;
    font-size: 16px;
    font-weight: bold;
    text-align: center;
    line-height: 40px;
    border-radius: 5px;         /* 圆角半径为 5px */
}
nav  ul  li  a:hover {          /* 鼠标指针悬停于超链接上的样式 */
    border-bottom: 2px  solid  #ff8e1c;
    color: #ff8e1c;
}
/* 头部和导航条样式结束 */
```

保存 index.html 文件，刷新页面，效果如图 26-14 所示。

8. 制作轮播图

（1）分析效果图

观察图 26-16，可以看出只需在该盒子内再添加 1 个包容所有图片的盒子。每隔 30s 的时间，图片会完成 1 次先向左后向右的交替移动动画。

图 26-16　轮播图效果

（2）搭建结构

在 index.html 文件内编写轮播图的 HTML 结构代码，具体如下。

```
<!-- 轮播图开始 -->
 <div class="slideshow">
      <div class="slideshow_inner">
           <img src="images/top1.jpg" alt=""><img src="images/top2.jpg" alt="">
<img src="images/top3.jpg"  alt=""><img src="images/top4.jpg"  alt=""><img src="images/
top2.jpg"    alt="">
      </div>
 </div>
<!-- 轮播图结束 -->
```

此时浏览网页，效果如图 26-17 所示。

图 26-17　轮播图结构

（3）定义样式

在样式表文件 index.css 中编写对应的 CSS 样式代码，具体如下。

```
/* 轮播图样式开始 */
.slideshow {                /* 外层容器样式 */
     overflow: hidden;      /* 内容溢出时隐藏 */
```

```
    width: 100%;
    height: 396px;
    margin: 0 auto;
}
.slideshow_inner {              /* 内层容器样式 */
    position: relative;         /* 相对定位 */
    width: 6315px;
    animation: myimg  30s  linear  infinite  alternate;     /* 执行 myimg 动画 */
}
@keyframes  myimg {             /* 定义动画关键帧 */
    0%, 5% { left: 0; }
    25%, 30% { left: -1263px; }
    50%, 55% { left: -2526px; }
    75%, 80% { left: -3789px; }
    95%,100% { left: -5052px; }
}
/* 轮播图样式结束 */
```

在上面的 CSS 代码中，将轮播图外层容器的宽度设置为 100%，高度设置为 396px，溢出区域的内容设置为隐藏。将包容所有图片的容器宽度设置为全部图片宽度的总和 6315px，并调用 myimg 动画，设置相关的动画属性。定义 myimg 动画，通过多个不同关键帧，在每个帧中设置 left 属性，让它们的值发生改变，从而产生动画。

浏览网页，效果如图 26-16 所示。

9. 制作内容部分（山东概况）

（1）分析效果图

观察图 26-18，可以看出内容部分（山东概况）分为标题和图文介绍两部分，当鼠标指针悬停于中间的图片上时，出现图片放大效果。

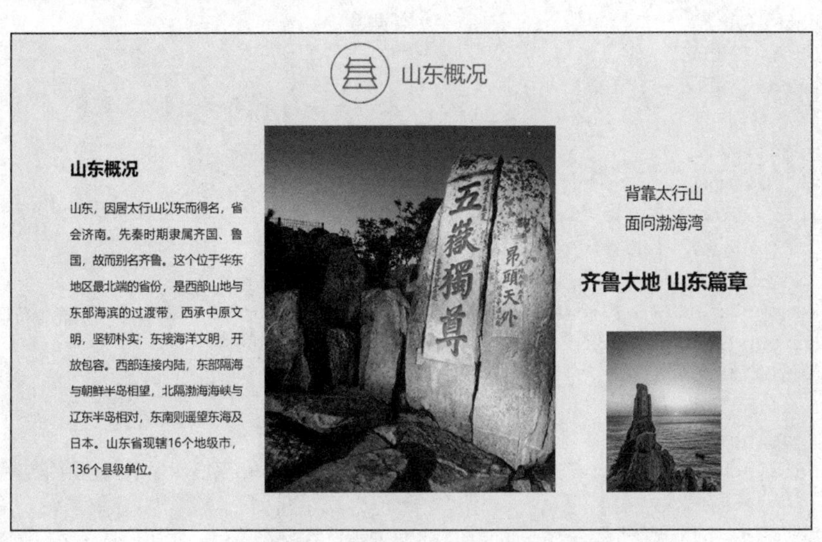

图 26-18　内容部分（山东概况）效果

（2）搭建结构

在 index.html 文件内编写内容部分（山东概况）的 HTML 结构代码，具体如下。

```
<!-- 内容部分（山东概况）开始 -->
<div class="intro">
 <header>
      <h1>山东概况</h1>
 </header>
 <ul>
      <li>
           <h1>山东概况</h1>
           <p>山东，因居太行山以东而得名，省会济南。先秦时期隶属齐国、鲁国，故而别名齐鲁。这个位于华东地区最北端的省份，是西部山地与东部海滨的过渡带，西承中原文明，坚韧朴实；东接海洋文明，开放包容。西部连接内陆，东部隔海与朝鲜半岛相望，北隔渤海海峡与辽东半岛相对，东南则遥望东海及日本。山东省现辖 16 个地级市，136 个县级单位。
           </p>
      </li>
      <li><img  src="images/intro-1.png"></li>
      <li>
           <p>背靠太行山<br>面向渤海湾</p>
           <h1>齐鲁大地 山东篇章</h1>
      </li>
 </ul>
</div>
<!-- 内容部分（山东概况）结束 -->
```

在上述代码中，<header>标记用于添加标题，无序列表标记<ul>用于定义图文介绍部分。

（3）定义样式

在样式表文件 index.css 中编写对应的 CSS 样式代码，具体如下。

```
/* 内容部分（山东概况）样式开始 */
.intro {                                     /* 外层容器的样式 */
     overflow: hidden;                       /* 清除浮动影响，使父元素适应子元素的高度 */
     width: 100%;                            /* 宽度 */
     height: 720px;
     background-color: #e7ffd0;
}
.intro  header {                             /* header 元素样式 */
     width: 220px;
     height: 80px;
     margin: 40px  auto  30px;
     padding-left: 90px;                     /* 左内边距为 90px */
     background: url(../images/icon-1.png)  0  0  no-repeat;     /* 设置背景图像 */
     background-size: 80px  80px;            /* 控制背景图像的大小 */
     color: #336633;
     text-align: center;
     line-height: 80px;
     box-sizing: border-box;                 /* 元素的宽度值和高度值包括内边距和边框 */
}
.intro  header  h1{                          /* 标题样式 */
     font-size: 30px;
     font-weight: normal;
}
.intro  ul {                                 /* 内容列表块样式 */
```

```
        width: 1000px;                            /* 宽度 */
        height: 489px;
        margin: 0px  auto;
        background-color: #f3f3f3;
    }
    .intro  ul  li {                              /* 列表项样式 */
        float: left;                              /* 左浮动 */
        height: 489px;
    }
    .intro  ul  li:nth-child(1) {                 /* 第 1 个列表项样式 */
        width: 300px;
    }
    .intro  ul  li:nth-child(1)  h1 {             /* 第 1 个列表项中的标题样式 */
        margin-top: 40px;
        margin-left: 30px;
        font-size: 24px;
        text-align: left;
    }
    .intro  ul  li:nth-child(1)  p {              /* 第 1 个列表项中的段落文字样式 */
        margin: 20px  30px  0  30px;
        line-height: 35px;
        text-align: justify;
    }
    .intro  ul  li:nth-child(2) {                 /* 第 2 个列表项样式 */
        overflow: hidden;                         /* 内容溢出时隐藏 */
        width: 400px;
    }
    .intro  ul  li:nth-child(2)  img {            /* 第 2 个列表项中的图像样式 */
        transition: transform  0.5s  ease-in;     /* 定义变形属性的过渡效果 */
    }
    .intro  ul  li:nth-child(2):hover  img {      /* 鼠标指针悬停于第 2 个列表项时,图像的样式 */
        transform: scale(1.2, 1.2);               /* 放大图像的宽高为原尺寸的 1.2 倍 */
    }
    .intro  ul  li:nth-child(3) {                 /* 第 3 个列表项样式 */
        width: 300px;
        background: url(../images/intro-2.png)  center  bottom  no-repeat;
/* 设置背景图像 */
        background-size: 160px  214px;            /* 控制背景图像的大小 */
    }
    .intro  ul  li:nth-child(3)  p {              /* 第 3 个列表项中的段落文字样式 */
        width: 240px;
        margin: 70px  30px  0;
        font-size: 22px;
        text-align: center;
        line-height: 40px;
    }
    .intro  ul  li:nth-child(3)  h1 {             /* 第 3 个列表项中的标题样式 */
        width: 300px;
        margin-top: 40px;
        font-size: 28px;
        text-align: center;
```

```
}
/* 内容部分（山东概况）样式结束 */
```

浏览网页，效果如图 26-18 所示。

10. 制作内容部分（礼仪之邦）

（1）分析效果图

仔细观察图 26-19，可以看出内容部分（礼仪之邦）分为标题和图文介绍 2 个部分，图文介绍部分又分为左侧文字和右侧名胜图片两部分。当鼠标指针悬停于任意一张名胜图片上时，图片放大、倾斜，同时出现查看相册的下拉遮罩。

图 26-19 内容部分（礼仪之邦）效果

（2）搭建结构

在 index.html 文件内编写内容部分（礼仪之邦）的 HTML 结构代码，具体如下。

```
<!-- 内容部分（礼仪之邦）开始 -->
<div class="second">
 <header>
      <h1>礼仪之邦</h1>
 </header>
 <div class="con">
      <div class="left">
           在齐鲁大地上，各类名胜古迹、庙宇楼阁、建筑遗址、史料书籍，用自己的方式讲述着曾经的传奇，时空穿梭中，不朽的是文化传承。“世界文化遗产”孔子故里曲阜“三孔”、齐国故都临淄、“道教圣地”崂山、好汉故里“水浒城”，以及彰显爱国情怀的沂蒙红色革命基地，每一处景点都被深厚的文化内涵充实。
      </div>
      <div class="right">
           <h1>齐鲁名胜  传承辉煌</h1>
           <ul>
                <li>
                     <img  src="images/sk.png"  alt="">
                     <hgroup>
                          <h2></h2>
                          <h2>查看相册</h2>
                     </hgroup>
                </li>
```

```
                <li>
                    <img  src="images/shc.png"  alt="">
                    <hgroup>
                        <h2></h2>
                        <h2>查看相册</h2>
                    </hgroup>
                </li>
                <li>
                    <img  src="images/ls.png"  alt="">
                    <hgroup>
                        <h2></h2>
                        <h2>查看相册</h2>
                    </hgroup>
                </li>
            </ul>
        </div>
    </div>
</div>
<!-- 内容部分（礼仪之邦）结束 -->
```

在上面的代码中，<header>标记用于添加标题，无序列表标记<ul>用于定义图文介绍右侧名胜图片部分，其中使用<hgroup>标记定义查看相册部分。

（3）定义样式

在样式表文件 index.css 中编写对应的 CSS 样式代码，具体如下。

```
/* 内容部分（礼仪之邦）样式开始 */
.second {                                /* 外层容器的样式 */
    overflow: hidden;                    /* 清除浮动影响，使父元素适应子元素的高度 */
    width: 100%;                         /* 宽度 */
    height: 600px;
    background-color: #cccc99;
}
.second  header{                         /* header 元素样式 */
    width: 220px;
    height: 80px;
    margin: 40px  auto  30px;
    padding-left: 90px;                  /* 左内边距为 90px */
    background: url(../images/icon-1.png)  0  0  no-repeat;     /* 设置背景图像 */
    background-size: 80px  80px;         /* 控制背景图像的大小 */
    color: #336633;
    text-align: center;
    line-height: 80px;
    box-sizing: border-box;              /* 元素的宽度值和高度值包括内边距和边框 */
}
.second  header  h1{                     /* 标题样式 */
    font-size: 30px;
    font-weight: normal;
}
.second  .con {                          /* 内容块样式 */
    width: 1000px;                       /* 宽度 */
```

```
    height: 410px;
    margin: 0px  auto;
}
.second  .con  .left {                /* 内容左侧块样式 */
    float: left;                      /* 左浮动 */
    width: 300px;
    height: 370px;
    padding: 30px;
    background-color: #ff8e1c;
    color: white;
    font-size: 18px;
    text-align: justify;
    line-height: 28px;
    box-sizing: border-box;           /* 元素的宽度值和高度值包括内边距和边框 */
}
.second  .con  .right {               /* 内容右侧块样式 */
    float: right;                     /* 右浮动 */
    width: 700px;
    height: 370px;
    background-color: white;
}
.second  .con  .right  h1 {           /* 内容右侧块中的标题样式 */
    margin: 20px  auto  0;
    padding-left: 20px;
    font-size: 24px;
    text-align: left;
}
.second  .con  .right  ul {           /* 内容右侧块中的列表块样式 */
    width: 700px;                     /* 宽度 */
    height: 270px;
    margin: 20px  auto;
}
.second  .con  .right  ul  li {       /* 列表项样式 */
    position: relative;               /* 绝对定位 */
    float: left;                      /* 左浮动 */
    overflow: hidden;                 /* 内容溢出时隐藏，即隐藏遮罩层 */
    width: 200px;
    height: 270px;
    margin-left: 20px;
}
.second  .con  .right  ul  li:nth-child(2) {   /* 第 2 个列表项样式 */
    margin-left: 30px;
    margin-right: 30px;
}
.second  .con  .right  ul  li:nth-child(3) {   /* 第 3 个列表项样式 */
    margin-left: 0px;
    margin-right: 20px;
}
.second  .con  .right  ul  li  hgroup {        /* 遮罩层样式 */
```

```
    position: absolute;                       /* 绝对定位 */
    left: 0;
    top: -270px;
    width: 200px;
    height: 270px;
    background: rgba(0, 0, 0, 0.5);           /* 背景颜色为半透明的黑色 */
    transition: all  0.5s  ease-in  0s;       /* 定义遮罩层的过渡效果 */
}
.second  .con  .right  ul  li:hover  hgroup { /* 鼠标指针悬停于列表项上时，遮罩层的样式 */
    position: absolute;
    left: 0;
    top: 0;
}
.second  .con  .right  ul  li  img {          /* 图片样式 */
    transition: all  0.5s  ease-in  0s;       /* 定义过渡效果 */
}
.second  .con  .right  ul  li:hover  img { /* 鼠标指针悬停于列表项上时，图像的样式 */
        transform: scale(1.3, 1.3)  rotate(15deg); /* 放大图像，同时顺时针旋转 15° */
}
.second  .con  .right  ul  li  hgroup  h2:nth-child(1) { /* 遮罩层第 1 个 h2 元素样式 */
    width: 48px;
    height: 48px;
    margin-top: 80px;
    margin-left: 75px;
    background: url(../images/img-search.png)  0  0  no-repeat;
}
.second  .con  .right  ul  li  hgroup  h2:nth-child(2) { /* 遮罩层第 2 个 h2 元素样式 */
    width: 100px;
    height: 30px;
    margin-top: 10px;
    margin-left: 50px;
    background-color: #ff8e1c;
    font-size: 18px;
    color: white;
    text-align: center;
    font-weight: normal;
    line-height: 30px;
    border-radius: 15px;
}
/* 内容部分（礼仪之邦）样式结束 */
```

运行 index.html，效果如图 26-19 所示。

11. 制作内容部分（文化遗产）

（1）分析效果图

观察图 26-20，可以看出内容部分（文化遗产）分为标题和图片组两部分，当鼠标指针悬停于任意一张图片上时，图片翻转，出现该图片的相关介绍，该效果是通过 3D 变形来实现的。图 26-21 所示是其中一张图片翻转后的效果。

图 26-20　内容部分（文化遗产）效果

图 26-21　图片翻转后效果

（2）搭建结构

在 index.html 文件内编写内容部分（文化遗产）的 HTML 结构代码，具体如下。

```
<!-- 内容部分（文化遗产）开始 -->
<div class="culture">
 <header>
      <h1>文化遗产</h1>
 </header>
 <div class="con">
      <ul>
           <li>
                <img  src="images/culture-1.png"  class="zheng">
                <div class="text  fan">
                     <h1>传统戏剧</h1>
                     <p>传统戏剧类非遗项目是一部生动的曲艺史，多样化的剧种依自身特点积累传承，
实现艺术创造的一个又一个巅峰。</p>
                </div>
           </li>
           <li>
                <img  src="images/culture-2.png"  class="zheng">
                <div class="text  fan">
```

```
                    <h1>民间文学</h1>
                    <p>民间文学类非遗项目代表了中华民族五千多年的文化传承，在历史长河中生生
不息，以口耳相传的方式流传至今。</p>
                </div>
            </li>
            <li>
                <img  src="images/culture-3.png"  class="zheng">
                <div class="text  fan">
                    <h1>传统医药</h1>
                    <p>传统医药类非遗项目是世间的宝贵财富，是经无数次探索、实践形成的重要体
系，对传统文化有一定的承载作用。</p>
                </div>
            </li>
            <li>
                <img  src="images/culture-4.png"  class="zheng">
                <div class="text  fan">
                    <h1>传统舞蹈</h1>
                    <p>传统舞蹈类非遗项目集合了经典、颇具特色的舞蹈艺术形态，在悠悠历史中，
演绎着属于自己的多彩神韵。</p>
                </div>
            </li>
            <li>
                <img  src="images/culture-5.png"  class="zheng">
                <div class="text  fan">
                    <h1>传统美术</h1>
                    <p>传统美术类非遗项目取材广泛，来自社会生活的各个方面，体现着浓厚的人文
观念，形式丰富，寓意深刻。</p>
                </div>
            </li>
            <li>
                <img  src="images/culture-6.png"  class="zheng">
                <div class="text  fan">
                    <h1>传统技艺</h1>
                    <p>传统技艺类非遗项目对民族精神的构建发挥着重要作用，传承与创新的有机结
合，满足了时代审美与生活追求的原则。</p>
                </div>
            </li>
        </ul>
    </div>
   </div>
   <!-- 内容部分（文化遗产）结束 -->
```

在上面的代码中，<header>标记用于添加标题，无序列表标记<ul>用于定义图片组部分，且在<li>标记内嵌套 1 个<img>标记和 1 个<div>标记，<div>标记用于定义图片的相关介绍块。

（3）定义样式

在样式表文件 index.css 中编写对应的 CSS 样式代码，具体如下。

```
/* 内容部分（文化遗产）样式开始 */
.culture {     /* 外层容器的样式 */
    overflow: hidden;
    width: 100%;
```

```
        height: 750px;
}
. culture  header{                         /* header 元素样式 */
      width: 220px;
      height: 80px;
      margin: 40px  auto  30px;
      padding-left: 90px;                  /* 左内边距为 90px */
      background: url(../images/icon-1.png)  0  0  no-repeat;    /* 设置背景图像 */
      background-size: 80px  80px;      /* 控制背景图像的大小 */
      color: #336633;
      text-align: center;
      line-height: 80px;
      box-sizing: border-box;              /* 元素的宽度值和高度值包括内边距和边框 */
}
. culture  header  h1{                     /* 标题样式 */
      font-size: 30px;
      font-weight: normal;
}
.culture  .con {                           /* 背景块样式 */
       width: 100%;
       height: 600px;
       background: url(../images/culture-mid.jpg)  0  0  no-repeat;  /* 设置背景图像 */
       background-size: cover;             /* 设置背景图像扩展至完全覆盖背景区域 */
}
.culture  .con  ul {                       /* 内容列表块样式 */
       position: relative;                 /* 相对定位 */
       width: 1200px;
       height: 600px;
       margin: 0 auto;
}
.culture  .con  ul  li {                   /* 列表项样式 */
       float: left;                        /* 左浮动 */
       width: 200px;
       height: 500px;
       perspective: 230px;                 /* 定义 3D 元素的透视效果 */
}
.culture  .con  ul  li:nth-child(1)  { /* 第 1 个列表项样式 */
       position: absolute;
       top: 120px;
       left: 0;
}
.culture  .con  ul  li:nth-child(2)  { /* 第 2 个列表项样式 */
       position: absolute;
       top: 80px;
       left: 200px;
}
.culture  .con  ul  li:nth-child(3)  { /* 第 3 个列表项样式 */
       position: absolute;
       top: 140px;
       left: 400px;
```

```
}
.culture  .con  ul  li:nth-child(4) {          /* 第 4 个列表项样式 */
      position: absolute;
      top: 60px;
      left: 600px;
}
.culture  .con  ul  li:nth-child(5) {          /* 第 5 个列表项样式 */
      position: absolute;
      top: 110px;
      left: 800px;
}
.culture  .con  ul  li:nth-child(6) {          /* 第 6 个列表项样式 */
      position: absolute;
      top: 40px;
      left: 1000px;
}
.culture  .con  ul  li  .text {                /* 列表项中的文本块的样式 */
      position: absolute;                      /* 绝对定位 */
      top: 0;
      left: 0;
      width: 200px;
      height: 392px;
      background-color: rgba(0, 0, 0, 0.5);    /* 背景颜色为半透明的黑色 */
      color: white;
}
.culture  .con  ul  li  .text  h1 {            /* 文本块中的标题样式 */
      width: 150px;
      margin: 80px  auto  0;
      font-size: 24px;
      text-align: center;
}
.culture  .con  ul  li  .text  p {             /* 文本块中的段落样式 */
      width: 140px;
      margin: 10px  auto  0;
      font-size: 18px;
      text-align: justify;
}
.culture  .con  ul  li  .zheng,
.culture  .con  ul  li  .fan {                 /* 列表项中的图像和文本块样式 */
      backface-visibility: hidden;             /* 定义元素在不面对屏幕时不可见 */
      transition: all  0.5s  ease-in  0s;      /* 定义过渡效果 */
}
.culture  .con  ul  li  .fan {                 /* 文本块样式 */
      transform: rotateY(-180deg);             /* 沿 y 轴逆时针旋转 180°，背对屏幕 */
}
.culture  .con  ul  li:hover  .zheng {         /* 鼠标指针悬停于列表项时，图像的样式 */
      transform: rotateY(180deg);              /* 沿 y 轴顺时针旋转 180°，背对屏幕 */
}
.culture  .con  ul  li:hover  .fan {           /* 鼠标指针悬停于列表项时，文本块的样式 */
      transform: rotateY(0deg);                /* 沿 y 轴顺时针旋转 0°，正对屏幕 */
```

```
}
/* 内容部分（文化遗产）样式结束 */
```

浏览网页，效果如图26-20和图26-21所示。

12. 制作版权信息

（1）搭建结构

在index.html文件内编写版权信息的HTML结构代码，具体如下。

```
<!-- 版权信息开始 -->
<footer>版权所有&copy;网页设计工作室</footer>
<!-- 版权信息结束 -->
```

（2）定义样式

在样式表文件index.css中编写对应的CSS样式代码，具体如下。

```
/* 版权信息样式开始 */
footer {
	width: 100%;
	height: 140px;
	margin: 0 auto;
	background-color: #336633;
	color: white;
	font-size: 14px;
	text-align: center;
	line-height: 140px;
}
/* 版权信息样式结束 */
```

至此，主页全部制作完成，浏览效果如图26-1所示。

26.4 制作初识山东页面

26-1：制作初识山东页面资源

制作初识山东页面，设置文件名为shandong.html，浏览效果如图26-2所示。具体步骤和代码请扫码观看，此处略。

26.5 制作景点详情页

26-2：制作景点详情页资源

制作景点详情页，设置文件名为detail.html，浏览效果如图26-3所示。具体步骤和代码请扫码观看，此处略。

案例小结

本案例介绍了设计并制作美丽山东网站，综合利用HTML5+CSS3最新网站开发技术，呈现了丰富多彩的视觉效果；充分运用了CSS3的过度、变形和动画属性制作图片的各种动画效果，在未使用JavaScript编写代码的情况下实现图片轮播和图片放大、翻转等效果，网站代码简洁、高效，表现力强。